普通高等教育研究生教材

混沌时间序列建模与预测

韩冰　许星晗　范剑超　张尊华◎著

CHAOTIC TIME SERIES MODELING AND PREDICTION

化学工业出版社
·北京·

内容简介

本书以复杂系统产生的混沌时间序列为研究对象，针对混沌时间序列的特征提取和建模预测等问题展开研究，通过改进现有算法和提出新的模型，构建合适的在线和离线预测模型，提升模型的预测精度和计算效率。

主要内容包括：混沌时间序列分析与预测基础、基于均方误差准则核自适应滤波器的混沌时间序列预测、基于相关熵准则核自适应滤波器的混沌时间序列预测、基于智能优化回声状态网络的混沌时间序列预测、基于层次化回声状态网络的混沌时间序列预测。

本书可作为电气自动化高年级本科、研究生的教材使用，也可作为从事混沌时间序列分析、复杂系统建模等领域相关工作的研究者、工程技术人员的参考资料。

图书在版编目（CIP）数据

混沌时间序列建模与预测 / 韩冰等著. -- 北京 : 化学工业出版社，2025. 9. --（普通高等教育研究生教材）. -- ISBN 978-7-122-49321-7

Ⅰ. O415.5；O211.61

中国国家版本馆 CIP 数据核字第 2025QD0751 号

责任编辑：贾　娜　　　　文字编辑：刘建平
责任校对：宋　夏　　　　装帧设计：王晓宇

出版发行：化学工业出版社
（北京市东城区青年湖南街 13 号　邮政编码 100011）
印　　装：三河市航远印刷有限公司
787mm×1092mm　1/16　印张 10¾　字数 242 千字
2026 年 1 月北京第 1 版第 1 次印刷

购书咨询：010-64518888　　售后服务：010-64518899
网　　址：http://www.cip.com.cn
凡购买本书，如有缺损质量问题，本社销售中心负责调换。

定　　价：46.00 元　　

前言

混沌时间序列研究是复杂系统科学中的一个重要领域。混沌现象广泛存在于各种自然和人造系统中，如关于气象、水文、金融市场、生物医学信号等的系统。这些系统由于其本质的非线性和复杂性，常常表现出高度的敏感性，初始条件的微小变化可能导致系统演化的巨大差异，这种现象被称为“蝴蝶效应”。

混沌时间序列的建模与预测具有重要的理论意义和实际应用价值。从理论角度，研究混沌时间序列有助于理解复杂系统的内在动力学特征，揭示系统的行为规律。在应用层面上，精确预测混沌时间序列对诸多领域具有重大影响。例如，在气象学中，准确预测天气变化可以减少自然灾害带来的损失；在金融领域，预测市场价格波动可以为投资决策提供依据；在生物医学领域，预测心率等生理信号的变化可以提高疾病诊断的准确性。

然而，混沌时间序列的建模与预测面临着许多挑战。由于混沌系统的高度非线性和多变量耦合关系，传统的线性预测方法难以取得满意的效果。近年来，随着计算机技术和人工智能的发展，非线性预测方法（如核自适应滤波器、回声状态网络等）在混沌时间序列预测中得到了广泛应用，并取得了一定的成果。

本书以复杂系统产生的混沌时间序列为研究对象，针对混沌时间序列的特征提取和建模预测等问题展开研究，通过改进现有算法和提出新的模型，构建合适的在线和离线预测模型，提升模型的预测精度和计算效率。

全书共分 5 章。第 1 章介绍本书的研究背景和意义，概述混沌时间序列预测的基本方法，并概括本书的主要研究内容；第 2 章主要介绍基于均方误差准则核自适应滤波器的四种改进模型；第 3 章从相关熵准则的角度对四种改进的核自适应滤波器进行介绍；第 4 章针对回声状态网络结构优化与参数选择的问题，从智能优化方法的角度介绍三种改进的回声状态网络模型；第 5 章重点研究回声状态网络的层次化拓展，并针对混沌时间序列中长期预测的问题介绍四种层次化回声状态网络模型。

本书由上海船舶运输科学研究所有限公司组织编写，第 1 章由韩冰编写，第 2、3 章由许星晗、韩冰编写，第 4、5 章由范剑超、张尊华编写，书中所有实验的结果和分析由胡磊负责整理和检查。书中的研究内容来源于各位作者及其指导研究生的研究成果，在此对参与研究工作的研究生表示感谢。本书编写过程中，胡磊、那晓栋、夏慧娟、李玉凤、肖鹏、刘思雨参与了书稿的校核工作，在此表示感谢。

本书得到了国家自然科学基金项目“复杂系统动态行为分析及多源异构时间序列预测研究”（62173063）、上海市“优秀学术/技术带头人”项目（23DX1431000）资助。

由于著者水平所限，书中难免存在不足之处，衷心希望各位读者批评指正。

著者

目录

第 5 章

基于层次化回声状态网络的混沌时间序列预测 / 112

附录

第1章 绪论

混沌现象是指发生在确定性系统中的貌似随机的不规则运动，其广泛存在于气象、水文、医学、电力和经济等各个领域。对混沌系统中提取得到的混沌时间序列进行分析与预测，一直都是科学研究和工程技术领域的研究热点之一。本章首先介绍其背景及意义，然后对混沌时间序列建模与预测的两种重要方法——核自适应滤波器（Kernel Adaptive Filter，KAF）和储备池计算（Reservoir Computing，RC）进行一些研究现状的概述。

1.1 背景及意义

20世纪下半叶，非线性科学取得蓬勃发展，其中，混沌科学占据的份额突出，地位重要。无论是在数学、物理学还是经济学、天文学等领域，混沌科学与其他科学相互渗透、相互促进、共同发展。混沌理论的研究有助于人们更好地理解自然界的复杂性和不确定性，尤其是在非线性系统、复杂系统、动力系统等领域。同时，混沌现象的研究也促进新数学工具和计算方法的产生，如分形几何、非线性动力学、复杂网络等，这些方法为自然现象的深入理解以及实际问题的解决提供了新思路和手段。因此，研究混沌现象对于推动科学和技术的发展都具有重要意义。

混沌现象是指一些看似随机无序实则具有确定性的非周期性运动，是非线性动力学研究的一个重要分支，具有高度的复杂性和随机性。混沌现象常常出现在复杂系统中，产生原因在于复杂系统中许多因素相互作用导致系统的行为出现复杂的、不规则的、似乎没有明确规律可循的特点，这使得复杂系统的行为变得难以预测和控制。通过对混沌现象的深入研究，人们可以更好地理解复杂系统中的因果关系、相互作用和演化过程，进而更好地理解和预测系统的行为[1]。因此，对复杂系统建模进而探索其潜在的演化规律始终是国内外科研人员的关注热点之一。

复杂系统和混沌时间序列密不可分，混沌时间序列是分析复杂系统的重要方法之一。复杂系统由于结构复杂、参数难以确定等特点，建立精确解析模型常常十分困难。而混沌时间序列作为研究复杂系统的重要载体，是由复杂系统中某一变量或某些变量先经相同或者不同的时间间隔采样，然后将采样值按照时间先后顺序排列的一组数值。对复杂系统产生的混沌时间序列进行分析，有助于理解系统的本质和演化规律。在数据挖掘中，时间序列分析与预测是两个重要研究方向，其中，时间序列分析侧重提取时间序列中蕴含的有用信息，揭示复杂系统的运行规律，进而为控制与决策提供理论指导；而时间序列预测则是利用历史和当前已知数据对时间序列未来变化趋势进行预测，是对事物发展规律的归纳概括，有助于丰富人们对世界的认知。

1987 年，局域预测方法的提出掀起混沌时间序列预测的研究热潮，对混沌时间序列进行科学且准确的预测可以给人们的生产生活带来诸多帮助[2]。例如，混沌时间序列预测在天气预报中有着广泛应用：由于天气变化具有混沌特性，预测天气变化成为一项非常复杂的任务。而混沌时间序列预测方法可以通过分析过去的天气数据建立数学模型，实现未来天气变化的准确预测，便于人们采取适当的措施避免灾害的发生。在金融领域，股票市场具有高度的复杂性和不确定性，混沌时间序列预测方法可以通过分析股票市场的历史数据来预测未来股价的趋势和变化，从而帮助投资者做出更明智的投资决策。在医学领域，通过对心脏的混沌时间序列进行分析与建模，可以预测心律失常的发生，并及时采取措施进行治疗，从而降低患者的风险。此外，在航空交通管制中，也需要对航空信息进行准确的预测，以便调度飞机和控制交通流量。混沌时间序列预测方法通过分析过去的航班数据预测未来的航班状态，从而帮助空管部门更好地规划和管理航班。总之，混沌时间序列的科学预测正在为各个领域提供重要的决策支持，本书将围绕混沌时间序列预测的相关问题进行介绍。

1.2 混沌时间序列预测方法概述

通常情况下，复杂系统建模是指建立系统的差分方程模型或者微分方程模型，以探索系统的动力学机制。然而，在实际问题中，大量复杂系统由于结构复杂、参数随时间变化等原因，使得确定性信息无法全部获取，从而导致难以精准地建立解析模型。这时，基于数据驱动的复杂系统建模方法应运而生。这种方法利用实验或观测得到的时间序列，研究系统的动态行为，挖掘系统的潜在演化规律。数据驱动方法以系统观测得到的时间序列为切入点进行研究，对系统内在的背景知识需求较少，为无法建立精确解析模型的实际系统提供了新的研究途径。本节将对两种重要的数据驱动方法——核自适应滤波器和回声状态网络的基本概念和典型算法进行一些相应的分析和介绍。

1.2.1 核自适应滤波器研究概述

随着传感器和存储设备的快速发展，时间序列的数量量级迅猛扩张、更新速度显著提高，这为基于数据的复杂系统建模提出新的挑战[3]。多年来，许多学者致力于挖掘输入-输出序列所包含的有用信息来近似逼近给定系统的输入-输出映射关系，从而描述出复杂系统的动态变化。传统的基于机器学习的时间序列预测方法通常以批处理或者离线学习模式运行，在这种情况下，模型会一次性加载整个训练数据集进行训练，然后应用训练好的模型进行预测，并不再对模型进行更新。然而，当实时数据快速增长且演化模式有所改变时，离线学习难以对模型进行动态调整，而且再训练的时间成本和空间成本也较高，因此，在实际应用中扩展性较差[4]。相比之下，在线学习旨在以连续的方式从数据中增量地学习模型，能够改善离线学习的不足，即当任何新的训练数据到达时，在线学习可以立即且高效地更新模型。在众多在线学习模型中，自适应滤波器[5] 因其能够根据所处环境变化自适应调整参数的优势脱颖而出。它能够充分提取实时环境中有用信息，并通过简单算法执行参数的在线更新，最终实现快速且准确的系统变化趋势跟踪。常见的自适应滤波器包括：最小均方（Least Mean Square，LMS）算法和递归最小二乘（Recursive Least Squares，RLS）算法。当每次迭代过程中接收到新的输入样本时，LMS 算法采用梯度下降方法最小化期望信号与滤波器输出之间差值的平方的期望值，其最主要的特点是计算复杂度低和收敛性稳定。RLS 算法则是通过递归形式解决最小二乘问题，虽然计算过程中计算复杂度增加和稳定性变差，但在输入数据的相关矩阵特征值分布较广的情况下，RLS 算法能实现快速收敛，故在时变环境中比 LMS 更具有竞争力。然而，传统的自适应滤波器在处理复杂非线性信号时会出现性能退化现象，如收敛性能变差、均方误差增大等问题，因此，要求在线预测模型在非线性问题的处理、泛化能力以及鲁棒性等方面展现出强大的表现力。

核方法是一种强大的非参数建模工具，具备优秀的非线性分析能力，其映射过程如图 1.1 所示。核方法的基本思想如下：首先，将原始输入空间中数据 u 通过某种非线性函数 $\varphi(\cdot)$ 映射到高维特征核空间变成 $\varphi(u)$，从而将样本空间中的非线性问题转换为特征空间的线性问题；之后，利用核函数替代高维特征核空间中的内积形式，这种等价优势在于不需要显式地定义特征空间和映射函数，有效降低模型的计算复杂度；最后，通过线性学习器对映射后的数据进行简化处理，实现非线性问题转化为线性问题[6]。基于以上分析，将核方法应用于自适应滤波器设计得到核自适应滤波器（Kernel Adaptive Filter，KAF）[7]，其示意图

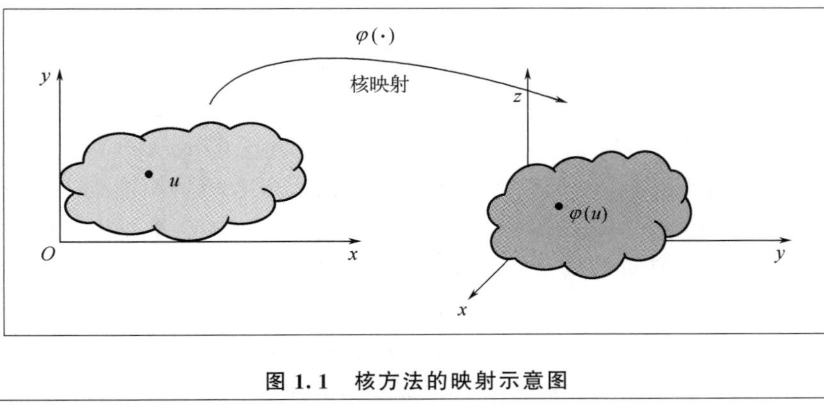

图 1.1　核方法的映射示意图

如图 1.2 所示。KAF 首先在原始特征空间中，借助核函数将原始输入样本映射到高维核空间，然后对映射后的样本利用线性自适应滤波器方法解决非线性问题。在再生核希尔伯特空间实现的 KAF 不仅能够保持自适应滤波器结构简单和计算复杂度较低这两个优势，而且在获取新数据后，还利用核函数的映射关系以增量的形式迭代更新模型，从而能够有效地处理复杂的非线性分析、预测等问题。此外，KAF 还具备通用逼近能力和凸性，能够避免在线算法陷入局部最小值的问题。总之，KAF 在执行时间序列预测任务时具有良好的泛化能力，同时还具有迭代更新形式简单、计算复杂度低等优点。

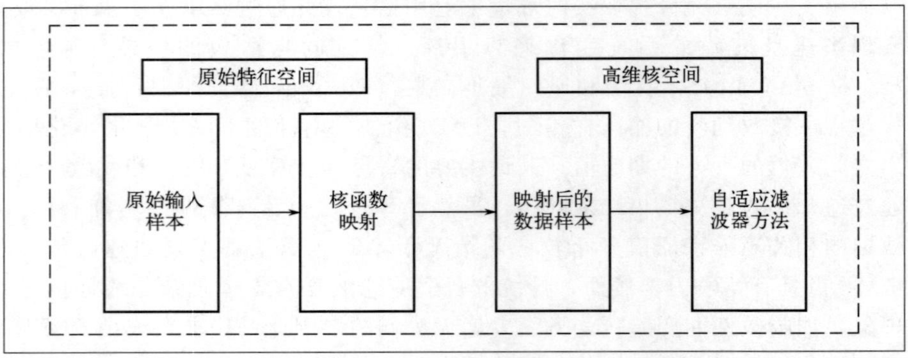

图 1.2　核自适应滤波器示意图

近 20 年来，对于 KAF 的研究始于 2004 年提出的核递归最小二乘（Kernel Recursive Least Squares，KRLS）算法[8]。该算法是 RLS 算法的非线性版本，能够在线递归计算最小误差平方和，具有良好的自适应跟踪能力和较快的收敛速度。2008 年，将“核技巧”和 LMS 算法结合的核最小均方（Kernel Least Mean Square，KLMS）算法[9] 能够实现滤波器参数的在线更新，提高泛化能力。同年，核仿射投影算法（Kernel Affine Projection Algorithm，KAPA）[10] 继承 KLMS 算法的简单性和在线性质，并在此基础上进一步优化梯度噪声，提高模型性能。至此，基于再生核希尔伯特空间的三种经典自适应滤波算法形成，包括 KLMS、KRLS 和 KAPA。然而，由于经典的 KAF 算法通常基于均方误差准则、梯度下降或递归计算等优化方法，仅包含二阶信息的统计量难以有效处理非高斯噪声或者异常值。因此，为提高在非高斯噪声环境下的鲁棒性，一系列基于信息理论学习的新颖非线性准则快速发展，如最大相关熵准则（Maximum Correntropy Criterion，MCC）[11]、最小误差熵（Minimum Error Entropy，MEE）准则[12] 和最大混合相关熵准则（Maximum Mixture Correntropy Criterion，MMCC）[13] 等。信息理论学习中的熵准则由于更接近于误差分布的特性，而且包含更多高阶信息，所以能进一步增强 KAF 的鲁棒性，提高预测精度。当然，除提高预测精度外，KAF 还存在一个固有缺陷[7] 亟待解决，具体言之，随着时间序列数据不断增多，KAF 中核矩阵的维数也相应增加，导致计算负担加重，从而影响预测速度，此时则需要稀疏化方法解决该固有缺陷，提高预测速度。因此，本书将结合各类稀疏化方法，从均方误差准则和相关熵准则两个层面介绍几种改进的 KAF 方法。

(1) 基于均方误差准则的核自适应滤波器

在 KAF 的研究中，设计合适的准则以对抗不同类型的噪声具有重要意义。在众多准则中，均方误差准则凭借计算简单、数学上易于处理的优势获得广泛关注，尤其是在高斯假设情况下，三种经典的 KAF 得以发展，分别是 KRLS、KLMS 和 KAPA 算法。其中，KLMS 具有计算复杂度低和自我正则化的特点；与 KLMS 相比，虽然 KRLS 算法核矩阵的逆计算导致计算负担加重，但模型的收敛速度更快；而 KAPA 作为 KLMS 算法的接续研究，在保持简单性的基础上，能够降低梯度噪声并提高模型性能。

尽管上述三种 KAF 在时间序列预测领域发展迅速，但仍存在如下不足：

① KAF 加载完备字典的复杂度高：当每次迭代处理实例时，KAF 都需要增加相应的核空间存储新数据，而完备字典的大小取决于数据样本的大小，这对计算时间和内存提出重大挑战。

② KAF 捕获非线性动态系统的时间特性差：通常情况下，KAF 的核宽度和步长参数大多数为固定值，难以通过自适应调整来跟踪具有时变特性的时间序列。

③ KAF 的模型复杂程度与预测精度平衡能力弱：由于 KAF 本质上是一个径向基函数网络，模型结构较简单，难以承担复杂的预测任务。

为解决 KAF 完备字典占用内存资源高的问题，学者们围绕稀疏化层面从三个角度对其进行改进。第一，基于矢量量化（Vector Quantization，VQ）的角度克服模型维数无限扩张的缺陷。不同于直接丢弃冗余数据策略，矢量量化方法的基本思想是通过量化操作压缩输入空间，如果当前量化的输入不符合量化规则，则将其视为冗余数据并用来更新最接近中心的系数，进一步提高数据的利用效率。例如，量化核最小均方（Quantization Kernel Least Mean Square，QKLMS）算法[14]和量化核递归最小二乘（Quantization Kernel Recursive Least Squares，QKRLS）算法[15]通过量化操作限制径向基函数结构的无限增长，从而降低计算复杂度。第二，基于核扩展的角度增强模型的自适应稀疏能力。例如，多核最小均方（Multikernel Least Mean Square，MKLMS）算法[16]将多元输入数据映射到时变向量值函数的希尔伯特空间中，保证算法的在线自适应。深度核递归最小二乘（Deep Kernel Recursive Least Squares，D-KRLS）算法[17]因其不依赖于输入空间稀疏化的特点为 KAF 模型的核扩展提供了新的研究视野。D-KRLS 算法将典型的基于单层内核的模型重组为深层结构，使得内核模型在每个维度上的权重在其相邻维度上建模，从而显著加快计算速度。第三，基于字典稀疏的角度提高模型稀疏字典的利用率。例如，具有稀疏促进正则化的 KLMS 算法[18]采用前馈-反馈环节来处理 L_1 范数正则化，目的是使字典能够以在线方式更新，丢弃过时的元素并添加适当的元素，更好适应输入信号的瞬时特性。此外，基于格拉姆-施密特内核字典稀疏化的 KLMS 算法[19]将核映射的向量投射到由标准正交基构建的有限维子空间中，从而实现核字典的稀疏化，并具有更低的计算成本。

为解决 KAF 对时变时间序列跟踪能力弱的问题，学者们立足参数层面从两个角度对其进行改进。第一，采用参数自适应机制。例如，集隶属度归一化核最小均方（Set-Membership Kernel Normalized Least Mean Square，SM-KNLMS）算法[20]使用自适应步长来加速学习，在收敛速度和稳态之间提供良好的平衡，具有收敛速度快、计算成本低以及良好的噪声鲁棒性。第二，引入遗忘因子。例如，核递归最小二乘跟踪（Kernel Recursive Least Squares with Tracker，KRLS-T）算法[21] 结合遗忘因子原则和数值稳定方法，可以固定内存量和时间步长，并提高模型的时变跟踪能力。此外，为更好跟踪非平稳性引起的强变化动态特性，引入遗忘因子的改进 KRLS 算法[22] 充分利用时间序列中的有用信息，在预测精度和核字典大小方面有较好的性能展现。

为解决 KAF 模型复杂程度与预测精度平衡能力弱的问题，学者们聚焦结构层面从两个角度对其进行改进。第一，增加反馈机制。例如，单反馈 KLMS（Single Feedback Kernel Least Mean Square，SF-KLMS）算法[23] 采用单个延迟输出以循环方式更新权重，在保持理想性能的同时，使结构更加紧凑有效，从而显著加快收敛速度，提高预测精度。第二，设计先聚类后回归模式。最近邻实例质心估计 KLMS（Nearest-Instance-Centroid-Estimation Kernel Least Mean Square，NICE-KLMS）算法[24] 使用核宽度直接从数据中学习产生聚类集群，并利用数据迭代更新集群的质心位置，这种方法能够维持模型的计算时间和空间的良好平衡，从而有效提高预测准确度。

（2）基于相关熵准则的核自适应滤波器

在实际应用中，环境的复杂性往往导致噪声分布呈现重尾非高斯分布的特点，这会严重影响预测模型的性能。为解决上述问题，学者们将视角转向信息理论学习[25]。信息理论学习中的度量（熵、散度和互信息等）不仅具有均方误差的非参数性质，还具备相关学习特性。具体言之，该学习特性能从数据中提取更多高阶信息用于自适应机制。因此，在非线性和非高斯性质下，信息理论学习的解决方案比均方误差准则更准确，特别是信息理论学习中的熵度量成功地推广到含重尾非高斯噪声的鲁棒学习中，使所建模型的学习能力显著提升。例如，针对噪声的干扰，熵度量中的 MCC(最大相关熵）和 MEE(最小误差熵）准则是两个重要的研究内容。尽管在某些条件下 MCC 和 MEE 可以等效，但 MCC 的计算复杂度较低，所以 MCC 比 MEE 应用更加广泛。MCC 是一种局部相似性度量方法，其目的是使模型输出和期望响应之间的相关熵最大化。采用 MCC 作为最优准则时，该方法具有平滑性、鲁棒性和不变性等理想性质。因此，将 KAF 与 MCC 相结合的模型能够有效适应时间序列的非线性、非平稳性和非高斯性。例如，通过加入正则化策略，基于 MCC 的改进 KRLS 算法[26] 既能有效抑制噪声干扰，又能避免预测过程中过拟合现象的出现。

虽然 MCC 成功应用于鲁棒回归和滤波中，但当外部环境复杂多变时，MCC 默认的高斯核函数并不始终是最佳选择。因此，基于 MCC 延伸出了以广义高斯密度函数为核函数的广义相关熵准则（Generalized Correntropy Criterion，GCC）[27] 和最大混合相关熵准则 MMCC[13]，并将其应用于 KAF 中。相较于 MCC，GCC 采用高斯密度函数的泛化形式，当其作为成本函数时，灵活性更强、收敛性更好和稳定性更佳；MMCC 则采用两个高斯函数的混合体作为核函数，有利于弱化异常值的干扰，实现鲁棒回归学习。其中，基于 GCC 和核方法的核递归广义最大相关熵（Kernel Recursive Generalized Maximum Correntropy，KRGMC）算法[28] 可以完成复杂的非线性建模任务，有效降低脉冲估计误差对动态递归权重系数的影响，避免算法性能的退化。为增强相关熵计算的准确性和灵活性，将矢量量化与

GCC 结合生成量化广义最大相关熵准则[29]。该准则不仅能增强变量间相似性度量的灵活性和通用性，还能提高预测模型的计算效率和速度。核递归最大混合相关熵（Kernel Recursive Maximum Mixture Correntropy，KRMMC）[30] 算法选择 MMCC 作为机器学习中的成本函数，进一步提高模型抑制脉冲噪声或者异常值的能力。随后，采用 MMCC 改进 KRLS 模型，该模型既保持与 MMCC 同等的鲁棒性，更重要的是，可以通过更加灵活的参数设置增强预测值与真实值间相似度测量的准确性。

此外，随着系统复杂度的不断提高，其产生的时间序列样本量和样本维度也同时增大。在这种背景下，许多稀疏化方法通过抑制 KAF 网络规模的扩大来降低计算复杂度。根据稀疏化手段的不同，可以分为样本稀疏化和结构稀疏化两种类型。

样本稀疏化主要是对样本进行操作，包括调动策略与映射策略两种方法。其中，调动策略是通过某些准则筛选在线输入样本，实现对模型大小的控制。常用的方法有近似线性相关（Approximation Linear Dependency，ALD）、一致性准则（Coherence Criterion，CC）、新颖准则（Novelty Criterion，NC）和角度准则（Angle Criterion，AC）等。其中，ALD 根据新样本与当前字典中成员的近似线性相关性决定抛弃或保留新样本，从而解决因样本量增加导致核矩阵扩张的问题。将 ALD 与 CC 结合应用于 KRLS 中[31]，通过减小核矩阵尺寸，使得核逆矩阵的计算复杂度降低，从而提高在线预测过程中的计算效率。为控制在线应用中数据量的增长，基于元素间角度的 AC 判据[32] 不仅提供直观几何，而且结构简单、易于实现。与调动策略保持字典大小的方法不同，映射方法则保留全部样本包含的信息，不丢弃任何样本。其中，在线矢量量化方法[14] 在对量化条件进行判断之后，将冗余样本量化成与该量化字典中的样本相似的样本。另外，类似于 VQ 的另一种映射型稀疏化方法是矢量投影（Vector Projection，VP）方法，将其与 ALD 准则共同作用于数据筛选机制[26]，可通过获得有限且有效的样本来抑制特征空间中的网络规模扩大问题，达到降低 KAF 计算复杂度的目的。

除上述样本稀疏化方法外，另一类结构稀疏化方法是指利用低秩近似或随机特征近似核函数的方法，从而获得具有固定维度的核矩阵。在 KAF 中采用 Nyström 方法近似核矩阵[33]，使用样本数据的一个子集形成固定尺寸的滤波器结构，保持样本数据相关性的同时，大大降低算法的时间和空间消耗。而随机傅里叶特征（Random Fourier Feature，RFF）[34] 方法则是另一种核函数逼近方法，可以逼近不变位移的核函数。将 RFF 应用于 KAF 中可以使改进模型具有固定的网络结构，从而不需要稀疏化操作。具体而言，先将输入数据转换到有限的随机傅里叶特征空间（Random Fourier Feature Space，RFFS）中，以减轻计算负担；然后将经 RFFS 转换后的输入数据与固定大小的线性参数结合，估计出网络输出。此外，考虑到 RFF 近似方法带来的误差以及真实环境中的噪声影响，采用更鲁棒的 MMCC 代替 MCC，进一步实现预测精度和效率的平衡[35]。总之，经过众多学者近二十年的研究，KAF 在时间序列在线预测领域取得了长足的进步，有针对性地解决了时间序列在线预测不佳、计算复杂度过高、捕获序列动态特性不强等问题[36]。

1.2.2 回声状态网络研究概述

近年来，神经网络因其出色的非线性处理能力备受关注，采用神经网络方法对混沌时间序列进行建模与预测已成为研究的重要方向。在众多神经网络模型中，循环神经网络（Recurrent Neural Network，RNN）具有反馈机制和特殊的网络结构，能够从连续的输入输出序列中学习复杂的映射关系，特别适用于序列数据分析和建模任务。循环神经网络中神经元之间的连接形式多样，可构成状态反馈或输出反馈，当前时刻的输出状态不仅取决于当前时刻的输入，还与过去的历史输入相关，使模型具有动态性。然而，经典循环神经网络的训练通常基于梯度下降法，求解速度不够理想且容易陷入局部最优值[37]。此外，循环神经网络的输出是关于时间的函数，其内部循环连接权值的训练过程与输出相关，这使得网络的稳定性难以保证。目前，循环神经网络稳定性的研究大多针对特定场景，对计算技巧和理论推导的要求较为严格。

针对以上问题，学者们提出了一类特殊的循环神经网络，即储备池计算（Reservoir Computing，RC）[38]。储备池计算模型灵感来源于20世纪90年代提出的随机权值神经网络（Neural Networks with Random Weights，NNRW）[39] 和随机向量函数链（Random Vector Functional Link，RVFL）神经网络[40]。NNRW和RVFL的共同思想是先对输入信号进行高维随机投影获得隐含层的特征，然后使用线性回归的方式训练网络的输出层。相比传统的基于梯度学习的神经网络，该模式能有效避免陷入局部极小、梯度消失的问题。值得注意的是，NNRW和RVFL是静态的前馈型神经网络，而储备池计算模型是一种动态循环神经网络。储备池计算模型具有一个高维的动态系统，称为“储备池”，该模型由大量随机、稀疏互连的神经元组成隐含层，储备池计算也因此得名。

储备池计算广义上包含三种具体模型，分别是2001年提出的回声状态网络（Echo State Network，ESN）[41]，2002年提出的液体状态机（Liquid State Machine，LSM）[42]以及2004年提出的反向传播去相关（Backpropagation Decorrelation，BPDC）方法[43]。ESN、LSM和BPDC三者的主要区别在于：ESN在储备池中使用的是Sigmoid型或Tanh型的非线性激活函数；LSM是一类脉冲神经网络，使用阈值函数取代Sigmoid激活函数；而BPDC是一种适用于循环神经网络的高效在线学习算法。值得注意的是，Herbert Jaeger和Harald Haas在2004年的Science期刊上正式发表了ESN的相关研究工作[44]，表明ESN在混沌时间序列基准数据集上的预测精度相较于当时经典方法提高了2400倍。自此，储备池计算方法引起了广泛的关注，同时，ESN模型也成为一个新的研究热点。为便于理解，图1.3列出了ESN与人工智能的层级关系。

ESN作为一种特殊的循环神经网络，其核心思想是将原始信号随机投影到一个高维的动态空间中，以获得比原始信号更为丰富的高维动态表达。此外，ESN能够随机构建网络的隐含层，并采用简单的线性回归对网络的输出层进行训练，从而有效弥补传统循环神经网络普遍存在的收敛速度慢、容易陷入局部最优的缺陷。经过20多年的努力，研究人员在解释和验证ESN模型有效性方面取得重要进展。从非线性动力学的理论角度，ESN不仅可以复现混沌吸引子并从观测得到的数据中计算出李雅普诺夫指数[45]，而且在输入有界的情况下，ESN具有通用的一致逼近性[46]。此外，使用广义同步理论还可以建立ESN学习混沌系统演化规律的理论框架[47]。从工程应用的角度，ESN凭借其训练速度快、参数少、鲁棒性强等优点在信号处理、时间序列预测、语音识别、图像处理、机器人控制、自然语言处理等任务中均表现出色。例如，ESN 可以对声音、图像等信号进行处理和分类，通过将音频信号转换成高维特征空间中的输出信号，从而实现语音识别。本节主要从 ESN 结构优化和参数选择、层次化拓展的角度对近年来的研究成果进行详细的描述。

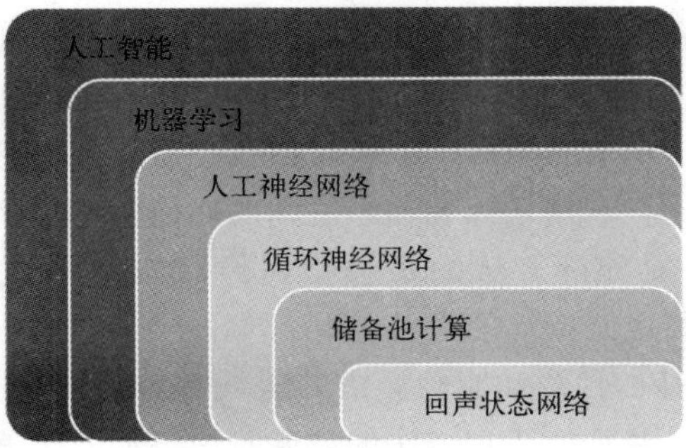

图 1.3 人工智能与回声状态网络的层级关系

(1) 回声状态网络的结构优化与参数选择

ESN 的输入权值矩阵和储备池内的回声状态权值矩阵在随机初始化后保持不变，只对输出权值矩阵进行训练，这种方式可以大大简化网络训练的计算成本。然而，随机生成的回声状态权值可能会产生不清晰的动态特性，难以形成与具体任务相匹配的最优结构。因此，约束和改进储备池内部结构是进一步提高模型性能的重要研究内容之一。储备池中神经元之间的连接不一定总是随机的，可以遵从一定的几何规律或符合某些拓扑结构。简单环形储备池（Simple Cycle Reservoir，SCR）[48] 和跳跃式环形储备池（Cycle Reservoir with Jumps，CRJ）[49] 是两种确定性的储备池拓扑结构。这两种模型在不影响网络学习性能的前提下，同时还具备最小化储备池计算复杂度的能力。基于规则反馈机制的相邻反馈回路储备池(Adjacent-feedback Loop Reservoir，ALR)[50] 可以增强储备池神经元之间的相互作用并增强储备池的稀疏性，从而提高预测性能。此外，基于侧向抑制原理的解耦回声状态网络(Decoupled Echo State Network，DESN)[51] 在完成多重叠加振荡器任务和无噪声的非线性预测任务中表现出比标准 ESN 更高的预测精度。由小波神经元构建而成的混合环形储备池(Hybrid Circle Reservoir，HCR)[52] 表现出更低的计算复杂度和更高的预测精度。随着脑科学研究的不断深入，神经科学的相关理论也在指导着储备池结构的设计。受大脑皮层神经元连接方式启发，小世界回声状态网络（Small World Echo State Network，SWESN）[53] 在鲁棒性和抗干扰性等方面均优于标准 ESN。

除了储备池内部拓扑结构外，储备池核心超参数的选择也是影响 ESN 模型性能的重要因素之一，例如储备池规模、谱半径、稀疏度、正则化参数以及输入变换因子等。在任务相对简单的情况下，通过经验设置的参数就能保证 ESN 模型正常工作[54]，但手工设计参数不仅费时费力，还需要大量专家经验。因此，自适应地搜索储备池的参数是一个亟待解决的关键问题[55]。研究表明，使用梯度下降和网格搜索相结合的超参数优化方法[56]，对 ESN 模型的输入变换因子、谱半径、漏积分率和正则化参数进行寻优，可获得更高的预测精度。基于 Fisher 最大化的改进随机梯度下降算法[57] 通过数据分布来初始化 ESN 模型的参数，在优化 ESN 超参数的过程中能提高预测性能。同时，贝叶斯优化方法在储备池超参数优化中也表现出色[58]。其中，使用贝叶斯优化的高斯过程[59] 分析损失函数的概率分布，能显著减少对专家知识的需求。在大规模光子系统的研究中，使用贝叶斯优化方法能够在最小迭代次数内有效探索超参数空间，有潜力成为光子储备池计算中调整超参数的标准方法[60]。此外，互信息回声状态网络（Mutual Information Echo State Network，MI-ESN）[61] 能优化输入变换因子与储备池结构，利用输入和输出之间的互信息调整多个变换因子并对部分输出权值进行修剪。基于奇异值分析方法的增长型回声状态网络（Growing Echo State Network，GESN）能自适应确定储备池的尺寸与拓扑结构[62]，与具有固定大小和拓扑结构的 ESN 相比，GESN 具有更佳的预测性能和更快的学习速度。

近年来，许多研究人员从智能优化方法的角度对储备池的超参数进行优化，已经取得良好的优化效果。智能优化方法是一类基于自然进化和群体智能的计算方法，其全局搜索能力强，能够通过并行计算和种群智能等机制加速搜索过程，进而找到全局最优解或接近最优解的解。此外，智能优化方法能够适应各种问题类型和问题结构，并且不需要先验知识。与传统的优化方法（如梯度下降算法）相比，智能优化方法不需要求解目标函数的导数，因此，对于那些难以求导或无法求导的问题也可以进行优化，在处理复杂问题时具有很大的优势。研究人员发现，智能优化方法在构建储备池过程的同时能寻找参数、结构和权值的最优结果，不再需要使用谱半径对储备池内部的回声状态权值矩阵进行缩放。

遗传算法（Genetic Algorithm，GA）是智能优化算法中的一种具体算法，它模拟了生物进化过程中的遗传、变异和选择机制。为准确地对多状态时间序列进行预测，可利用遗传算法对一种双储备池 ESN 模型的四个超参数进行优化[63]，模型在涡扇发动机多工况时间序列预测任务中具有准确、稳定的性能。此外，利用遗传算法优化 ESN 模型的方法分别在短期电力负荷预测[64] 和电话呼叫负荷预测[65] 任务中展现出良好的预测效果。值得注意的是，差分进化（Differential Evolution，DE）[66] 算法作为一种基于向量差分的智能优化算法，具有简单高效、收敛速度快和参数设置简单等优势，在储备池优化问题中表现出色。例如，利用差分进化算法对一种规则跳跃循环储备池进行预训练，通过最大化储备池神经元状态和期望响应之间的平均互信息实现储备池中四个关键超参数的优化。该方法不需要对输出权值进行训练，因此相对于有监督学习的预训练具有较低的计算复杂度[67]。使用多目标差分进化（Multi-objective Differential Evolution，MO-DE）[68] 算法优化 ESN 结构参数，并在工业部件剩余使用寿命预测任务中验证 MO-DE 算法的有效性。除此之外，协方差矩阵自适应进化策略（Covariance Matrix Adaption Evolutionary Strategy，CMA-ES）[69] 算法能对储备池规模、谱半径等核心超参数进行自适应搜索，在非线性动态过程建模的相关任务中优势明显。为解决图像修复问题，正交鸽群优化（Orthogonal Pigeon-inspired Optimization，OPIO）[70] 算法在 ESN 的初始化过程中引入正交设计策略，在优化储备池规模、谱半径、稀疏度的过程中展现出较快的全局收敛速度与较高的预测精度。

(2) 回声状态网络的层次化拓展

随着深度学习的不断发展，网络结构的深度层次化逐渐成为一种提升模型多尺度特征提取与非线性拟合能力的有效手段。通过层次化策略对数据进行逐层学习，最终使用不断抽象出的高层次特征来满足各种复杂任务的要求。近年来，关于 ESN 模型的层次化研究也涌现出大量的研究成果。φ-ESN[71] 和随机静态投影储备池（Reservoir with Random Static Projections，R^2SP）[72] 模型的核心思路均是在动态储备池结构的基础上添加静态层，改进后的模型具有更强的短期记忆能力。φ-ESN 和 R^2SP 模型的区别在于：φ-ESN 将极限学习机（Extreme Learning Machine，ELM）直接连接储备池的下一层，在储备池和 ELM 之间的权值也是随机连接，只需要训练网络的输出权值矩阵。R^2SP 在 φ-ESN 模型的基础上，额外增加一层 ELM，将输入信号同时输入该层 ELM 和储备池中，最后将两个 ELM 的激活状态和储备池状态拼接到一起，在输出层统一求解回归方程学习输出权重。深度信念回声状态网络（Deep Belief Echo State Network，DBEN）[73] 采用无监督的方式对特征进行层次化提取，DBEN 在预测性能、学习速度和短时记忆能力等方面均有显著提升。此后，研究人员相继提出多层回声状态机（Multilayered Echo State Machine，ML-ESM）[74] 和深度回声状态网络（Deep Echo State Network，DeepESN）[75]，真正意义上实现 ESN 的层次化拓展。值得注意的是，为确保整个系统的稳定性并满足 ESN 模型中的回声状态性质，ML-ESM 模型限制各层 ESN 中的储备池规模必须一致。而 DeepESN 对各层 ESN 中的储备池规模没有严格要求，经研究发现，将各层储备池规模参数按照递增的顺序手动设置，可以使各层储备池呈现出不同时间尺度的差异。

近期，异步深层储备池（Asynchronous Deep Reservoir Computing，ADRC）[76] 通过异步处理方式将长时记忆任务转化为一系列短时记忆任务，显著提高模型的记忆容量。针对标准 ESN 难以捕获时间序列多尺度信息的问题，深度投影编码回声状态网络（Deep Projection-encoding Echo State Network，DeePr-ESN）[77] 采用多层投影编码的层次化 ESN 框架。该模型不仅具有多层储备池结构，而且交替使用投影层和编码层捕获多尺度动态特性，进一步实现层次化策略在 ESN 模型中的尝试与探索。多自适应储备池回声状态网络（Deep Echo State Network with Multiple Adaptive Reservoirs，MAR-DESN）[78] 根据输入信号的特征和储备池的状态，利用主成分分析自动确定储备池的数量和每个储备池的规模，同时采取拟牛顿优化算法搜索储备池的最优参数。与此同时，在研究层次化 ESN 时，科研人员发现在超参数选择合适的情况下，不同 ESN 侧重于处理不同时间尺度的信号，相对于标准 ESN 具有显著的性能提升[79]。

总之，层次化 ESN 模型在语音识别、故障诊断等任务中均展现出良好的应用性能，同时在能源、通信和材料领域有着重要应用。综上，单储备池的 ESN 追求简洁性和高效性，而层次化 ESN 模型侧重于学习任务中抽象和复杂的特征。此外，在 ESN 的编程与代码实现方面，目前已开源了多个基于 Matlab 语言、R 语言和 Python 语言的工具箱供相关研究人员学习和使用[80]。

1.3 结构安排

本书围绕混沌时间序列建模与预测，分别从核自适应滤波器和回声状态网络的角度进行详细描述。第 2 章主要介绍基于均方误差准则核自适应滤波器的四种改进模型；第 3 章从相关熵准则的角度对四种改进的核自适应滤波器进行介绍；第 4 章针对回声状态网络结构优化与参数选择的问题，从智能优化方法的角度介绍三种改进的回声状态网络模型；第 5 章重点研究回声状态网络的层次化拓展，并针对混沌时间序列中长期预测的问题介绍四种层次化回声状态网络模型。

第2章

基于均方误差准则核自适应滤波器的混沌时间序列预测

第 1 章已经对混沌时间序列预测的背景、意义及方法进行了简要介绍，接下来将对混沌时间序列在线预测领域的一种重要研究方法——核自适应滤波器（Kernel Adaptive Filter，KAF）展开详细说明。本章从均方误差（Mean Squared Error，MSE）准则的角度出发，介绍 4 种改进的 KAF：自适应归一化稀疏量化核递归最小二乘（Adaptive Normalized Sparse Quantized Kernel Recursive Least Squares，ANS-QKRLS）模型、滑动窗口稀疏核递归最小二乘（Sparse Kernel Recursive Least Squares Based on Sliding Window，SW-SKRLS）模型、随机投影自适应稀疏核递归最小二乘（Random Projection Adaptive Sparse Kernel Recursive Least Squares with Random Projection，RP-ASKRLS）模型和自适应稀疏量化核最小均方（Adaptive Sparse Quantization Kernel Least Mean Square，ASQ-KLMS）模型。在每节结尾处，通过标杆或实际数据仿真实验验证四种改进型 KAF 对混沌时间序列在线预测的有效性。

2.1 基于均方误差准则核自适应滤波器的基本原理

MSE 准则在数学结构上具有结构简单和凸性能曲面的特点，当其作为成本函数时，便于计算和处理，尤其是在高斯噪声这样的平稳噪声环境中受到广泛关注[7]。MSE 准则中成本函数 $J(\cdot)$ 的表达式如下：

$$J(k)=\frac{1}{2}E[e^2(k)] \tag{2.1}$$

式中，k 是当前迭代次数；$e(\cdot)$ 为算法的训练误差；$E[\cdot]$ 表示数学期望。

KAF 是一类算法的总称，将 MSE 准则作为成本函数运用于 KAF，可使 KAF 具有对抗高斯噪声的能力。基于 MSE 准则的经典 KAF 方法主要是核递归最小二乘（Kernel Recursive Least Squares，KRLS）[8] 和核最小均方（Kernel Least Mean Square，KLMS）[9]。KRLS 算法具有较强的自适应跟踪能力和较快的收敛速度，而 KLMS 算法具有良好的泛化性能和较低的计算复杂度，两种算法因不同的在线学习特点均得到学者的广泛研究[36]。下面主要对 KRLS 算法和 KLMS 算法的基本原理进行详细介绍。

2.1.1 核递归最小二乘算法

KRLS 利用矩阵反演引理简化核矩阵的求逆过程，可减少计算量和降低存储要求。目前，KRLS 已经在复杂时间序列预测中展现出较好的预测性能，它能够以在线的形式实时处理样本序列。KRLS 方法中核矩阵的维数和输入样本的数量相同，随着样本数量的增加，核矩阵所涉及的计算复杂度将提高，从而影响预测的精度和效率。为限制核矩阵维数的增长，基于近似线性相关的 KRLS（Approximation Linear Dependency Kernel Recursive Least Squares，ALD-KRLS）[8] 方法成为一种重要的解决方案。近似线性相关（Approximation Linear Dependency，ALD）判据 $\delta(n)$ 用数学公式表示为：

$$\delta(n)=\min_{\boldsymbol{a}(n)}\left\|\sum_{i=1}^{B(n-1)}\boldsymbol{a}(i)\varphi(\widetilde{\boldsymbol{x}}(i))-\varphi(\boldsymbol{x}(n))\right\|^2 \tag{2.2}$$

式中，n 为当前时刻；$D(n-1)=\{\varphi(\widetilde{\boldsymbol{x}}(i))\}_{i=1}^{B(n-1)}$ 和 $B(n-1)$ 分别表示第 $n-1$ 时刻的样本字典和字典成员数量；$\boldsymbol{a}(i)$ 为向量，$\boldsymbol{a}(n)=[\boldsymbol{a}(1)\quad\cdots\quad\boldsymbol{a}(B(n-1))]$。通过最小化 $\delta(n)\leqslant v$（v 是给定的阈值），得到 $\boldsymbol{a}(n)$ 如下所示：

$$\begin{aligned}\boldsymbol{a}(n)&=\widetilde{\boldsymbol{K}}^{-1}(n-1)\widetilde{\boldsymbol{k}}_{n-1}(\boldsymbol{x}(n))\\ \delta(n)&=k_{nn}-\widetilde{\boldsymbol{k}}_{n-1}^{\mathrm{T}}(\boldsymbol{x}(n))\boldsymbol{a}(n)\end{aligned} \tag{2.3}$$

式中，$\widetilde{\boldsymbol{K}}^{-1}(n-1)$ 是根据第 $n-1$ 时刻样本字典中的成员计算得到的核矩阵 $\widetilde{\boldsymbol{K}}(n-1)$ 求逆后的结果，$[\widetilde{\boldsymbol{K}}(n-1)]_{i,j}=\kappa(\widetilde{\boldsymbol{x}}(i),\widetilde{\boldsymbol{x}}(j))$；$[\widetilde{\boldsymbol{k}}_{n-1}(\boldsymbol{x}(n))]_i=\kappa(\widetilde{\boldsymbol{x}}(i),\boldsymbol{x}(n))$；$k_{nn}=\kappa(\boldsymbol{x}(n),\boldsymbol{x}(n))$；$i,j=1,\cdots,B(n-1)$。$\kappa(\cdot,\cdot)$ 是核函数，重构核希尔伯特空间(Reproducing Kernel Hilbert Spaces，RKHS）中常用的核函数是径向基函数（Radial Basis Function，RBF)，其表达式如下：

$$\kappa(\boldsymbol{x}(n_1),\boldsymbol{x}(n_2))=\exp\left(-\frac{\|\boldsymbol{x}(n_1)-\boldsymbol{x}(n_2)\|_2^2}{2\sigma^2}\right) \tag{2.4}$$

式中，$\boldsymbol{x}(n_1)$ 和 $\boldsymbol{x}(n_2)$ 分别代表两个数据样本；σ 表示核带宽。设核矩阵 $\boldsymbol{K}(n)\approx\boldsymbol{A}(n)\boldsymbol{K}(n)\boldsymbol{A}^{\mathrm{T}}(n)$，其中，$[\boldsymbol{A}(n)]_{i,j}=\boldsymbol{a}(n)_{i,j}$，则损失函数 $L(\cdot)$ 为：

$$L(n)=\min_{\widetilde{\boldsymbol{\alpha}}(n)}\|y(n)-\boldsymbol{A}(n)\widetilde{\boldsymbol{K}}(n)\widetilde{\boldsymbol{\alpha}}(n)\|_2^2 \tag{2.5}$$

式中，$\widetilde{\boldsymbol{\alpha}}(n)=\boldsymbol{A}^{\mathrm{T}}(n)\boldsymbol{\alpha}(n)$。将式（2.5）中的 $L(n)$ 置 0 后得到：

$$\begin{aligned}\tilde{\boldsymbol{\alpha}}(n)&=\tilde{\boldsymbol{K}}^{-1}(n)(\boldsymbol{A}^{\mathrm{T}}(n)\boldsymbol{A}(n))^{-1}\boldsymbol{A}^{\mathrm{T}}(n)y(n)\\&=\boldsymbol{K}^{-1}(n)\boldsymbol{P}(n)\boldsymbol{A}^{\mathrm{T}}(n)y(n)\end{aligned}\tag{2.6}$$

式中，$\boldsymbol{P}(n)$ 是正则化自相关逆矩阵，可通过 $\boldsymbol{P}(n)=(\boldsymbol{A}^{\mathrm{T}}(n)\boldsymbol{A}(n))^{-1}$ 计算得到。

在第 n 时刻，接收新样本 $\boldsymbol{x}(n)$，通过式（2.2）计算 ALD 判据 $\delta(n)$，并与阈值 v 进行比较。当 $\delta(n)\leqslant v$ 时，说明新样本可用上一时刻（第 $n-1$ 时刻）的样本字典中的成员近似线性表示，即新样本和已有样本字典相关程度较高。此时，新样本可用已有样本字典中成员以某种组合的形式进行替代，故可将其看作冗余成分，并对其进行丢弃处理。反之，当 $\delta(n)>v$ 时，说明新样本不能用已有样本字典中的成员线性表示，其包含的有用信息较多，故将其保留并加入样本字典。基于上述判断，ALD-KRLS 方法通过 ALD 条件可限制核矩阵规模，其具体步骤如下。

步骤 1：初始化参数，设定阈值 v，$\boldsymbol{P}(1)=[1]$。

步骤 2：输入样本，加载 $\{(\boldsymbol{x}(n), y(n)), n=1, \cdots, N\}$，$N$ 是样本数。

步骤 3：判断 ALD 判据与阈值 v 的关系，具体情况分为以下两种。

① 若 $\delta(n)=\min\limits_{\boldsymbol{a}(n)}\left\|\sum\limits_{i=1}^{B(n-1)}\boldsymbol{a}(i)\varphi(\tilde{\boldsymbol{x}}(i))-\varphi(\boldsymbol{x}(n))\right\|^{2}>v$，保留新样本到样本字典中，同时更新样本字典——$D(n)=D(n-1)\cup\boldsymbol{x}(n)$，并按式（2.7）～式（2.10）进行计算。

$$\tilde{\boldsymbol{K}}^{-1}(n)=\frac{1}{\delta(n)}\begin{bmatrix}\delta(n)\tilde{\boldsymbol{K}}^{-1}(n-1)+\boldsymbol{a}(n)\boldsymbol{a}^{\mathrm{T}}(n) & -\boldsymbol{a}(n)\\ -\boldsymbol{a}^{\mathrm{T}}(n) & 1\end{bmatrix}\tag{2.7}$$

$$\boldsymbol{A}(n)=\begin{bmatrix}\boldsymbol{A}(n-1) & \boldsymbol{0}\\ \boldsymbol{0}^{\mathrm{T}} & 1\end{bmatrix}\tag{2.8}$$

$$\boldsymbol{P}(n)=\begin{bmatrix}\boldsymbol{P}(n-1) & \boldsymbol{0}\\ \boldsymbol{0}^{\mathrm{T}} & 1\end{bmatrix}\tag{2.9}$$

$$\tilde{\boldsymbol{\alpha}}(n)=\begin{bmatrix}\tilde{\boldsymbol{\alpha}}(n-1)-\boldsymbol{a}(n)(y(n)-\tilde{\boldsymbol{k}}_{n-1}^{\mathrm{T}}(\boldsymbol{x}(n))\tilde{\boldsymbol{\alpha}}(n-1))/\delta(n)\\ (y(n)-\tilde{\boldsymbol{k}}_{n-1}^{\mathrm{T}}(\boldsymbol{x}(n))\tilde{\boldsymbol{\alpha}}(n-1))/\delta(n)\end{bmatrix}\tag{2.10}$$

② 若不满足①中条件，则舍弃新样本，同时样本字典不更新——$D(n)=D(n-1)$，并按式（2.11）～式（2.14）进行计算。

$$\tilde{\boldsymbol{K}}(n)=\tilde{\boldsymbol{K}}(n-1)\tag{2.11}$$

$$\boldsymbol{A}(n)=[\boldsymbol{A}^{\mathrm{T}}(n-1)\quad \boldsymbol{a}(n)]^{\mathrm{T}}\tag{2.12}$$

$$\boldsymbol{P}(n)=\boldsymbol{P}(n-1)-\boldsymbol{q}(n)\boldsymbol{a}^{\mathrm{T}}(n)\boldsymbol{P}(n-1),\ \boldsymbol{q}(n)=\frac{\boldsymbol{P}(n-1)\boldsymbol{a}(n)}{1+\boldsymbol{a}^{\mathrm{T}}(n)\boldsymbol{P}(n-1)\boldsymbol{a}(n)}\tag{2.13}$$

$$\tilde{\boldsymbol{\alpha}}(n)=\tilde{\boldsymbol{\alpha}}(n-1)+\tilde{\boldsymbol{K}}^{-1}(n)\boldsymbol{q}(n)(y(n)-\tilde{\boldsymbol{k}}_{n-1}^{\mathrm{T}}(\boldsymbol{x}(n))\tilde{\boldsymbol{\alpha}}(n-1))\tag{2.14}$$

步骤 4：计算输出，即模型输出 $\hat{y}(n+1)\approx\sum\limits_{i=1}^{B(n)}\tilde{\boldsymbol{a}}(i)\kappa(\tilde{\boldsymbol{x}}(i), \boldsymbol{x}(n+1))$。

尽管 ALD-KRLS 方法能够完成时间序列在线预测任务，并且能够对核矩阵的维数进行限制，但在线预测的精度和效率将受到 ALD 条件阈值的影响。如果阈值太小，样本数量会很大，预测效率会变低。但是如果阈值选择太大，可能会丢失一些重要的样本，导致预测精度下降。

2.1.2 核最小均方算法

针对复杂难预测的时间序列，应用于在线学习任务的 KLMS 算法[9] 具有较低的计算复杂度和较高的鲁棒性，并且具有自调节特性。KLMS 方法是核空间中最小均方（least mean square，LMS）的推广形式，该算法在 RKHS 中使用随机梯度方法近似自适应滤波器的参数，达到在线预测的目的[35]。连续非线性输入输出映射 $f: \mathbf{R}^M \to \mathbf{R}$ 可表示为：

$$y = f(\boldsymbol{x}) \tag{2.15}$$

式中，$\boldsymbol{x} \in \mathbf{R}^M$ 是输入向量；$y \in \mathbf{R}$ 是相应的输出。通过样本 $\{(\boldsymbol{x}(n), y(n)), n = 1, \cdots, N\}$（$N$ 为样本数）估计映射 f，并获得预测值 $\hat{y}(n)$。真实值和预测值之间的差值叫作算法的训练误差，基于训练误差建立合适的成本函数，可构造自适应滤波器。基于 MSE 准则的 LMS 算法的成本函数 $J(\cdot)$ 为：

$$J(n) = \frac{1}{2} E[e^2(n)] \tag{2.16}$$

式中，$e(n) = y(n) - \hat{y}(n)$ 是第 n 时刻的训练误差，$\hat{y}(n) = \boldsymbol{w}^{\mathrm{T}}(n-1)\boldsymbol{x}(n)$，$\boldsymbol{w}(n-1)$ 是权值。通过使式（2.16）中成本函数 $J(\cdot)$ 最小，得到 LMS 算法的最优权值。为追求简洁高效，LMS 使用梯度下降法求解 $J(\cdot)$ 的最优解，权值的更新方法如下：

$$\boldsymbol{w}(n) = \boldsymbol{w}(n-1) + \eta e(n)\boldsymbol{x}(n) \tag{2.17}$$

式中，η 表示学习率。当式（2.15）中输入输出映射 f 呈现高度非线性时，KLMS 可提供比 LMS 更好的预测精度。对于有限的训练样本，KLMS 可通过核映射将输入样本由低维的原始空间映射到高维特征空间，然后在高维特征空间执行简单的线性计算。计算过程中涉及学习率的预设置，主要有两种实现方法：

① 根据经验设置学习率；

② 随着新样本输入预测模型，自适应更新权值的同时，实时调整学习率。

假设在 KLMS 中，第 n 时刻的权值由 $\boldsymbol{\Omega}(n)$ 表示。类似于式（2.17），KLMS 的权值更新方法可表示为：

$$\boldsymbol{\Omega}(n) = \boldsymbol{\Omega}(n-1) + \eta e(n)\varphi(\boldsymbol{x}(n)) \tag{2.18}$$

式中，$\varphi(\boldsymbol{x}(n))$ 表示 $\boldsymbol{x}(n)$ 经非线性函数 $\varphi(\cdot)$ 映射后的新输入。但当 $\varphi(\boldsymbol{x}(n))$ 维数太大时，计算量较大，故不能直接使用式（2.18）计算 $\boldsymbol{\Omega}(n)$。给定初始权值 $\boldsymbol{\Omega}(0) = 0$，通过迭代获得 $\boldsymbol{\Omega}(n)$：

$$\boldsymbol{\Omega}(n) = \boldsymbol{\Omega}(0) + \eta \sum_{i=1}^{n} e(i)\varphi(\boldsymbol{x}(i)) = \eta \sum_{i=1}^{n} e(i)\varphi(\boldsymbol{x}(i)) \tag{2.19}$$

然后，将模型输出的预测值导出为 RKHS 中的内积形式：

$$\hat{y}(n) = \boldsymbol{\Omega}^{\mathrm{T}}(n-1)\varphi(\boldsymbol{x}(n)) = \eta \sum_{i=1}^{n-1} e(i)\varphi^{\mathrm{T}}(\boldsymbol{x}(i))\varphi(\boldsymbol{x}(n)) \tag{2.20}$$

RKHS 的内积可通过式（2.4）所述的核函数计算，即：

$$\varphi^{\mathrm{T}}(\boldsymbol{x}(n_1))\varphi(\boldsymbol{x}(n_2))=\kappa(\boldsymbol{x}(n_1),\boldsymbol{x}(n_2)) \tag{2.21}$$

使用核函数可避免在高维特征空间中的直接计算，利用核技巧将式（2.20）重写为：

$$\hat{y}(n)=\eta\sum_{i=1}^{n-1}e(i)\kappa(\boldsymbol{x}(i),\boldsymbol{x}(n)) \tag{2.22}$$

为方便后续对稀疏化方法的解释，引入样本字典概念对式（2.22）进行形式更改。在不进行稀疏化的情况下，样本 $\{(\boldsymbol{x}(n),y(n)),n=1,\cdots,N\}$（$N$ 为样本数）按顺序依次进入模型，新样本 $\boldsymbol{x}(n)$ 纳入样本字典中，使用 $D(n)$ 表示样本字典在第 n 时刻的状态，更新方法为 $D(n)=D(n-1)\cup\boldsymbol{x}(n)$；采用 $\kappa(n)$ 表示核技巧部分，计算为 $\kappa(n)=\kappa(D(n),\boldsymbol{x}(n))$；权值的更新公式表示为 $\boldsymbol{\alpha}(n)=[\boldsymbol{\alpha}(n-1);\eta e(n)]$。所以可把式（2.22）简写为：

$$\hat{y}(n)=\kappa^{\mathrm{T}}(n-1)\boldsymbol{\alpha}(n) \tag{2.23}$$

总之，KLMS 在时间序列预测中是一个记忆强化操作，通过使用历史样本和训练误差逐步构造 KLMS 的输出。随着 KLMS 不断应用于时间序列在线预测问题，其预测过程也出现许多亟待解决的问题[36]。随着样本的不断增多，预测过程中出现计算复杂度较大的问题，即随着新样本的不断输入，核矩阵维数随之增大，计算成本也会越来越高，从而出现预测时间长、效率低以及精度低等问题。

2.2 基于自适应归一化稀疏量化的核自适应滤波器

上节简要介绍了两种经典算法，核递归最小二乘方法和核最小均方方法。在核递归最小二乘方法中，样本的增加会提高核矩阵的计算复杂度，且其对动态环境的自适应调节能力弱、对环境噪声较为敏感。因此，为解决上述问题，本节在近似线性相关的基础上，加入动态调整、一致性准则与矢量量化，介绍一种用于混沌时间序列在线预测的自适应归一化稀疏量化核递归最小二乘（Adaptive Normalized Sparse Quantized Kernel Recursive Least Squares，ANS-QKRLS）方法，使模型计算效率得到提高，并能在时变环境中自适应调整权值，平衡预测的精度和效率。

2.2.1 自适应稀疏化方法

在核矩阵的更新过程中，近似线性相关（Approximation Linear Dependency，ALD）是一种基本而有效的检测线性稀疏逼近程度的指标。但是，如果 ALD 阈值设置不合适，会影响在线预测的精度和效率。研究表明，将基于一致性准则和动态调整的自适应稀疏化方法作为 ALD 条件的补充，有利于提高模型在线预测时的抗噪能力，进一步提高预测精度。

（1）一致性准则

2009 年，一致性准则[9] 取代 ALD 成为稀疏化标准，其判据 $\mu(\cdot)$ 的数学表达式如下：

$$\mu(n)=\max_{i=1,2,\cdots,B(n-1)}|\kappa(\boldsymbol{x}(n),\boldsymbol{x}(i))|\leqslant\mu_0 \tag{2.24}$$

式中，n 为当前时刻；$\boldsymbol{x}(n)$ 是新样本，$D(n-1)=\{\varphi(\tilde{\boldsymbol{x}}(i))\}_{i=1}^{B(n-1)}$ 和 $B(n-1)$ 分别表示第 $n-1$ 时刻的样本字典和字典成员个数；$\kappa(\cdot,\cdot)$ 表示核函数；$\mu_0\in[0,1]$ 是根据具体预测任务人为设定的阈值，其大小决定样本字典的规模和稀疏化的程度。一致性准则的计算成本只取决于最终样本字典的成员数量，最终成员数量越少，模型计算代价就越小，并且加入该判别准则能够更好地衡量新样本与已有样本字典之间的关系，对于新样本的取舍判断更为精确。

(2) 动态调整方法

受到均方误差（Mean Squared Error，MSE）准则的影响，核递归最小二乘（Kernel Recursive Least Squares，KRLS）方法对非平稳时间序列中的噪声和异常值较为敏感[31]，如果训练样本包含异常值，预测精度将显著降低。为此，使用欧几里得范数 $\|\cdot\|$ 弱化异常值的不利影响，使模型在非平稳时间序列中能够自适应地调整权值，从而实现更好的在线预测效果。当新样本 $\boldsymbol{x}(n)$ 不满足 ALD 条件和一致性准则时，认为新样本中所包含的信息对于预测的最终效果并不重要，直接丢弃新样本，样本字典和核矩阵不更新，即 $D(n)=D(n-1)$，$\boldsymbol{K}(n)=\boldsymbol{K}(n-1)$，此时按下式更新权值 $\boldsymbol{\alpha}(n)$：

$$\boldsymbol{\alpha}(n)=\boldsymbol{\alpha}(n-1)+\frac{\boldsymbol{q}(n)\boldsymbol{K}^{-1}(n)(y(n)-\boldsymbol{k}_{n-1}^{\mathrm{T}}(\boldsymbol{x}(n))\boldsymbol{\alpha}(n-1))}{\varsigma+\|\boldsymbol{k}_{n-1}^{\mathrm{T}}(\boldsymbol{x}(n))\|_2^2} \tag{2.25}$$

式中，$[\boldsymbol{k}_{n-1}(\boldsymbol{x}(n))]_i=\kappa(\boldsymbol{x}(i),\boldsymbol{x}(n))$，$i=1,\cdots,n-1$；$\boldsymbol{q}(n)=\dfrac{\boldsymbol{P}(n-1)\boldsymbol{\alpha}(n)}{1+\boldsymbol{\alpha}^{\mathrm{T}}(n)\boldsymbol{P}(n-1)\boldsymbol{\alpha}(n)}$；$\boldsymbol{P}(n)=\boldsymbol{P}(n-1)-\boldsymbol{q}(n)\tilde{\boldsymbol{\alpha}}^{\mathrm{T}}(n)\boldsymbol{P}(n-1)$；$\boldsymbol{P}(n-1)$ 为正则化自相关逆矩阵；ς 是调节值，可避免 $\|\boldsymbol{k}_{n-1}^{\mathrm{T}}(\boldsymbol{x}(n))\|_2^2$ 很小时出现失调现象。

2.2.2 矢量量化方法

在存储或处理大量数据的过程中，为减少数据量、节省存储空间及提高处理数据的速度，常常选择某些算法进行数据处理，在保证保留必要信息的条件下，减少冗余数据。因此，通常应用编码技术进行数据压缩。矢量量化（Vector Quantization，VQ）方法[81] 是一种基于编码技术的数据压缩方法，这种方法在语音识别和图像处理领域已经得到广泛的应用，且效果显著，其中，量化 KRLS（Quantized Kernel Recursive Least Squares，QKRLS）算法[15] 正是 VQ 方法的成功应用。

VQ 的目的是在一个特定空间中找到具有代表意义的矢量，并用其表示该空间中的所有矢量，从而达到压缩数据的目的。VQ 的过程和核方法一样，属于一个映射的过程，原始数据集映射为一组离散的向量，这些向量组成码书。码书由一组有限数量的向量构成，这些向量通常称为码字。每个码字代表原始数据集中的一个区域或聚类，码书可看作对原始数据集进行聚类的结果。最终，使用码书替代量化前的原始输入。对于给定的 k 维输入向量集合，设定相应的阈值和码书大小，通过计算最终寻找到平均损失最小的码书。在 VQ 方法中，矢量量化器的设计是至关重要的步骤，在这个过程中主要需要考虑的是：码字搜索算法和码书的设计，也就是如何将向量分配给各个数据，以及如何找到能够替代向量的码字。VQ 示意图用图 2.1 表示，以二维空间为例，将空间分成多个编码区域，记码书 C 中各个码字为 $C(j)$，计算如下距离测度：

$$\mathrm{dis}(\boldsymbol{x}(n), C(i)) = \min_{1<j\leqslant N_C} d(\boldsymbol{x}(n), C(j)) \tag{2.26}$$

式中，$\boldsymbol{x}(n)$ 为输入，$n=1, \cdots, N$；$C(i)$ 是与输入最佳匹配的码字，$i=1, \cdots, N_C$；N_C 是 C 中码字的数量；$d(\cdot, \cdot)$ 表示欧氏距离。如果 $\boldsymbol{x}(n)$ 在对应的编码区域内，则其可用对应的最佳匹配的码字表示，即：

$$Q[\boldsymbol{x}(n)] = C(i) \tag{2.27}$$

式中，$Q[\cdot]$ 表示量化处理。根据量化处理，输入 $\boldsymbol{x}(n)$ 就可在 C 中找到与其对应的码字，从而实现 VQ。

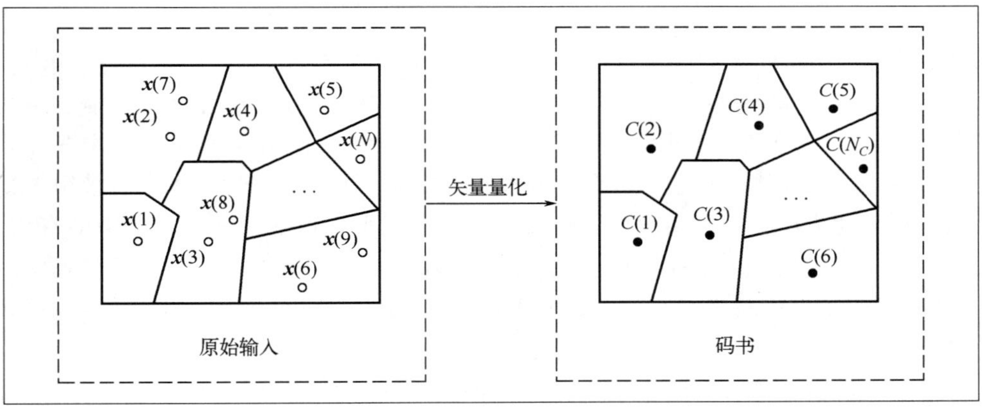

图 2.1 矢量量化过程示意图

虽然通过上述过程能够压缩数据，但是 VQ 存在着如下问题[31]：

① 每次在码书中寻找待训练矢量的最近码字时，需要花费大量的时间和使用大量的空间代价；

② 初始化时，码书的选择会很大程度上影响整个 VQ 方法的性能；

③ 这种 VQ 方法没有很好的自适应能力，不适合在线学习。

因此，需要考虑对 VQ 方法进行改进，使其更好地用于在线预测过程。

2.2.3 自适应归一化稀疏量化核递归最小二乘模型

基于近似线性相关的核递归最小二乘（Approximation Linear Dependency Kernel Recursive Least Squares，ALD-KRLS）方法具有较低的计算复杂度，并能够以递归形式在线更新。模型通过 ALD 条件判断新样本后，通常会将判断出的冗余样本直接做丢弃处理。在 ALD-KRLS 方法中，当新样本满足式（2.28）所示 ALD 条件时，说明新样本 $\boldsymbol{x}(n)$ 和已有样本字典 $D(n-1)=\{\varphi(\tilde{\boldsymbol{x}}(i))\}_{i=1}^{B(n-1)}$ 的相关程度不高，需要予以保留；反之，则将其看作冗余样本，不加入样本字典。ALD 条件如下所示：

$$\delta(n)=\min_{\boldsymbol{\alpha}(n)}\left\|\sum_{i=1}^{B(n-1)}\boldsymbol{\alpha}(i)\varphi(\tilde{\boldsymbol{x}}(i))-\varphi(\boldsymbol{x}(n))\right\|^2>v \tag{2.28}$$

式中，n 为当前时刻；$\delta(n)$ 是 ALD 判据；$B(n-1)$ 为第 $n-1$ 时刻样本字典中成员的个数；$\boldsymbol{\alpha}(i)$ 表示系数向量，$i=1$，…，$B(n-1)$；v 为给定的阈值，对控制核矩阵维数的大小起着关键作用。但 ALD-KRLS 方法仅依赖 ALD 条件构建样本字典不够准确，可能导致预测精度和效率较低。一致性准则可作为 ALD 条件的补充，加入该判别准则能够更好地衡量新样本与已有样本字典之间的关系，使得新样本的取舍判断更为精确。

一致性准则的计算成本只取决于样本字典中的成员数量，其判据 $\mu(\cdot)$ 的数学表达式如下：

$$\mu(n)=\max_{i=1,2,\cdots,B(n-1)}|\kappa(\boldsymbol{x}(n),\boldsymbol{x}(i))|\leqslant\mu_0 \tag{2.29}$$

式中，$\boldsymbol{x}(n)$ 是新样本；$D(n-1)=\{\varphi(\tilde{\boldsymbol{x}}(i))\}_{i=1}^{B(n-1)}$ 和 $B(n-1)$ 分别表示第 $n-1$ 时刻的样本字典和其成员个数；$\mu_0\in[0,1]$ 是人为设定的阈值，其值表征样本字典的规模和稀疏化的程度。模型虽然根据 ALD 条件和一致性准则筛选出冗余样本，并进行丢弃处理，但是丢弃的冗余样本可能包含有利于在线预测的有用信息。QKRLS 模型采用 VQ 方法替代一般的稀疏化方法，不仅实现样本的稀疏化，还能很好地挖掘冗余样本中的有用信息。QKRLS 模型的基本思想是用量化输入替换整个输入，通过 VQ 方法处理核矩阵，将满足式（2.30）所示量化条件的新样本 $\boldsymbol{x}(n)$ 量化到第 $n-1$ 时刻的码字 $C(n-1)$（C 为码书，含义等同于样本字典）中，而不是对冗余样本进行简单的丢弃处理。

$$\mathrm{dis}(\boldsymbol{x}(n),C(n-1))=\min_{1<j\leqslant\mathrm{size}(C(n-1))}\|\boldsymbol{x}(n)-C_j(n-1)\|\leqslant\varepsilon \tag{2.30}$$

对于满足式（2.31）的新样本，则将其保留，不进行量化处理。通过这种方式，更新模型参数时就会考虑到所有样本中的数据信息，利用的输入信息更全面。

$$\mathrm{dis}(\boldsymbol{x}(n),C(n-1))=\min_{1<j\leqslant\mathrm{size}(C(n-1))}\|\boldsymbol{x}(n)-C_j(n-1)\|>\varepsilon \tag{2.31}$$

式中，ε 为量化阈值；$C_j(n-1)$ 表示 $C(n-1)$ 中第 j 个成员。虽然 QKRLS 模型的预测效率和预测精度之间的平衡可通过调整量化阈值实现，但由于 VQ 方法的定量形式较为简单，捕获时间序列非线性特征的能力弱。因此，QKRLS 模型仅使用 VQ 方法进行判断，可能出现预测效果不理想的情况。

通过以上分析，ALD-KRLS 方法和 QKRLS 方法都具有很好的预测效率和非线性拟合能力，但是均存在一些不足。因此，本节综合考虑 ALD 条件、一致性准则、VQ 方法和动态调整方法，以限制核矩阵维数增长和优化权值更新方法，介绍一种改进的混沌时间序列在线预测模型，即 ANS-QKRLS 模型。

ANS-QKRLS 模型通过 ALD 条件、一致性准则和 VQ 方法判断新样本对当前样本字典的贡献程度，确定是否添加新样本到样本字典中。只有当贡献达到要求时，新样本才能得到保留；当贡献不能达到要求时，通过动态调整方法根据新样本的信息进行权值更新。通过此种方式筛选出冗余样本，并充分利用冗余样本中的有用信息尽可能完全地表示时间序列的特征，可有效降低核矩阵的维数，提高模型的预测性能。ANS-QKRLS 模型筛选新样本的具体操作如下。

① 如果条件式（2.28）、式（2.29）和式（2.31）同时满足，则保留新样本 $\boldsymbol{x}(n)$，同时更新样本字典——$D(n)=D(n-1)\cup\boldsymbol{x}(n)$，稀疏化处理后的核矩阵 $\widetilde{\boldsymbol{K}}(n)$ 的逆矩阵 $\widetilde{\boldsymbol{K}}^{-1}(n)$ 如下所示：

$$\widetilde{\boldsymbol{K}}^{-1}(n)=\frac{1}{\delta(n)}\begin{bmatrix}\delta(n)\widetilde{\boldsymbol{K}}^{-1}(n-1)+\boldsymbol{\alpha}(n)\boldsymbol{\alpha}^{\mathrm{T}}(n) & -\boldsymbol{\alpha}(n)\\ -\boldsymbol{\alpha}^{\mathrm{T}}(n) & 1\end{bmatrix} \tag{2.32}$$

按下式更新权值 $\widetilde{\boldsymbol{\alpha}}(n)$：

$$\widetilde{\boldsymbol{\alpha}}(n)=\begin{bmatrix}\widetilde{\boldsymbol{\alpha}}(n-1)-\boldsymbol{\alpha}(n)(y(n)-\widetilde{\boldsymbol{k}}_{n-1}^{\mathrm{T}}(\boldsymbol{x}(n))\widetilde{\boldsymbol{\alpha}}(n-1))/\delta(n)\\ (y(n)-\widetilde{\boldsymbol{k}}_{n-1}^{\mathrm{T}}(\boldsymbol{x}(n))\widetilde{\boldsymbol{\alpha}}(n-1))/\delta(n)\end{bmatrix} \tag{2.33}$$

式中，$[\widetilde{\boldsymbol{K}}^{-1}(n-1)]_{i,j}=\kappa(\widetilde{\boldsymbol{x}}(i),\widetilde{\boldsymbol{x}}(j))$；$[\widetilde{\boldsymbol{k}}_{n-1}(\boldsymbol{x}(n))]_i=\kappa(\widetilde{\boldsymbol{x}}(i),\boldsymbol{x}(n))$，$i$，$j=1,\cdots,B(n-1)$；$\boldsymbol{\alpha}(n)=\widetilde{\boldsymbol{K}}^{-1}(n-1)\widetilde{\boldsymbol{k}}_{n-1}(\boldsymbol{x}(n))$；$\delta(n)$ 为 ALD 判据。

② 如果条件式（2.31）不满足，且条件式（2.28）和式（2.29）不能同时满足，新样本虽然不会保留在样本字典中，样本字典维持不变，$D(n)=D(n-1)$，但样本会参与模型更新，核矩阵 $\boldsymbol{K}(n)$ 的逆矩阵 $\boldsymbol{K}^{-1}(n)$ 计算公式如下所示：

$$\boldsymbol{K}^{-1}(n)=\boldsymbol{K}^{-1}(n-1)-\boldsymbol{q}(n)\boldsymbol{\alpha}_j^{\mathrm{T}}(n)\boldsymbol{K}^{-1}(n-1) \tag{2.34}$$

按下式更新权值 $\widetilde{\boldsymbol{\alpha}}(n)$：

$$\widetilde{\boldsymbol{\alpha}}(n)=\widetilde{\boldsymbol{\alpha}}(n-1)+\boldsymbol{q}(n)(y(n)-\boldsymbol{\alpha}_j^{\mathrm{T}}(n)\widetilde{\boldsymbol{\alpha}}(n-1)) \tag{2.35}$$

式中，$\boldsymbol{q}(n)=\dfrac{\boldsymbol{K}_j^{-1}(n-1)\boldsymbol{\alpha}_j(n)}{1+\boldsymbol{\alpha}_j^{\mathrm{T}}(n)\boldsymbol{K}_j^{-1}(n-1)\boldsymbol{\alpha}_j(n)}$，$j=\underset{1<j\leqslant \mathrm{size}(D(n-1))}{\operatorname{argmin}}\|\boldsymbol{x}(n)-D_j(n-1)\|$是样本字典 $D(n-1)$ 中与新样本 $\boldsymbol{x}(n)$ 最佳匹配的码字序号；$\boldsymbol{K}_j^{-1}(n-1)$ 和 $\boldsymbol{\alpha}_j(n)$ 分别代表 $\boldsymbol{K}^{-1}(n-1)$ 和 $\boldsymbol{\alpha}(n)$ 中的第 j 列。

③ 当前面两种情况均不满足时，认为新样本中所包含的信息对于最终的预测效果并不重要，不保留新样本，样本字典和核矩阵不更新——$D(n)=D(n-1)$，$\boldsymbol{K}(n)=\boldsymbol{K}(n-1)$。按下式更新权值 $\widetilde{\boldsymbol{\alpha}}(n)$：

$$\widetilde{\boldsymbol{\alpha}}(n)=\widetilde{\boldsymbol{\alpha}}(n-1)+\frac{\boldsymbol{q}(n)\widetilde{\boldsymbol{K}}^{-1}(n)(y(n)-\widetilde{\boldsymbol{k}}_{n-1}^{\mathrm{T}}(\boldsymbol{x}(n))\widetilde{\boldsymbol{\alpha}}(n-1))}{\varsigma+\|\widetilde{\boldsymbol{k}}_{n-1}^{\mathrm{T}}(\boldsymbol{x}(n))\|_2^2} \tag{2.36}$$

式中，$[\widetilde{\boldsymbol{k}}_{n-1}(\boldsymbol{x}(n))]_i=\kappa(\widetilde{\boldsymbol{x}}(i),\boldsymbol{x}(n))$，$i=1,\cdots,n-1$；$\boldsymbol{q}(n)=\dfrac{\boldsymbol{P}(n-1)\widetilde{\boldsymbol{\alpha}}(n)}{1+\widetilde{\boldsymbol{\alpha}}^{\mathrm{T}}(n)\boldsymbol{P}(n-1)\widetilde{\boldsymbol{\alpha}}(n)}$；$\boldsymbol{P}(n)=\boldsymbol{P}(n-1)-\boldsymbol{q}(n)\widetilde{\boldsymbol{\alpha}}^{\mathrm{T}}(n)\boldsymbol{P}(n-1)$，$\boldsymbol{P}(n-1)$ 为正则化自相关逆矩阵；ς是调节值，可避免当$\|\widetilde{\boldsymbol{k}}_{n-1}^{\mathrm{T}}(\boldsymbol{x}(n))\|_2^2$ 很小时出现失调现象。

综上，ANS-QKRLS 方法步骤如下。

步骤 1：初始化参数，分别设定 ALD、一致性准则和 VQ 方法的阈值 v、μ_0、ε，初始化样本字典（码书）和正则化自相关逆矩阵，记为 $D(1)=\{\boldsymbol{x}(1)\}$，$\boldsymbol{P}(1)=[1]$。

步骤 2：输入样本，加载 $\{(\boldsymbol{x}(n), y(n)), n=1, \cdots, N\}$，$N$ 为样本数。

步骤 3：分别判断 ALD、矢量量化、一致性准则与给定阈值之间的关系，具体情况分为以下三种。

① 若条件式 (2.28)、式 (2.29) 和式 (2.31) 同时满足，则保留输入的样本 $\boldsymbol{x}(n)$，更新样本字典，$D(n)=D(n-1)\cup\boldsymbol{x}(n)$，并按下式更新权值 $\tilde{\boldsymbol{\alpha}}(n)$：

$$\tilde{\boldsymbol{\alpha}}(n)=\begin{bmatrix}\tilde{\boldsymbol{\alpha}}(n-1)-\boldsymbol{\alpha}(n)(y(n)-\tilde{\boldsymbol{k}}_{n-1}^{\mathrm{T}}(\boldsymbol{x}(n))\tilde{\boldsymbol{\alpha}}(n-1))/\delta(n)\\(y(n)-\tilde{\boldsymbol{k}}_{n-1}^{\mathrm{T}}(\boldsymbol{x}(n))\tilde{\boldsymbol{\alpha}}(n-1))/\delta(n)\end{bmatrix}\tag{2.37}$$

② 若条件式 (2.31) 不能满足，且条件式 (2.28)、式 (2.29) 不能同时满足，则不保留样本 $\boldsymbol{x}(n)$，样本字典不更新，$D(n)=D(n-1)$，按下式更新权值 $\tilde{\boldsymbol{\alpha}}(n)$：

$$\tilde{\boldsymbol{\alpha}}(n)=\tilde{\boldsymbol{\alpha}}(n-1)+\boldsymbol{q}(n)(y(n)-\boldsymbol{\alpha}_j^{\mathrm{T}}(n)\tilde{\boldsymbol{\alpha}}(n-1))\tag{2.38}$$

③ 若①和②的条件均不满足，则不保留样本 $\boldsymbol{x}(n)$，样本字典不更新，$D(n)=D(n-1)$，按下式更新权值 $\tilde{\boldsymbol{\alpha}}(n)$：

$$\tilde{\boldsymbol{\alpha}}(n)=\tilde{\boldsymbol{\alpha}}(n-1)+\frac{\boldsymbol{q}(n)\tilde{\boldsymbol{K}}^{-1}(n)(y(n)-\tilde{\boldsymbol{k}}_{n-1}^{\mathrm{T}}(\boldsymbol{x}(n))\tilde{\boldsymbol{\alpha}}(n-1))}{\varsigma+\|\tilde{\boldsymbol{k}}_{n-1}^{\mathrm{T}}(\boldsymbol{x}(n))\|_2^2}\tag{2.39}$$

步骤 4：计算输出，即模型输出 $\hat{y}(n+1)\approx\sum_{i=1}^{B(n)}\tilde{\boldsymbol{\alpha}}(i)\kappa(\tilde{\boldsymbol{x}}(i), \boldsymbol{x}(n+1))$。

2.2.4 仿真实验 [31]

为检验 ANS-QKRLS 方法的有效性，本节采用 Lorenz 时间序列进行仿真实验。Lorenz 时间序列是指在 Lorenz 系统中产生的一组具有混沌特性的时间序列。Lorenz 系统是一个经典的非线性动力学模型，描述流体力学中一个非常简单的流动模式。这个模型是由美国数学家 Edward Lorenz 在 1963 年提出的。本部分为验证所介绍算法的有效性，采用如下 Lorenz 系统方程产生的 2425 组 Lorenz 三维数据进行仿真实验：

$$\begin{cases}\dfrac{\mathrm{d}x}{\mathrm{d}t}=a(-x+y)\\[2mm]\dfrac{\mathrm{d}y}{\mathrm{d}t}=bx-y-xz\\[2mm]\dfrac{\mathrm{d}z}{\mathrm{d}t}=xy-cz\end{cases}\tag{2.40}$$

在进行相空间重构后，选择 Lorenz-$y(t)$ 作为预测目标，并划分样本进行训练和测试。表 2.1 为仿真数据集参数设置，包括：Lorenz 系统方程参数、相空间重构参数和样本数。

选择 ALD-KRLS、扩展 KRLS（Extended Kernel Recursive Least Squares，EX-KRLS）、固定预算 KRLS（Fixed-budget Kernel Recursive Least Squares，FB-KRLS）、KRLS 跟踪（Kernel Recursive Least Squares Tracker，KRLS-T）和 QKRLS 方法作为对比方法，验证 ANS-QKRLS 方法在时间序列在线预测中的有效性[31]。此外，选择均方根误差（Root Mean Square Error，RMSE）和对称平均绝对百分比误差（Symmetric Mean Absolute Percentage Error，SMAPE）作为预测精度的评价指标，选择测试时间作为预测效率的评价指标。

表 2.1　仿真数据集参数设置

Lorenz 方程参数			延迟时间			嵌入维数			样本数	
a	b	c	x	y	z	x	y	z	训练集	测试集
10	28	8/3	8	7	8	6	6	6	1940	485

图 2.2 给出 ANS-QKRLS 方法在 Lorenz 时间序列上的 30 步预测结果。从图 2.2 中可看出，ANS-QKRLS 方法的预测值曲线与真实值曲线几乎完全拟合，在 Lorenz 时间序列上能够很好地预测目标，表明 ANS-QKRLS 方法在多元混沌时间序列多步在线预测方面具有较好的效果。

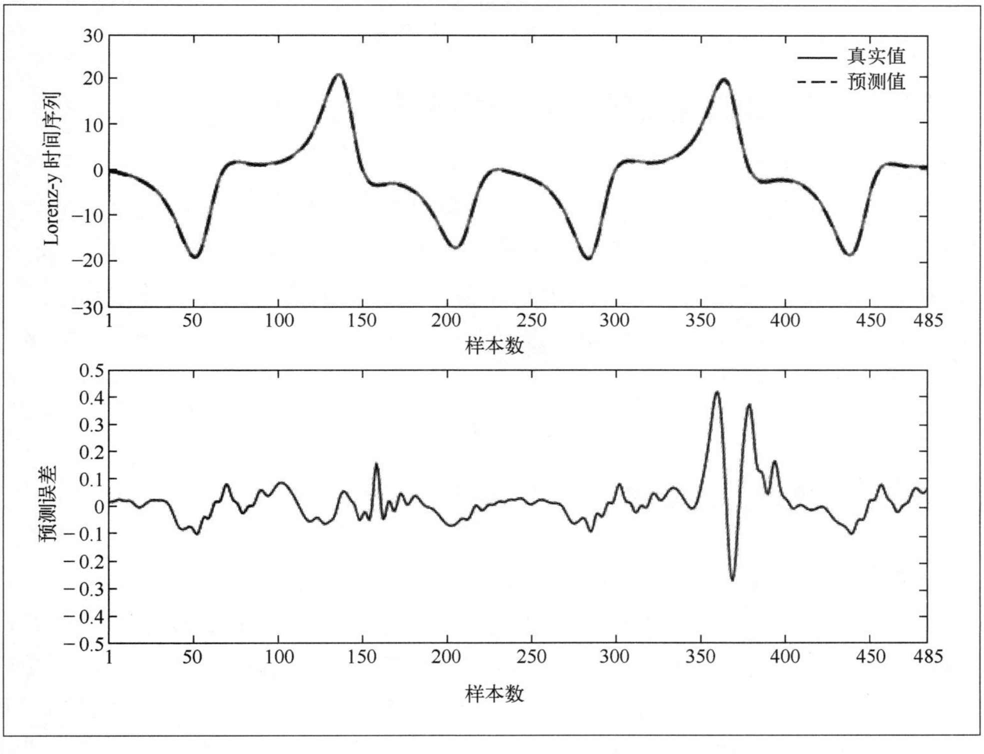

图 2.2　ANS-QKRLS 在 Lorenz 时间序列上 30 步预测结果

为进一步检验 ANS-QKRLS 方法的预测效果，将其与其他五种方法的 30 步预测结果进行对比。表 2.2 是不同方法在 Lorenz 时间序列上的 30 步预测结果。根据表 2.2 可看出，在相同的条件下，相比其他五种方法，ANS-QKRLS 方法所需测试时间为 0.0083s，而其他方法的测试时间为 ANS-QKRLS 方法的 1.4 倍以上。ALD-KRLS 方法在预测精度上具有较好效果，但测试时间较长。QKRLS 方法虽然在时间上有所优化，但在预测精度上有很大程度的损失，其 RMSE 约为 ANS-KRLS 方法的 26 倍。

综上所述，ANS-QKRLS 方法兼具预测精度好和预测效率高的特点，说明了 ANS-QKRLS 方法用于 Lorenz 时间序列在线预测的有效性，同时也说明了该方法可用于混沌时间序列中长期在线预测。

表 2.2　不同方法在 Lorenz-$y(t)$ 时间序列上的 30 步预测结果

方法	测试时间/s	RMSE	SMAPE
ALD-KRLS	0.0118	**0.0765**	0.0437
EX-KRLS	0.0165	1.0565	0.4315
FB-KRLS	0.0165	0.3097	0.1668
KRLS-T	0.0281	0.1230	0.0755
QKRLS	0.0117	2.1984	0.4720
ANS-QKRLS	**0.0083**	0.0819	**0.0271**

2.3　基于滑动窗口稀疏的核自适应滤波器

上节介绍了基于自适应归一化稀疏量化的核递归最小二乘方法，但该方法存在跟踪时间序列时变特性的能力不理想、难以同时满足预测精度和效率需求的问题。为解决这一问题，本节从滑动时间窗口角度出发，介绍基于滑动窗口的稀疏核递归最小二乘（Sparse Kernel Recursive Least Squares Based on Sliding Window，SW-SKRLS）模型，该模型能够很好地跟踪具有时变特性的时间序列，同时避免信息冗余。本节最后通过仿真实验验证方法的有效性。

2.3.1　滑动时间窗口基本原理

基于近似线性相关的核递归最小二乘（Approximation Linear Dependency Kernel Recursive Least Squares，ALD-KRLS）方法虽然能够实现时间序列在线预测，并且对核矩阵的维数进行限制，但是对于已经加入样本字典的样本不再进行删除处理。这导致核矩阵的维数逐渐增加，并且随着时间的推移，最开始加入样本字典的历史样本对当前的预测所起的作用可能已经逐渐削弱，因此，在具有时变特性的时间序列上进行在线预测时，ALD-KRLS 方法跟踪时间序列时变特性的能力存在不足，引入滑动时间窗口可有效解决这个问题。滑动窗口本质上是一个随着时间推移而沿着时间方向滑动的具有一定宽度的窗口，每一次滑动的步长就是时间序列的单位时间间隔。滑动窗口方法示意图如图 2.3 所示，通常将窗口大小定义成一定的宽度 W。当窗口随着时间的推移而滑动时，会在下一时刻到来时移除窗口中当前处于首位的成员 $\boldsymbol{x}(n_1-W+1)$，同时加入一个新的成员 $\boldsymbol{x}(n_2)$。随着这样不断更新，滑动窗口内一直保留着与当前时刻关系最为密切的样本。

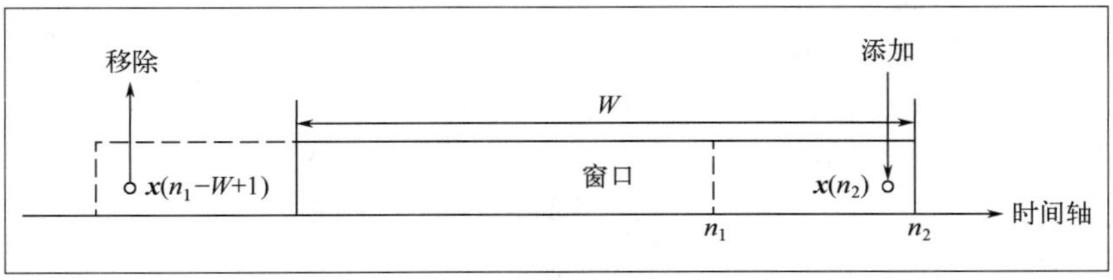

图 2.3　滑动窗口方法示意图

2006 年，基于滑动窗口的 KRLS(Sliding-window Kernel Recursive Least Squares，SW-KRLS)[82] 模型的本质是将滑动窗口方法和 KRLS 方法相结合。在 SW-KRLS 模型中，滑动窗口不仅能够抑制 KRLS 中核矩阵维数的增加，也可视为一种考虑时间影响因素的更新方法，保证样本字典中保留的都是与当前时刻关系密切的成员。但是仅使用滑动窗口进行简单的增删处理，直接将最新的样本加入样本字典，剔除样本字典中最先加入的历史样本，没有对新样本与现有字典中成员的关系进行分析，这种情况下，虽然在预测过程中已经考虑时变因素，但是会将重要程度很弱的样本用于模型更新，有可能带入过多冗余信息从而对预测精度产生影响。因此，本节考虑利用滑动窗口方法和近似线性相关（Approximation Linear Dependency，ALD）改进 KRLS 方法，增强 KRLS 跟踪时间序列时变特性的能力。

2.3.2　基于滑动窗口的核递归最小二乘模型

如第 2.3.1 节所述，SW-KRLS 模型只选取窗口内的样本进行建模，通过设定窗口宽度 W（即样本字典容量为 W）限定计算量。在线预测时，时间序列的样本 $\{(\boldsymbol{x}(n), y(n)), n=1, \cdots, N\}$（$N$ 为样本数）按照顺序依次输入，滑动窗口方法只包含最新的 W 个样本。在第 n 时刻，输入样本为 $\boldsymbol{X}(n)=[\boldsymbol{x}(n) \quad \boldsymbol{x}(n-1) \quad \cdots \quad \boldsymbol{x}(n-W+1)]^{\mathrm{T}}$，对应的输出向量为 $\boldsymbol{Y}(n)=[y(n) \quad y(n-1) \quad \cdots \quad y(n-W+1)]^{\mathrm{T}}$，对应的正则化核矩阵为

$$\boldsymbol{K}(n)=\kappa(\boldsymbol{X}(n), \boldsymbol{X}(n))+\lambda_1 \boldsymbol{I}$$

式中，$\kappa(\cdot, \cdot)$ 表示核函数；λ_1 是正则化常数；$\boldsymbol{I}$ 为单位矩阵。

在每个时刻，更新权值 $\boldsymbol{\alpha}(n)$ 时都需要计算 $N \times N$ 维的核逆矩阵 $\boldsymbol{K}^{-1}(n)$，为规避这一计算复杂度较高的计算过程，通过 $\boldsymbol{K}^{-1}(\mathrm{n}-1)$ 和 $\{\boldsymbol{X}(n), \boldsymbol{Y}(n)\}$ 计算 $\boldsymbol{K}^{-1}(n)$。给定正则化核矩阵 $\boldsymbol{K}(n-1)$，通过移除 $\boldsymbol{K}(n-1)$ 的第一行和第一列得到 $\hat{\boldsymbol{K}}(n-1)$，并将新数据

$\{\boldsymbol{x}(n), \boldsymbol{y}(n)\}$ 的内核添加为新的正则化核矩阵的最后一行和最后一列，最后得到 $\boldsymbol{K}(n)$，其计算过程如下：

$$\boldsymbol{K}(n)=\begin{bmatrix} \hat{\boldsymbol{K}}(n-1) & \boldsymbol{k}_{n-1}(\boldsymbol{x}(n)) \\ \boldsymbol{k}_{n-1}^{\mathrm{T}}(\boldsymbol{x}(n)) & k_{nn}+\lambda_1 \end{bmatrix} \tag{2.41}$$

式中，$\boldsymbol{k}_{n-1}(\boldsymbol{x}(n))=[\kappa(\boldsymbol{x}(n-W+1), \boldsymbol{x}(n)) \quad \cdots \quad \kappa(\boldsymbol{x}(n-1), \boldsymbol{x}(n))]^{\mathrm{T}}$；$k_{nn}=\kappa(\boldsymbol{x}(n), \boldsymbol{x}(n))$。计算核逆矩阵 $\boldsymbol{K}^{-1}(n)$ 可分为两步，使用式（2.43）、式（2.45）中导出的两个反演公式。值得注意的是，这些公式并没有显式地计算逆矩阵，而是从已知矩阵中推导得到，这样处理的优点是尽可能降低算法的计算复杂度。

对给定的非奇异矩阵 $\boldsymbol{A}$ 加一行和一列，得到矩阵 $\boldsymbol{K}$ 如式（2.42）所示。逆矩阵 $\boldsymbol{K}^{-1}$ 可用已知元素和 $\boldsymbol{A}^{-1}$ 表示，如式（2.42）所示。

$$\boldsymbol{K}=\begin{bmatrix} \boldsymbol{A} & \boldsymbol{b} \\ \boldsymbol{b}^{\mathrm{T}} & d \end{bmatrix} \tag{2.42}$$

$$\boldsymbol{K}^{-1}=\begin{bmatrix} \boldsymbol{E} & \boldsymbol{f} \\ \boldsymbol{f}^{\mathrm{T}} & g \end{bmatrix}=\begin{bmatrix} \boldsymbol{A}^{-1}[\boldsymbol{I}+\boldsymbol{b}\boldsymbol{b}^{\mathrm{T}}(\boldsymbol{A}^{-1})^{\mathrm{T}}g] & -\boldsymbol{A}^{-1}\boldsymbol{b}g \\ -(\boldsymbol{A}^{-1}\boldsymbol{b})^{\mathrm{T}}g & g \end{bmatrix} \tag{2.43}$$

式中，$g=(d-\boldsymbol{b}^{\mathrm{T}}\boldsymbol{A}^{-1}\boldsymbol{b})^{-1}$。

从给定的非奇异矩阵 $\boldsymbol{K}$ 中去除一行和一列，得到矩阵 $\boldsymbol{D}$，如式（2.44）所示。逆矩阵 $\boldsymbol{D}^{-1}$ 能用 $\boldsymbol{K}^{-1}$ 中的已知元素表示，如式（2.45）所示。

$$\boldsymbol{K}=\begin{bmatrix} a & \boldsymbol{b}^{\mathrm{T}} \\ \boldsymbol{b} & \boldsymbol{D} \end{bmatrix}, \boldsymbol{K}^{-1}=\begin{bmatrix} e & \boldsymbol{f}^{\mathrm{T}} \\ \boldsymbol{f} & \boldsymbol{G} \end{bmatrix} \tag{2.44}$$

$$\begin{cases} \boldsymbol{b}e+\boldsymbol{D}\boldsymbol{f}=\boldsymbol{0} \\ \boldsymbol{b}\boldsymbol{f}^{\mathrm{T}}+\boldsymbol{D}\boldsymbol{G}=\boldsymbol{I} \end{cases} \Rightarrow \boldsymbol{D}^{-1}=\boldsymbol{G}-\boldsymbol{f}\boldsymbol{f}^{\mathrm{T}}/e \tag{2.45}$$

综上，权值 $\boldsymbol{\alpha}(n)$ 可通过以下步骤计算得到。

步骤 1：根据式（2.42）、式（2.43），通过 $\boldsymbol{K}(n-1)$ 和 $\boldsymbol{K}^{-1}(n-1)$ 计算 $\hat{\boldsymbol{K}}(n-1)$ 的逆。

步骤 2：根据式（2.44）、式（2.45），通过 $\hat{\boldsymbol{K}}^{-1}(n-1)$ 和 $\boldsymbol{K}(n)$ 计算 $\boldsymbol{K}^{-1}(n)$。

步骤 3：$\boldsymbol{\alpha}(n)=\boldsymbol{K}^{-1}(n)\boldsymbol{Y}(n)$。

2.3.3 滑动窗口稀疏核递归最小二乘模型

SW-KRLS 方法只是使用滑动窗口进行简单的增删处理，没有对新样本与现有样本字典中成员的关系进行分析，在预测过程中可能会因为信息冗余影响预测精度。因此，本节在 SW-KRLS 方法中加入 ALD 方法，介绍 SW-SKRLS 模型，在增强其跟踪时间序列时变特性能力的同时，识别并剔除样本中的冗余信息。

当接收到新样本 $\boldsymbol{x}(n)$ 时，首先采用式（2.2）计算 ALD 判据 $\delta(n)$。当 $\delta(n)>v$（v 为给定的阈值）时，说明当前新样本不能用已有样本字典中成员的线性组合进行替代，新样本包含的有用信息较多。此时需要判断样本字典的规模，如果样本字典 $D(n)$ 的规模没有超

过设定的窗口大小 W，即 $\text{size}(D(n))\leqslant W$，则将新样本加入样本字典，并按式（2.46）～式（2.48）分别计算稀疏化核逆矩阵 $\widetilde{\boldsymbol{K}}^{-1}(n)$、自相关逆矩阵 $\boldsymbol{P}(n)$ 和权值 $\widetilde{\boldsymbol{\alpha}}(n)$：

$$\widetilde{\boldsymbol{K}}^{-1}(n)=\frac{1}{\delta(n)}\begin{bmatrix}\delta(n)\widetilde{\boldsymbol{K}}^{-1}(n-1)+\boldsymbol{\alpha}(n)\boldsymbol{\alpha}^{\mathrm{T}}(n) & -\boldsymbol{\alpha}(n)\\ -\boldsymbol{\alpha}^{\mathrm{T}}(n) & 1\end{bmatrix} \tag{2.46}$$

$$\boldsymbol{P}(n)=\begin{bmatrix}\boldsymbol{P}(n-1) & \mathbf{0}\\ \mathbf{0}^{\mathrm{T}} & 1\end{bmatrix} \tag{2.47}$$

$$\widetilde{\boldsymbol{\alpha}}(n)=\begin{bmatrix}\widetilde{\boldsymbol{\alpha}}(n-1)-\boldsymbol{\alpha}(n)(y(n)-\widetilde{\boldsymbol{k}}_{n-1}^{\mathrm{T}}(\boldsymbol{x}(n))\widetilde{\boldsymbol{\alpha}}(n-1))/\delta(n)\\ (y(n)-\widetilde{\boldsymbol{k}}_{n-1}^{\mathrm{T}}(\boldsymbol{x}(n))\widetilde{\boldsymbol{\alpha}}(n-1))/\delta(n)\end{bmatrix} \tag{2.48}$$

式中，$[\widetilde{\boldsymbol{K}}^{-1}(n-1)]_{i,j}=\kappa(\widetilde{\boldsymbol{x}}(i),\widetilde{\boldsymbol{x}}(j))$；$[\widetilde{\boldsymbol{k}}_{n-1}(\boldsymbol{x}(n))]_i=\kappa(\boldsymbol{x}(i),\boldsymbol{x}(n))$，$i$，$j=1$，…，$B(n-1)$；$\boldsymbol{a}(n)=\widetilde{\boldsymbol{K}}^{-1}(n-1)\widetilde{\boldsymbol{k}}_{n-1}(\boldsymbol{x}(n))$。

如果 $\delta(n)>v$，且样本字典的规模大于设定的窗口大小，即 $\text{size}(D(n))>W$ 时，需要加入滑动窗口的思想对样本字典和权值等进行更新。此时，将样本字典中第一个成员剔除，然后加入新样本，即 $D(n)=D(n-1)_{2:\text{end}}\cup\boldsymbol{x}(n)$，$D(\cdot)_{2:\text{end}}$ 表示剔除样本字典第一个成员。随着时间的推移，窗口中的成员在不断更新，核矩阵和权值等更新过程也随之更新，按式（2.49）～式（2.51）分别计算稀疏化核逆矩阵 $\widetilde{\boldsymbol{K}}^{-1}(n)$、自相关逆矩阵 $\boldsymbol{P}(n)$ 和权值 $\widetilde{\boldsymbol{\alpha}}(n)$：

$$\widetilde{\boldsymbol{K}}^{-1}(n)=\frac{1}{\delta(n)}\begin{bmatrix}\delta(n)\widetilde{\boldsymbol{K}}^{-1}(n-1)_{2:\text{end}}+\boldsymbol{\alpha}(n)_{2:\text{end}}\boldsymbol{\alpha}^{\mathrm{T}}(n)_{2:\text{end}} & -\boldsymbol{\alpha}(n)_{2:\text{end}}\\ -\boldsymbol{\alpha}^{\mathrm{T}}(n)_{2:\text{end}} & 1\end{bmatrix} \tag{2.49}$$

$$\boldsymbol{P}(n)=\begin{bmatrix}\boldsymbol{P}(n-1)_{2:\text{end}} & \mathbf{0}\\ \mathbf{0}^{\mathrm{T}} & 1\end{bmatrix} \tag{2.50}$$

$$\widetilde{\boldsymbol{\alpha}}(n)=\begin{bmatrix}\widetilde{\boldsymbol{\alpha}}(n-1)_{2:\text{end}}-\boldsymbol{\alpha}(n)_{2:\text{end}}(y(n)-\widetilde{\boldsymbol{k}}_{n-1}^{\mathrm{T}}(\boldsymbol{x}(n))_{2:\text{end}}\widetilde{\boldsymbol{\alpha}}(n-1)_{2:\text{end}})/\delta(n)\\ (y(n)-\widetilde{\boldsymbol{k}}_{n-1}^{\mathrm{T}}(\boldsymbol{x}(n))_{2:\text{end}}\widetilde{\boldsymbol{\alpha}}(n-1)_{\text{end}})/\delta(n)\end{bmatrix} \tag{2.51}$$

当满足 $\delta(n)\leqslant v$ 时，说明新样本和已有样本字典的相关程度较高，可用已有样本字典成员以某种组合的形式进行替代，此时不再对样本规模进行判断，不需要考虑滑动窗口的作用，直接将新样本丢弃，不更新样本字典：$D(n)=D(n-1)$。并按式（2.52）～式（2.54）分别计算稀疏化核逆矩阵 $\widetilde{\boldsymbol{K}}^{-1}(n)$、自相关逆矩阵 $\boldsymbol{P}(n)$ 和权值 $\widetilde{\boldsymbol{\alpha}}(n)$：

$$\widetilde{\boldsymbol{K}}(n)=\widetilde{\boldsymbol{K}}(n-1) \tag{2.52}$$

$$\boldsymbol{P}(n)=\boldsymbol{P}(n-1)-\boldsymbol{q}(n)\boldsymbol{\alpha}^{\mathrm{T}}(n)\boldsymbol{P}(n-1),\ \boldsymbol{q}(n)=\frac{\boldsymbol{P}(n-1)\boldsymbol{\alpha}(n)}{1+\boldsymbol{\alpha}^{\mathrm{T}}(n)\boldsymbol{P}(n-1)\boldsymbol{\alpha}(n)} \tag{2.53}$$

$$\widetilde{\boldsymbol{\alpha}}(n)=\widetilde{\boldsymbol{\alpha}}(n-1)+\widetilde{\boldsymbol{K}}^{-1}(n)\boldsymbol{q}(n)[y(n)-\widetilde{\boldsymbol{k}}_{n-1}^{\mathrm{T}}(\boldsymbol{x}(n))\widetilde{\boldsymbol{\alpha}}(n-1)] \tag{2.54}$$

通过以上方法对核矩阵和权值进行更新，样本字典不仅要添加贡献程度较大的新样本，还需要通过滑动窗口方法适当丢弃旧样本，增强方法跟踪时变特性的能力。

综上，SW-SKRLS 方法用于时间序列在线预测的步骤如下。

步骤 1：初始化参数，设定 ALD 阈值 v 和滑动窗口大小 W，初始化、正则化自相关逆矩阵 $\boldsymbol{P}(1)=[1]$。

步骤 2：输入样本，加载 $\{(\boldsymbol{x}(n),\ y(n)),\ n=1,\ \cdots,\ N\}$，$N$ 为样本数。

步骤 3：分别判断 ALD、样本字典规模与给定阈值之间的关系，具体情况分为以下三种。

① 若 $\delta(n)>v$ 且 $\mathrm{size}(D(n))\leqslant W$，则保留新样本，并更新样本字典，$D(n)=D(n-1)\cup\boldsymbol{x}(n)$，并按下式更新权值 $\tilde{\boldsymbol{\alpha}}(n)$：

$$\tilde{\boldsymbol{\alpha}}(n)=\begin{bmatrix}\tilde{\boldsymbol{\alpha}}(n-1)-\boldsymbol{\alpha}(n)(y(n)-\tilde{\boldsymbol{k}}_{n-1}^{\mathrm{T}}(\boldsymbol{x}(n))\tilde{\boldsymbol{\alpha}}(n-1))/\delta(n)\\(y(n)-\tilde{\boldsymbol{k}}_{n-1}^{\mathrm{T}}(\boldsymbol{x}(n))\tilde{\boldsymbol{\alpha}}(n-1))/\delta(n)\end{bmatrix}\tag{2.55}$$

② 若 $\delta(n)>v$ 且 $\mathrm{size}(D(n))>W$，则加入滑动窗口进行样本字典的更新，$D(n)=D(n-1)_{2:\mathrm{end}}\cup\boldsymbol{x}(n)$，并按下式更新权值 $\tilde{\boldsymbol{\alpha}}(n)$：

$$\tilde{\boldsymbol{\alpha}}(n)=\begin{bmatrix}\tilde{\boldsymbol{\alpha}}(n-1)_{2:\mathrm{end}}-\boldsymbol{\alpha}(n)_{2:\mathrm{end}}(y(n)-\tilde{\boldsymbol{k}}_{n-1}^{\mathrm{T}}(\boldsymbol{x}(n))_{2:\mathrm{end}}\tilde{\boldsymbol{\alpha}}(n-1)_{2:\mathrm{end}})/\delta(n)\\(y(n)-\tilde{\boldsymbol{k}}_{n-1}^{\mathrm{T}}(\boldsymbol{x}(n))_{2:\mathrm{end}}\tilde{\boldsymbol{\alpha}}(n-1)_{\mathrm{end}})/\delta(n)\end{bmatrix}\tag{2.56}$$

③ 若 $\delta(n)\leqslant v$，则不保留新样本，样本字典不更新，$D(n)=D(n-1)$，并按下式更新权值 $\tilde{\boldsymbol{\alpha}}(n)$：

$$\tilde{\boldsymbol{\alpha}}(n)=\tilde{\boldsymbol{\alpha}}(n-1)+\tilde{\boldsymbol{K}}^{-1}(n)\boldsymbol{q}(n)[y(n)-\tilde{\boldsymbol{k}}_{n-1}^{\mathrm{T}}(\boldsymbol{x}(n))\tilde{\boldsymbol{\alpha}}(n-1)]\tag{2.57}$$

步骤 4：计算输出，模型输出 $\hat{y}(n+1)\approx\sum\limits_{i=1}^{\mathrm{size}(D(n))}\tilde{\boldsymbol{\alpha}}(i)\kappa(\tilde{\boldsymbol{x}}(i),\ \boldsymbol{x}(n+1))$。

2.3.4 仿真实验[83]

为检验 SW-SKRLS 方法在具有时变特性时间序列上的有效性，本节采用某市气温-降雨量时间序列进行验证。因为天气变化对于人类的生活、生产有着重要的影响，所以准确的天气预测具有重要的研究价值。如果对降雨量的预测仅仅使用单变量时间序列，会因为降雨量涵盖信息不全导致预测效果差。考虑到气温对于降雨量有很大影响，二者存在密切的联系，本节选取某市 1952 年至 2001 年的月平均气温和降雨量作为特征变量对降雨量进行预测。为检验降雨量时间序列的时变特性，图 2.4 给出月平均降雨量时间序列均值和方差的变化曲线。从图 2.4 可看出，随着样本数的增加，月平均降雨量时间序列的均值和方差曲线一直在波动，说明月平均降雨量时间序列是具有时变特性的。

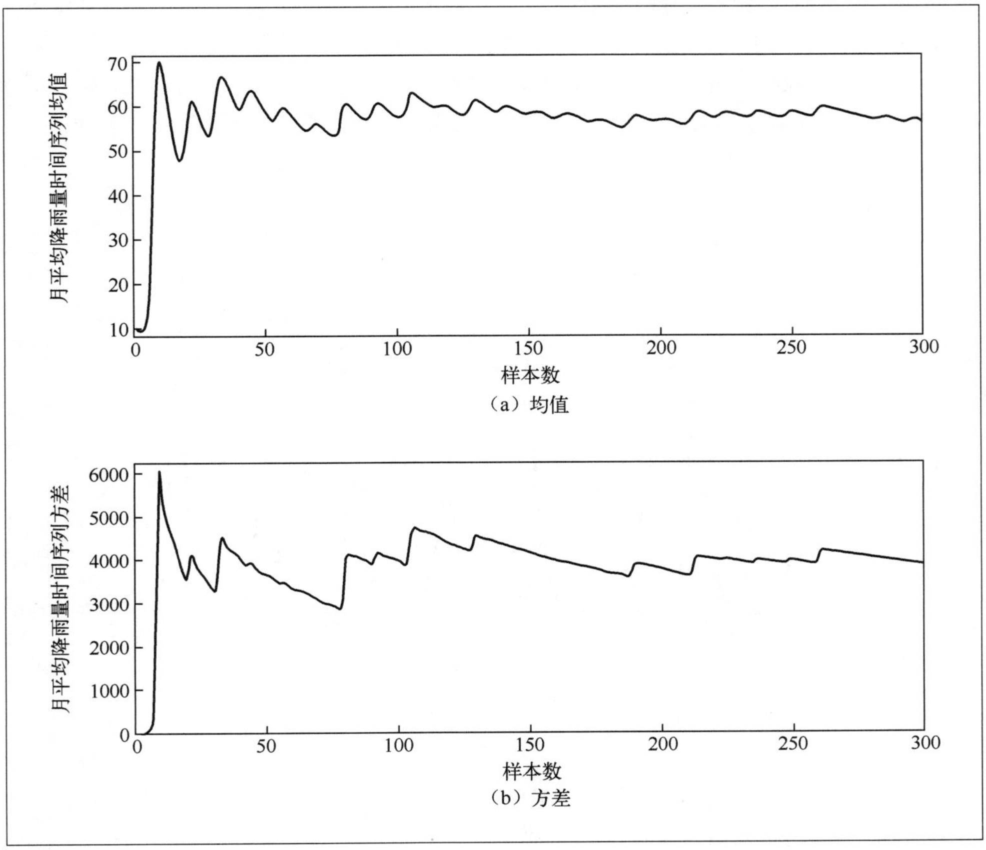

图 2.4　月平均降雨量时间序列均值和方差曲线

对选取的气温-降雨量时间序列进行简单的去噪处理，再利用 C-C（关联积分-统计量联合优化方法）方法选择合适的相空间重构参数，包括延迟时间和嵌入维数。在进行相空间重构后，划分时间序列样本进行训练和测试。表 2.3 是仿真数据集参数设置，包括相空间重构参数和样本数。

表 2.3　仿真数据集参数设置

延迟时间		嵌入维数		样本数	
月平均气温	月平均降雨量	月平均气温	月平均降雨量	训练集	测试集
1	1	12	12	464	116

为验证所介绍方法的有效性，采用 ALD-KRLS、SW-KRLS、扩展 KRLS（Extended Kernel Recursive Least Squares，EX-KRLS）、固定预算 KRLS（Fixed-budget Kernel Recursive Least Squares，FB-KRLS）和 KRLS 跟踪（Kernel Recursive Least Squares Tracker，KRLS-T）方法作为对比方法[83]。使用均方根误差（Root Mean Square Error，RMSE）和对称平均绝对百分比误差（Symmetric Mean Absolute Percentage Error，SMAPE）作为预测精度的评价指标，并采用测试时间作为预测效率的评价指标。

图 2.5 是 SW-SKRLS 方法在月平均降雨量时间序列上的 6 步在线预测结果。从图 2.5 可看出，SW-SKRLS 方法对降雨量的预测曲线能够很好地拟合真实曲线，预测误差较小，预测效果较好。

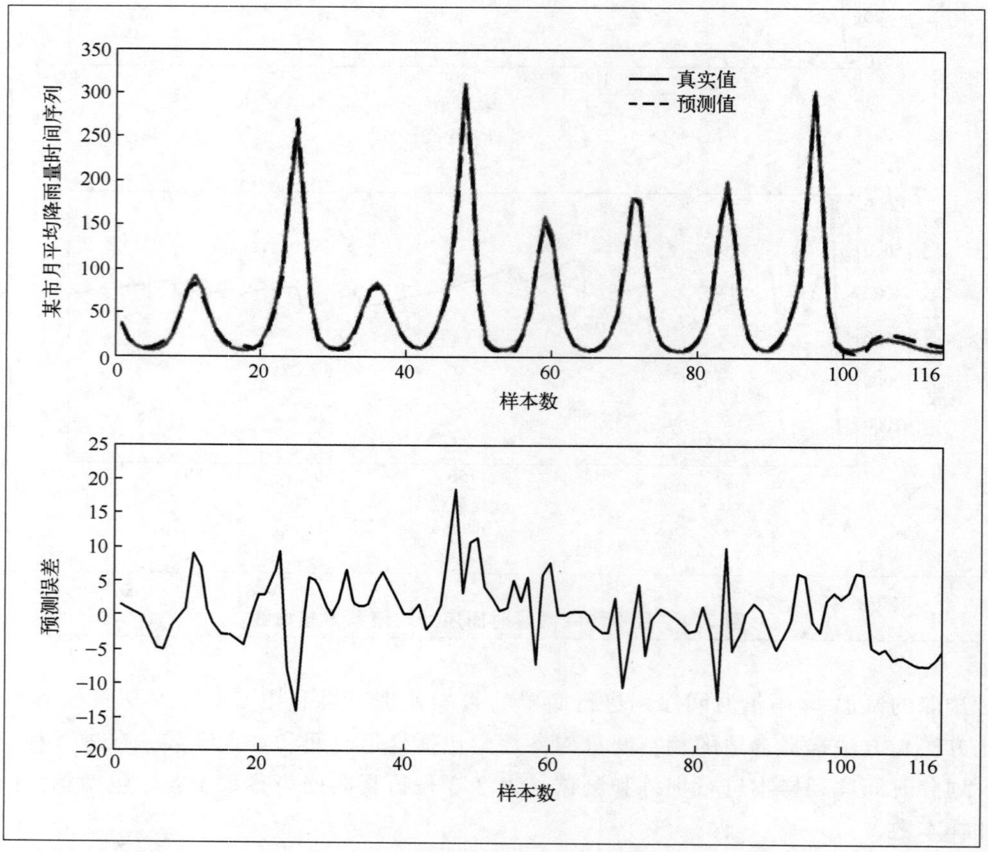

图 2.5　SW-SKRLS 方法的 6 步在线预测结果和误差曲线

为进一步检验 SW-SKRLS 方法的预测性能，将其和其他五种方法的 6 步在线预测结果进行对比，如表 2.4 所示。由表 2.4 可知，SW-SKRLS 方法的测试时间最短，为 0.0137s，预测效率优于其他方法。根据预测精度的评价指标，SW-SKRLS 的预测结果同样优于其他对比方法，其 RMSE 为 5.0436，SMAPE 为 0.1279，具有最小的预测误差。此外，相比仅使用滑动窗口策略的 SW-KRLS 方法，SW-SKRLS 方法在预测精度上优势明显，这说明综合考虑 ALD 条件和滑动窗口策略更有利于预测效果的改善。

表 2.4　不同方法的 6 步在线预测结果

方法	测试时间/s	RMSE	SMAPE
ALD-KRLS	0.0157	5.2842	0.1694
SW-KRLS	0.0143	25.4682	0.3080
EX-KRLS	0.0144	9.1858	0.1774
FB-KRLS	0.0146	5.3688	0.2292
KRLS-T	0.0164	5.5268	0.1790
SW-SKRLS	**0.0137**	**5.0436**	**0.1279**

综上所述，SW-SKRLS 方法在预测精度和预测效率上均表现良好，证明 SW-SKRLS 方法在月平均降雨量时间序列上在线预测的有效性，可用于具有时变特性时间序列上的在线预测任务。

2.4　基于随机投影自适应稀疏的核自适应滤波器

上节介绍了滑动窗口稀疏核递归最小二乘方法通过“丢弃最旧的样本，保留最新的样本”约束核矩阵阶数，实时更新模型内部的样本数据，但该方法不能挖掘时间序列的有效信息。为解决上述问题，本节从随机投影方法的基本原理出发，结合改进的动态调整方法，介绍随机投影自适应稀疏核递归最小二乘（Random Projection Adaptive Sparse Kernel Recursive Least Squares with Random Projection，RP-ASKRLS）方法。RP-ASKRLS 方法可提升模型的时变非平稳跟踪处理能力，还可降低噪声干扰。在本节末尾处，通过仿真实验对 RP-ASKRLS 方法进行验证。

2.4.1　随机投影方法

由于时间序列数据所包含的信息非常复杂，采用简单的数据分析方法难以挖掘有用信息。随着数据量的增加，一般的数据分析方法需要反复地迭代计算原始空间中数据间的相似度或距离，该过程伴随着计算复杂度增加、计算效率降低的问题。因此，降低模型核矩阵的阶数在提升在线预测方法的预测效率方面具有至关重要的意义[84]。

随机投影方法[85] 是一种归类为特征提取的快速降维方法，能有效地对数据进行稀疏化处理，以较少的数据样本尽量多地表征数据所包含的信息。随机投影的主要过程是生成一个随机正交矩阵，该矩阵与每个原始向量相乘，从而得到维数减小的矩阵，即稀疏后的矩阵。根据降维理论可知，通过随机投影方法获得的数据流形信息能较多地表征所有数据所包含的信息，即降维稀疏后数据的流形信息保持原始特征信息不变。

随机投影是数据的一种变换过程，可通过随机正交矩阵将 D_{RH} 维欧几里得空间线性映射到 D_{RL} 维欧几里得空间，且 $D_{\mathrm{RH}} \geqslant D_{\mathrm{RL}}$。随机正交矩阵的具体生成步骤如下：

① 从高斯分布、均匀分布或二元分布中随机生成一个维数为 $D_{\mathrm{RH}} \times D_{\mathrm{RL}}$ 的矩阵，且矩阵中每个元素都是独立同分布的；

② 对矩阵进行 Gram-Schmidt 正交化处理，将一组线性无关的向量组合成一组相互正交的向量，得到一个正交基；

③ 归一化正交矩阵，将 Gram-Schmidt 正交化处理后的矩阵的每个列向量除以其模长，最终得到一个归一化的正交矩阵。

上述步骤保证生成的矩阵是随机的、正交的，并且每个向量的模长为 1。随机正交矩阵方法在很多应用场景中都有广泛的应用，例如矩阵分解、信号处理和图像处理等。随机正交矩阵的目的主要是保持低维空间中的点之间的距离尽可能接近高维空间中的点之间的距离。该过程可表示如下：

$$\boldsymbol{X}=\boldsymbol{U}\boldsymbol{R} \tag{2.58}$$

式中，$\boldsymbol{X}$ 是映射后的矩阵；$\boldsymbol{U}$ 是原始输入矩阵；$\boldsymbol{R}$ 是随机正交矩阵，且 $\boldsymbol{R} \in \mathbf{R}^{D_{\mathrm{RH}} \times D_{\mathrm{RL}}}$。

随机投影的思想源于 Johnson-Lindenstrauss 定理[85]。根据 Johnson-Lindenstrauss 定理，当 $\boldsymbol{U}$ 的维度为 D_{RH}，$\boldsymbol{X}$ 的维度为 D_{RL} 且 $D_{\mathrm{RL}} \geqslant \dfrac{8\log N}{\mu_{\mathrm{r}}^{2}}$时，对于任意两个数据点 $\boldsymbol{x}$，$\boldsymbol{y} \in \boldsymbol{U}$，存在一个随机正交矩阵 $\boldsymbol{R}$，满足以下条件：

$$(1-\mu_{\mathrm{r}})\|x-y\|_{2}^{2} \leqslant \|\boldsymbol{x}\boldsymbol{R}-\boldsymbol{y}\boldsymbol{R}\|_{2}^{2} \leqslant (1+\mu_{\mathrm{r}})\|\boldsymbol{x}-\boldsymbol{y}\|_{2}^{2} \tag{2.59}$$

式中，μ_{r} 为误差容忍度；N 是数据点的数量。映射后两个数据点之间的距离处于原始数据点之间距离的（$1 \pm \mu_{\mathrm{r}}$）倍之间，属于可容忍的误差范围。因此，随机正交矩阵是一种近似降维方法，其降维的精度不仅与生成的随机正交矩阵密切相关，还与降维后的维度有关。在实际应用中，需要根据具体问题和需求选择合适的随机正交矩阵和降维维度，以获得最佳的降维效果。

综上，随机正交矩阵决定数据集的投影方式，不同的随机正交矩阵会得到不同的投影结果。随机正交矩阵是由随机数生成的，与原始数据没有任何关系。因此，它不需要对原始数据进行任何复杂的计算，只需要使用随机正交矩阵进行简单的线性变换即可得到投影后的数据。这也是随机正交方法能够快速处理大规模数据集的原因之一。另外，映射过程还能保证原始数据空间距离的不变性，即保持原始数据的流形信息。总之，随机投影方法可有效减少原始数据的数量，降低内存的使用量和方法的计算复杂度。

2.4.2 改进的动态调整方法

当前在线预测问题的一个研究重点是如何消除复杂时间序列中所包含噪声带来的不利影响，以提高预测的准确性和鲁棒性。此外，随着时间推移，时间序列的平稳性质（即平均值、方差等参数不随时间变化）可能会发生变化，变得更加复杂，需要进一步的研究和分析。非平稳时间序列的研究也变得更加重要。因此，针对核递归最小二乘（Kernel Recursive Least Squares，KRLS）方法在含有噪声的非平稳时间序列中适应能力弱、对噪声敏感等问题，本小节介绍核矩阵范数约束以降低噪声对时间序列在线预测的影响。

核矩阵 $\boldsymbol{K}(n)$ 的权值 $\hat{\boldsymbol{\alpha}}(n)$ 迭代更新方法如下所示：

$$\tilde{\boldsymbol{\alpha}}(n)=\tilde{\boldsymbol{\alpha}}(n-1)+\tilde{\boldsymbol{K}}^{-1}(n)\boldsymbol{q}(n)(y(n)-\tilde{\boldsymbol{k}}_{n-1}^{\mathrm{T}}(\boldsymbol{x}(n))\tilde{\boldsymbol{\alpha}}(n-1)) \tag{2.60}$$

式中，$\boldsymbol{q}(n)=\dfrac{\boldsymbol{P}(n-1)\boldsymbol{\alpha}(n)}{1+\boldsymbol{\alpha}^{\mathrm{T}}(n)\boldsymbol{P}(n-1)\boldsymbol{\alpha}(n)}$；$[\tilde{\boldsymbol{k}}_{n-1}(\boldsymbol{x}(n))]_i=\kappa(\tilde{\boldsymbol{x}}(i),\boldsymbol{x}(n))$，$i=1,\cdots,n-1$；$\boldsymbol{x}(n)$ 是新样本；$\kappa(\cdot,\cdot)$ 表示核函数；$\tilde{\boldsymbol{K}}^{-1}(n)$ 是稀疏化核逆矩阵；$\boldsymbol{P}(n-1)$ 是正则化自相关逆矩阵。通过式（2.60）可发现，权值的更新与稀疏化核逆矩阵呈正相关。同时，随着新样本的不断载入，权值在更新时会不断放大样本所携带噪声的影响，最终会降低模型的预测精度。为解决这一问题，在权值的更新方法中加入范数约束方法，得到新的权值更新方法，如式（2.61）所示：

$$\tilde{\boldsymbol{\alpha}}(n)=\tilde{\boldsymbol{\alpha}}(n-1)+\frac{\boldsymbol{q}(n)\tilde{\boldsymbol{K}}^{-1}(n)(y(n)-\tilde{\boldsymbol{k}}_{n-1}^{\mathrm{T}}(\boldsymbol{x}(n))\tilde{\boldsymbol{\alpha}}(n-1))}{\|\tilde{\boldsymbol{k}}_{n-1}^{\mathrm{T}}(\boldsymbol{x}(n))\|_{\mathrm{F}}^{2}+\|\tilde{\boldsymbol{k}}_{n-1}^{\mathrm{T}}(\boldsymbol{x}(n))\|_{2}^{2}} \tag{2.61}$$

式中，$\|\cdot\|_{\mathrm{F}}$ 表示矩阵的 F 范数。

综上所述，该过程可根据新样本所携带的特性信息调整权值，因此核矩阵范数约束策略能提升该方法的抗噪性能及实时追踪时间序列时变特性的能力。

2.4.3 随机投影自适应稀疏核递归最小二乘模型

KRLS 模型中最为关键的是随着新样本 $\boldsymbol{x}(n)$ 的不断加入，每次迭代都必须根据近似线性相关（Approximation Linear Dependency，ALD）条件考虑新样本与现有样本字典之间的相关性，对新样本进行筛选。ALD 判据 $\delta(\cdot)$ 的数学表达式为：

$$\delta(n)=\min_{\boldsymbol{\alpha}(n)}\left\|\sum_{i=1}^{B(n-1)}\boldsymbol{\alpha}(i)\varphi(\tilde{\boldsymbol{x}}(i))-\varphi(\boldsymbol{x}(n))\right\|^{2}>v \tag{2.62}$$

式中，n 为当前时刻；$\{\varphi(\tilde{\boldsymbol{x}}(i)\}_{i=1}^{B(n-1)}$ 表示第 $n-1$ 时刻的样本字典，$B(n-1)$ 为样本字典中成员的个数；$\boldsymbol{\alpha}(i)$ 为向量，$\boldsymbol{\alpha}(n)=[\boldsymbol{\alpha}(1)\quad\cdots\quad\boldsymbol{\alpha}(m(n-1))]$；$v$ 为给定的阈值。

当式（2.62）条件满足时，新样本不能用现有样本字典的成员线性表示，需要加载到样本字典中，用于参与下一次的计算；当式（2.62）条件不满足时，新样本可用现有样本字典的成员线性表示，新样本不加载到样本字典中。通过类推，根据样本的数据信息实现样本字典的更新。然而，ALD 条件只能在一定程度上降低模型的计算复杂度和内存使用量。对于大规模数据样本，模型仅通过 ALD 条件筛选样本不能满足在线稀疏要求。ALD 阈值设置太大或太小都会影响在线预测精度。如果阈值太大，会丢失很多携带重要信息的样本。如果阈值太小，会将冗余样本加载到字典中，从而降低模型的计算效率和预测精度。

为满足大规模样本的在线预测需求，本节介绍 RP-ASKRLS 模型。当样本进入 RP-ASKRLS 模型时，通过随机投影降低样本中特征变量的维数，并根据 ALD 条件筛选样本，限制核矩阵的维数，采用滑动窗口方法使样本字典中的成员是与当前时刻最相关的样本数据，提升该模型实时更新的能力，还引入核矩阵范数约束，增强模型对非平稳时变时间序列的自适应跟踪能力。RP-ASKRLS 模型可降低核矩阵维数和模型的计算复杂度，能够很好地跟踪非平稳时间序列，同时减弱噪声的影响。综上，RP-ASKRLS 模型的步骤如下。

步骤 1：初始化参数，设定随机投影的误差容忍度 μ_r，随机投影后的维数 D_{RL}，随机正交矩阵 $\boldsymbol{R}$，ALD 阈值 v，滑动窗口大小 W，正则化自相关逆矩阵 $\boldsymbol{P}(1)=[1]$。

步骤 2：输入原始样本，加载 $\{(\boldsymbol{u}(n), y(n)), n=1, \cdots, N\}$，$N$ 为样本数。

步骤 3：根据设定的随机投影参数，通过 $\boldsymbol{R}$ 得到 $\boldsymbol{u}(n)$ 的映射输出 $\boldsymbol{x}(n)$。

步骤 4：输入随机投影后的样本，加载$\{(\boldsymbol{x}(n), y(n)), n=1, \cdots, N\}$，$N$ 为样本数。

步骤 5：分别判断 ALD 判据与阈值、样本字典规模与滑动窗口的关系，具体情况分为以下三种。

① 如果 $\delta(n)>v$ 且 $\mathrm{size}(D(n))\leqslant W$，此时新样本加入样本字典中，$D(n)=D(n-1)\cup \boldsymbol{x}(n)$，根据式（2.63）和式（2.64）分别更新核逆矩阵 $\boldsymbol{K}^{-1}(n)$ 和权值 $\boldsymbol{\alpha}(n)$：

$$\boldsymbol{K}^{-1}(n)=\frac{1}{\delta(n)}\begin{bmatrix}\delta(n)\boldsymbol{K}^{-1}(n-1)+\boldsymbol{\alpha}(n)\boldsymbol{\alpha}^{\mathrm{T}}(n) & -\boldsymbol{\alpha}(n)\\ -\boldsymbol{\alpha}^{\mathrm{T}}(n) & 1\end{bmatrix} \tag{2.63}$$

$$\boldsymbol{\alpha}(n)=\frac{1}{\delta(n)}\begin{bmatrix}\delta(n)\boldsymbol{\alpha}(n-1)-\boldsymbol{\alpha}(n)(y(n)-\tilde{\boldsymbol{k}}_{n-1}^{\mathrm{T}}(\boldsymbol{x}(n))\boldsymbol{\alpha}(n-1))\\ y(n)-\tilde{\boldsymbol{k}}_{n-1}^{\mathrm{T}}(\boldsymbol{x}(n))\boldsymbol{\alpha}(n-1)\end{bmatrix} \tag{2.64}$$

② 如果 $\delta(n)>v$ 且 $\mathrm{size}(D(n))>W$，新样本加入样本字典，旧样本移出样本字典，样本字典更新，$D(n)=D_{2:\mathrm{end}}(n-1)\cup \boldsymbol{x}(n)$，成员个数不变，根据式（2.65）和式（2.66）分别更新核逆矩阵 $\boldsymbol{K}^{-1}(n)$ 和权值 $\boldsymbol{\alpha}(n)$：

$$\boldsymbol{K}^{-1}(n)=\frac{1}{\delta(n)}\begin{bmatrix}\delta(n)\boldsymbol{K}^{-1}(n-1)_{2:\mathrm{end}}+\boldsymbol{\alpha}(n)_{2:\mathrm{end}}\boldsymbol{\alpha}^{\mathrm{T}}(n)_{2:\mathrm{end}} & -\boldsymbol{\alpha}(n)_{2:\mathrm{end}}\\ -\boldsymbol{\alpha}^{\mathrm{T}}(n)_{2:\mathrm{end}} & 1\end{bmatrix} \tag{2.65}$$

$$\boldsymbol{\alpha}(n)=\frac{1}{\delta(n)}\begin{bmatrix}\delta(n)\boldsymbol{\alpha}(n-1)_{2:\mathrm{end}}-\boldsymbol{\alpha}(n)_{2:\mathrm{end}}(y(n)-\tilde{\boldsymbol{k}}_{n-1}^{\mathrm{T}}(\boldsymbol{x}(n))_{2:\mathrm{end}}\boldsymbol{\alpha}(n-1)_{2:\mathrm{end}})\\ y(n)-\tilde{\boldsymbol{k}}_{n-1}^{\mathrm{T}}(\boldsymbol{x}(n))_{2:\mathrm{end}}\boldsymbol{\alpha}(n-1)_{2:\mathrm{end}}\end{bmatrix} \tag{2.66}$$

③ 如果 $\delta(n)\leqslant v$，新样本不加入样本字典，样本字典保持不变，核逆矩阵 $\boldsymbol{K}^{-1}(n)$ 不更新，根据式（2.67）和式（2.68）更新权值 $\boldsymbol{\alpha}(n)$：

$$\boldsymbol{q}(n)=\frac{\boldsymbol{P}(n-1)\boldsymbol{\alpha}(n)}{1+\boldsymbol{\alpha}^{\mathrm{T}}(n)\boldsymbol{P}(n-1)\boldsymbol{\alpha}(n)} \tag{2.67}$$

$$\boldsymbol{\alpha}(n)=\boldsymbol{\alpha}(n-1)+\frac{\boldsymbol{q}(n)\boldsymbol{K}^{-1}(n)(y(n)-\boldsymbol{k}_{n-1}^{\mathrm{T}}(\boldsymbol{x}(n))\boldsymbol{\alpha}(n-1))}{\|\boldsymbol{k}_{n-1}^{\mathrm{T}}(\boldsymbol{x}(n))\|_{\mathrm{F}}^{2}+\|\boldsymbol{k}_{n-1}^{\mathrm{T}}(\boldsymbol{x}(n))\|_{2}^{2}} \tag{2.68}$$

步骤 6：计算输出，模型输出为 $\hat{y}(n+1)=\sum_{n=1}^{N}\hat{\boldsymbol{\alpha}}(n)\kappa(\boldsymbol{x}(n), \boldsymbol{x}(n+1))$。

2.4.4 仿真实验[86]

为检验 RP-ASKRLS 方法在时间序列在线预测中的有效性，本节采用太阳黑子-黄河年径流量时间序列进行验证。因为河川径流量会受到气候、流域自然地理环境及人类活动的综合影响，所以其时间序列呈非线性变化趋势。其中，黄河流域作为一个典型流域，受不同气候带及地理环境的共同影响，流域内气象和水文现象复杂多变。考虑到黄河年径流量对太阳黑子有很大影响，二者存在密切的联系，本节选取 1700～2003 年某观测站监测的太阳黑子数和黄河年径流量作为特征变量对太阳黑子数进行预测。为检验太阳黑子时间序列的时变特性，图 2.6 给出太阳黑子时间序列均值和方差的变化曲线。从图 2.6 可看出，随着时间序列样本的增加，均值和方差没有趋于稳定，一直处于波动状态，说明太阳黑子时间序列是具有时变特性的。

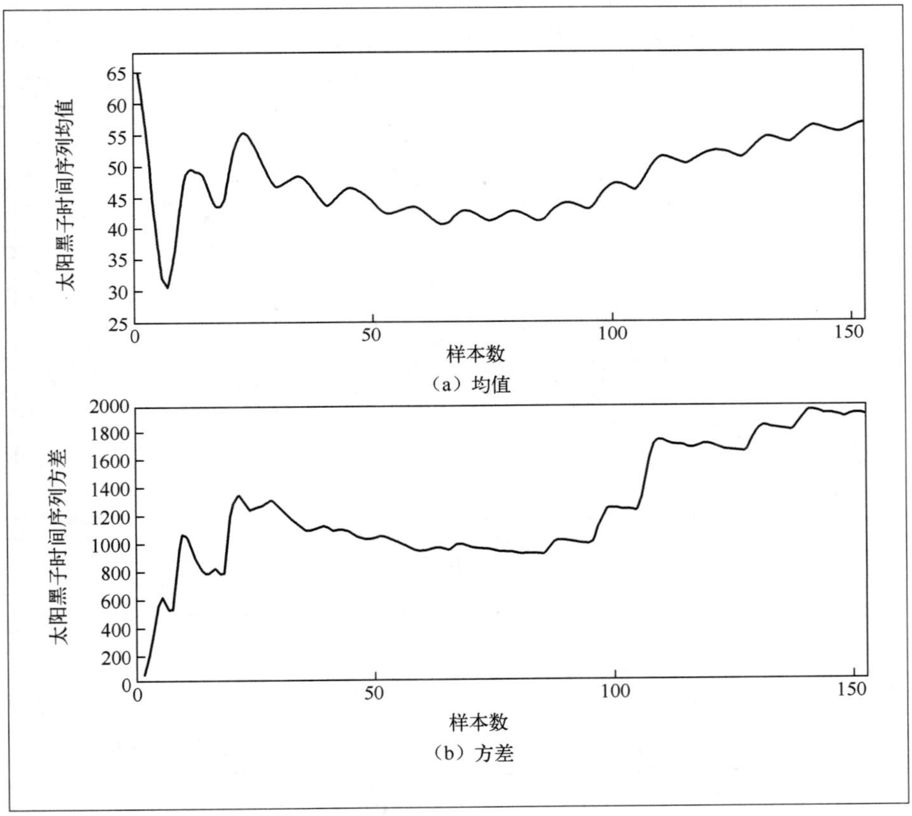

图 2.6 太阳黑子时间序列均值与方差曲线

通过随机投影对选取的太阳黑子-黄河年径流量时间序列进行降维处理，再利用 C-C 方法选择合适的相空间重构参数，包括延迟时间和嵌入维数。在进行相空间重构后，划分时间序列样本进行训练和测试。表 2.5 是仿真数据集参数设置，包括随机投影参数、相空间重构参数和样本数。仿真数据集参数设置如表 2.5 所示。

表 2.5　仿真数据集参数设置

随机投影参数		延迟时间		嵌入维数		样本数	
误差容忍度	映射后维数	太阳黑子	黄河年径流量	太阳黑子	黄河年径流量	训练集	测试集
0.2	5	2	4	4	1	232	58

为进一步验证 RP-ASKRLS 方法的优越性，使用 ALD-KRLS、固定预算 KRLS（Fixed-budget Kernel Recursive Least Squares，FB-KRLS)、KRLS 跟踪（Kernel Recursive Least Squares Tracker，KRLS-T）和量化 KRLS（Quantized Kernel Recursive Least Squares，QKRLS）方法作为对比方法[86]。选择均方根误差（Root Mean Square Error，RMSE）、归一化均方根误差（Normalized Root Mean Square Error，NRMSE）和对称平均绝对百分比误差（Symmetric Mean Absolute Percentage Error，SMAPE）作为预测精度的评价指标，选择测试时间作为预测效率的评价指标。

图 2.7 是 RP-ASKRLS 方法在太阳黑子时间序列上的 5 步在线预测结果。观察图 2.7 可发现，RP-ASKRLS 方法对太阳黑子数的预测曲线可较好地跟踪真实值的变化趋势。

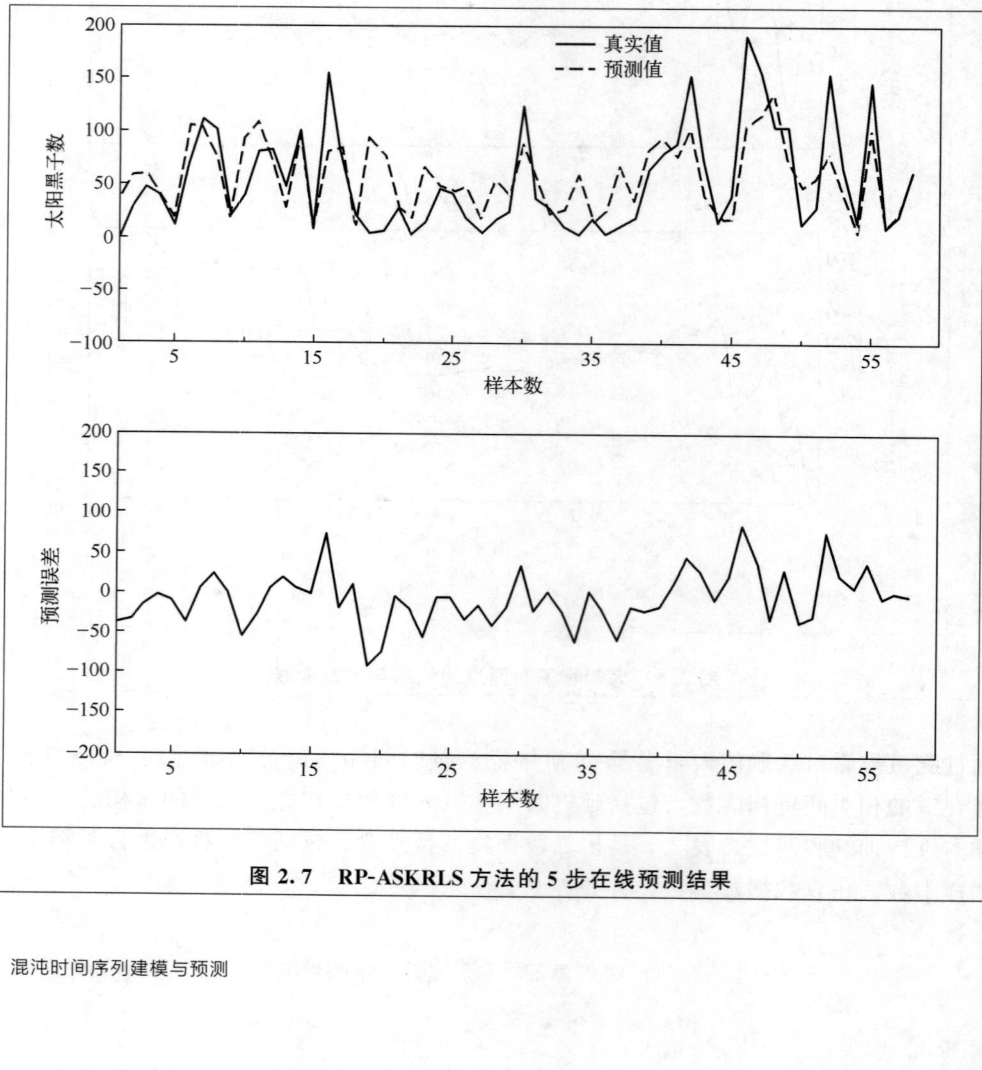

图 2.7　RP-ASKRLS 方法的 5 步在线预测结果

表 2.6 列出了 RP-ASKRLS、ALD-KRLS、FB-KRLS、KRLS-T 和 QKRLS 方法在太阳黑子时间序列上的 5 步在线预测结果。根据表 2.6 可知，RP-ASKRLS 方法的测试时间最短，在预测效率上明显优于其他对比方法。QKRLS 方法的测试时间与 RP-ASKRLS 方法相近，但 RMSE、NRMSE、SMAPE 明显高于 RP-ASKRLS 方法，其他三种对比方法的测试时间是 RP-ASKRLS 方法的 1.5 倍以上。同时，RP-ASKRLS 方法的 RMSE 是 27.3878，NRMSE 是 0.3882，SMAPE 是 0.5000，预测误差明显小于其他对比方法。

表 2.6　不同方法的 5 步在线预测结果

方法	测试时间/s	RMSE	NRMSE	SMAPE
ALD-KRLS	0.0181	32.2847	0.5494	0.5706
FB-KRLS	0.0027	38.6792	0.4295	0.5665
KRLS-T	0.0079	38.8228	0.4298	0.5394
QKRLS	0.0022	34.9655	0.4426	0.5460
RP-ASKRLS	**0.0018**	**27.3878**	**0.3882**	**0.5000**

综上所述，RP-ASKRLS 方法在预测精度和预测效率上均表现良好，可用于含噪非平稳时间序列的在线预测任务。

2.5　基于自适应稀疏量化的核自适应滤波器

前四节针对核递归最小二乘算法存在的问题进行了各种改进，本节从核最小均方算法的角度出发，介绍改进型模型。在核最小均方模型中，模型的计算复杂度会随着样本的增加而变大，样本携带的噪声和异常信息也会降低预测精度。为解决这一问题，本节在核最小均方模型中加入矢量量化方法，得到量化核最小均方模型，并引入顺序离群值准则和一致性准则，介绍一种自适应稀疏量化核最小均方（Adaptive Sparse Quantization Kernel Least Mean Square，ASQ-KLMS）模型。该模型能减弱噪声和异常值带来的不利影响，降低计算复杂度，具有动态跟踪非平稳时间序列的能力。在本节末尾处，通过仿真实验验证模型的有效性。

2.5.1　量化核最小均方模型

核最小均方（Kernel Least Mean Square，KLMS）模型是解决非线性环境中分类和回归预测问题的一种有效模型，然而在在线预测过程中，随着样本数量的线性增长，核最小均方模型的计算复杂度将难以满足实际预测需求。为抑制模型的增长并获得高效实用的在线预测算法，人们通常采用将冗余样本直接丢弃的在线稀疏化方法。但这些丢弃的冗余数据蕴藏有用信息，可用于权值的更新。2012 年，量化核最小均方（Quantization Kernel Least Mean Square，QKLMS）模型[14] 采用矢量量化方法替代一般的稀疏化方法，在丢弃冗余样本的同时，提取样本中的有用信息用于更新权值。

在QKLMS模型中，量化的核心思想是使用较小的样本字典表示整体样本数据，缩减样本字典的规模。量化方法通过量化条件对样本进行判断，对冗余样本进行量化并用于权值更新，实现在减小样本字典大小的同时合理利用更多有效信息。QKLMS的目标函数可表示为：

$$\min \sum_{n=2}^{N} \left| y(n)-\kappa(D(n-1), \boldsymbol{x}(n))\boldsymbol{\alpha}(n-1) \right| \tag{2.69}$$

式中，n 为当前时刻；N 表示样本数；$\boldsymbol{x}(n)$ 是新样本；$y(n)$ 为样本输出；$\boldsymbol{\alpha}(n-1)$ 和 $D(n-1)$ 分别是第 $n-1$ 时刻的权值和样本字典；$\kappa(\cdot, \cdot)$ 表示核函数。

QKLMS方法的主要步骤如下。

步骤1：初始化参数，设定学习率 η，核带宽 σ，矢量量化的阈值 ε，初始化样本字典和权值 $D(1)=\{\boldsymbol{x}(1)\}$、$\boldsymbol{\alpha}(1)=\eta y(1)$。

步骤2：输入样本，加载 $\{(\boldsymbol{x}(n), y(n)), n=1,\cdots,N\}$，$N$ 为样本数。

步骤3：计算输入样本 $\boldsymbol{x}(n)$ 与样本字典 $D(n-1)$ 之间的距离

$$\operatorname{dis}(\boldsymbol{x}(n), D(n-1))=\min_{1\leqslant j\leqslant \operatorname{size}(D(n-1))} \left\| \boldsymbol{x}(n)-D_j(n-1) \right\| \tag{2.70}$$

式中，$D_j(n-1)$ 表示 $D(n-1)$ 中第 j 个成员；$\|\cdot\|$表示欧几里得范数。

步骤4：分别判断矢量量化与给定阈值之间的关系，具体情况分为以下两种。

① 当 $\operatorname{dis}(\boldsymbol{x}(n), D(n-1))\leqslant\varepsilon$ 时，不更新样本字典，$D(n)=D(n-1)$。新样本量化到第 j^* 个样本字典成员：

$$D_{j^*}(n-1)=Q[\boldsymbol{x}(n)]$$

式中，$Q[\cdot]$ 是矢量量化器；$j^*=\underset{1\leqslant j\leqslant \operatorname{size}(D(n-1))}{\operatorname{argmin}} \left\| \boldsymbol{x}(n)-D_j(n-1) \right\|$，$\operatorname{size}(D(n-1))$ 是指当前样本字典成员的数量，且 $\operatorname{size}(D(n-1))\leqslant n$。权值更新方法如下：

$$\boldsymbol{\alpha}_{j^*}(n)=\boldsymbol{\alpha}_{j^*}(n-1)+\eta e(n) \tag{2.71}$$

式（2.71）中只修改第 j^* 个样本字典成员对应的权值，$e(n)$ 为模型的预测误差。

② 当 $\operatorname{dis}(\boldsymbol{x}(n), D(n-1))>\varepsilon$ 时，更新样本字典，$D(n)=D(n-1)\cup\boldsymbol{x}(n)$。新样本将成为现有样本字典的新成员，权值更新方法如下：

$$\boldsymbol{\alpha}(n)=\begin{bmatrix} \boldsymbol{\alpha}(n-1) \\ \eta e(n) \end{bmatrix} \tag{2.72}$$

步骤5：计算输出，即模型输出 $\hat{y}(n)=\boldsymbol{\kappa}^{\mathrm{T}}(n-1)\boldsymbol{\alpha}(n)$。

2.5.2 顺序离群值准则

在实际的时间序列样本中，通常会含有异常值。当这些含有异常值的样本用于更新权值时，预测精度会受到严重影响。为解决这一问题，顺序离群值准则（Sequential Outlier Criterion，SOC）通过判断模型接收的样本是包含有用信息还是异常信息，以剔除不利于预测结果的异常样本[87]。顺序离群值准则根据历史样本数据，为新接收的样本建立预期区域，如果新样本超出预期区域，就标记为离群值。预期区域由预期相邻距离和预期相邻方向向量组成。

在给定历史样本数据信息的情况下，根据预期相邻距离推断相邻样本之间的预期距离。根据预期相邻距离判断样本是否是异常样本，预期相邻距离可定义为：

$$\mathrm{ND_e}(n)=\sum_{i=1}^{n-2}\frac{2i}{(n-2)(n-1)}d(\boldsymbol{x}(i),\boldsymbol{x}(i+1)) \tag{2.73}$$

式中，n 为当前时刻；$\mathrm{ND_e}(n)$ 表示当前时刻样本与上一时刻样本之间的预期相邻距离；$d(\boldsymbol{x}(i),\boldsymbol{x}(i+1))=\|\boldsymbol{x}(i+1)-\boldsymbol{x}(i)\|_2^2$ 为相邻的历史样本间的距离；$\frac{2i}{(n-2)(n-1)}$可为接近当前时刻的相邻历史样本间距离分配更高的权值。第 n 时刻的预期相邻距离的上边界 $\mathrm{B\_D_{upper}}(n)$ 和下边界 $\mathrm{B\_D_{lower}}(n)$ 计算方法如下：

$$\begin{cases}\mathrm{B\_D_{upper}}(n)=\mathrm{ND_e}(n)+\lambda_\mathrm{d}\sigma_\mathrm{d}(n)\\ \mathrm{B\_D_{lower}}(n)=\mathrm{ND_e}(n)-\lambda_\mathrm{d}\sigma_\mathrm{d}(n)\end{cases} \tag{2.74}$$

式中，λ_d 表示用户定义的参数；$\sigma_\mathrm{d}(n)$ 为 $\{d(\boldsymbol{x}(i),\boldsymbol{x}(i+1)),i=1,\cdots,n-2\}$的标准差。

计算当前时刻样本与上一时刻样本之间真实相邻距离 $\mathrm{ND}(n)=d(\boldsymbol{x}(n-1),\boldsymbol{x}(n))$，并将其与预期相邻距离进行比较：

① 当 $\mathrm{ND}(n)\notin[\mathrm{B\_D_{lower}}(n),\mathrm{B\_D_{upper}}(n)]$ 时，新样本相邻距离异常；

② 当 $\mathrm{ND}(n)\in[\mathrm{B\_D_{lower}}(n),\mathrm{B\_D_{upper}}(n)]$ 时，新样本相邻距离正常。

在给定历史样本数据信息的情况下，根据预期相邻方向推断相邻样本之间的预期相邻方向向量。根据预期相邻方向向量判断样本是否是异常样本，预期相邻方向向量定义为：

$$\mathrm{NV_e}(n)=\sum_{i=1}^{n-2}\frac{2i}{(n-2)(n-1)}\times\frac{\boldsymbol{x}(i+1)-\boldsymbol{x}(i)}{d(\boldsymbol{x}(i),\boldsymbol{x}(i+1))} \tag{2.75}$$

式中，$\mathrm{NV_e}(n)$ 表示当前时刻样本与上一时刻样本之间的预期相邻方向向量；$\frac{2i}{(n-2)(n-1)}$用于将更高的权值分配给更接近当前时刻的项。在第 n 时刻的预期相邻方向向量的上边界 $\mathrm{B\_V_{upper}}(n)$ 和下边界 $\mathrm{B\_V_{lower}}(n)$ 可定义为：

$$\begin{cases}\mathrm{B\_V_{upper}}(n)=\mathrm{NV_e}(n)+\lambda_\mathrm{v}\boldsymbol{\sigma}_\mathrm{v}(n)\\ \mathrm{B\_V_{lower}}(n)=\mathrm{NV_e}(n)-\lambda_\mathrm{v}\boldsymbol{\sigma}_\mathrm{v}(n)\end{cases} \tag{2.76}$$

式中，$\boldsymbol{\sigma}_\mathrm{v}(n)$ 表示 $\{(\boldsymbol{x}(i+1)-\boldsymbol{x}(i))/d(\boldsymbol{x}(i),\boldsymbol{x}(i+1)),i=1,\cdots,n-2\}$ 的标准差；λ_v 代表用户定义的参数。

计算当前时刻样本与上一时刻样本之间真实相邻方向向量 $NV(n)=(\boldsymbol{x}(n)-\boldsymbol{x}(n-1))/d(\boldsymbol{x}(n-1),\boldsymbol{x}(n))$，并将其与预期相邻方向向量进行比较：

① 当 $NV(n)\notin[B\_V_{lower}(n),B\_V_{upper}(n)]$ 时，新样本相邻方向异常；

② 当 $NV(n)\in[B\_V_{lower}(n),B\_V_{upper}(n)]$ 时，新样本相邻方向正常。

如果新样本的相邻距离和相邻方向均判断为异常，则新样本标记为异常样本。

2.5.3 自适应稀疏量化核最小均方模型

从前面第 2.5.1 节和第 2.5.2 节的介绍中发现，量化方法和顺序离群值准则分别解决了模型更新过程中的样本冗余和样本异常问题。受到均方误差（Mean Squared Error，MSE）准则的影响，KLMS 模型对时间序列样本中的噪声较为敏感。针对此问题，使用欧几里得范数改进权值的更新方法，减弱噪声带来的负面影响，获得更好的在线预测结果。改进后的权值更新方法如下：

$$\boldsymbol{\alpha}(n)=\boldsymbol{\alpha}(n-1)+\frac{\eta\boldsymbol{\kappa}(n-1)(y(n)-\boldsymbol{\kappa}^{\mathrm{T}}(n-1)\boldsymbol{\alpha}(n-1))}{\varsigma+\|\boldsymbol{\kappa}^{\mathrm{T}}(n-1)\|_2^2} \tag{2.77}$$

式中，$\boldsymbol{\kappa}(n-1)=\kappa(D(n-1),\boldsymbol{x}(n))$；$\varsigma$是根据具体时间序列预设的值，以避免分母为零。这种权值更新方法可有效提高模型适应不同数据集的能力，尤其是那些包含噪声的数据集。

在量化核最小均方模型的基础上，结合顺序离群值准则、一致性准则和改进的权值更新方法，形成 ASQ-KLMS 模型。该模型首先使用顺序离群值准则判断输入样本是否为异常样本，然后通过矢量量化方法和一致性准则判断是否将输入样本纳入样本字典。这样的结合可缩减样本字典的规模，降低计算成本和提高预测效率。此外，通过量化方法充分利用冗余样本中的有用信息，虽不将冗余样本纳入样本字典，但会用于改进权值更新方法。综上，ASQ-KLMS 模型步骤如下。

步骤 1：初始化参数，设定学习率 η，核带宽 σ，矢量量化阈值 ε，一致性准则阈值 μ_0，预设值ς，用户定义的参数 λ_{d} 和 λ_{v}，初始化样本字典和权值 $D(1)=\{\boldsymbol{x}(1)\}$、$\boldsymbol{\alpha}(1)=\eta y(1)$。

步骤 2：输入样本，加载 $\{(\boldsymbol{x}(n),y(n)),n=1,\cdots,N\}$，$N$ 为样本数。

步骤 3：通过顺序离群值准则判断新样本 $\boldsymbol{x}(n)$，具体情况分为以下两种。

① 当新样本的相邻距离和相邻方向均被判断为异常时，新样本被标记为异常样本，不进入模型中参与模型更新，模型进入下一轮迭代；

② 当新样本的相邻距离或相邻方向判断为正常时，新样本进入模型中并参与模型更新。

步骤 4：如果新样本不是异常样本，判断矢量量化、一致性准则与阈值的关系，具体情况分为以下三种。

① 如果 $\mathrm{dis}(\boldsymbol{x}(n),D(n-1))>\varepsilon$ 且 $\mu(n)\leqslant\mu_0$，将新样本纳入样本字典中，更新样本字典，$D(n)=D(n-1)\cup\boldsymbol{x}(n)$，并使用下式更新权值 $\boldsymbol{\alpha}(n)$：

$$\boldsymbol{\alpha}(n)=\begin{bmatrix}\boldsymbol{\alpha}(n-1)\\ \eta(y(n)-\boldsymbol{\kappa}^{\mathrm{T}}(n-1)\boldsymbol{\alpha}(n-1))\end{bmatrix} \tag{2.78}$$

② 如果 $\mathrm{dis}(\boldsymbol{x}(n), D(n-1))\leqslant\varepsilon$，新样本不纳入样本字典，样本字典不更新，$D(n)=D(n-1)$，量化新样本到第 j^*（$j^*=\underset{1\leqslant j\leqslant \mathrm{size}(D(n-1))}{\mathrm{argmin}}\|\boldsymbol{x}(n)-D_j(n-1)\|$）个样本字典成员，权值更新方法如下：

$$\boldsymbol{\alpha}_{j^*}(n)=\boldsymbol{\alpha}_{j^*}(n-1)+\eta(y(n)-\boldsymbol{\kappa}^{\mathrm{T}}(n-1)\boldsymbol{\alpha}(n-1)) \tag{2.79}$$

③ 如果①和②都不满足，新样本视为冗余样本丢弃，并保持样本字典不变，$D(n)=D(n-1)$。改进的权值更新方法如下：

$$\boldsymbol{\alpha}(n)=\boldsymbol{\alpha}(n-1)+\frac{\eta\boldsymbol{\kappa}(n-1)(y(n)-\boldsymbol{\kappa}^{\mathrm{T}}(n-1)\boldsymbol{\alpha}(n-1))}{\varsigma+\|\boldsymbol{\kappa}^{\mathrm{T}}(n-1)\|_2^2} \tag{2.80}$$

步骤 5：计算输出，即模型输出 $\hat{y}(n)=\boldsymbol{\kappa}^{\mathrm{T}}(n-1)\boldsymbol{\alpha}(n)$。

2.5.4 计算复杂度分析

本节对 KLMS、QKLMS、基于 L_1 范数正则化的相干稀疏 KLMS（Coherence Sparsification KLMS with L_1-norm Regularization，KLMS-CSL1）、KLMS-SOC（基于顺序离群值准则的核最小均方算法）和所介绍的 ASQ-KLMS 方法的计算复杂度进行分析，包括在训练过程中更新权值 $\boldsymbol{\alpha}(n)$ 和在测试过程中计算模型误差 $e(n)$ 的时间复杂度[88]，如表 2.7 所示。对于 KLMS、QKLMS 和 KLMS-CSL1 方法，在训练样本期间更新权值的时间复杂度均为 $O(n)$，在测试期间计算模型误差的时间复杂度分别为 $O(n)$、$O(m)$、$O(l)$，其中，n 是未稀疏化模型时样本字典的大小。m 和 l 接近，但都小于 n。对于 KLMS-SOC 和 ASQ-KLMS，在训练数据期间更新权值的时间复杂度为 $O(n^2)$，在测试期间计算模型误差的计算复杂度分别为 $O(k)$ 和 $O(j)$，其中，k 接近 m 和 l，但 j 远小于 n。

表 2.7 每次迭代的计算复杂度

方法	更新权值	计算模型误差
KLMS	$O(n)$	$O(n)$
QKLMS	$O(n)$	$O(m)$
KLMS-CSL1	$O(n)$	$O(l)$
KLMS-SOC	$O(n^2)$	$O(k)$
ASQ-KLMS	$O(n^2)$	$O(j)$

2.5.5 仿真实验[88]

本节在第 2.2.4 节所述的 Lorenz 时间序列上进行仿真实验，以说明 ASQ-KLMS 方法在混沌时间序列预测方面具有良好性能[88]。因为 Lorenz 时间序列本身是光滑的，加入平均值为 0、方差为 0.1 的高斯白噪声使其更接近实际数据。这里使用 2500 组 Lorenz 样本进行仿真实验。使用 C-C 方法计算相空间重构参数，选择 Lorenz-x (t) 作为预测目标，并划分样本用于训练和测试。仿真数据集的具体参数设置如表 2.8 所示。

表 2.8 仿真数据集参数设置

Lorenz 方程参数			高斯白噪声		延迟时间			嵌入维数			样本数	
a	b	c	平均值	方差	x	y	z	x	y	z	训练集	测试集
10	28	8/3	0	0.1	8	7	8	6	6	6	2000	500

此外，选择 KLMS、QKLMS、KLMS-CSL1、KLMS-SOC 方法作为对比方法。选择均方根误差（Root Mean Square Error，RMSE）和 R 平方（R-squared，R^2）作为预测精度的评价指标，选择训练时间和测试时间作为预测效率的评价指标。

参数优化方法主要包括交叉验证和网格搜索方法。本节的参数优化采用网格搜索法，将变量区域网格化，遍历所有网格点，求解满足约束函数的目标函数值，最终选择出最优点。参数的具体调整步骤如下：

① 首先调整学习率 η 和核带宽 σ；

② 然后调整顺序离群值准则的参数 λ_d 和 λ_v，丢弃 1%～5%的离群值；

③ 最终调整参数 μ_0、ε 和 ς。

表 2.9 为不同方法在 Lorenz 时间序列上进行 5 步预测时的参数设置。

表 2.9 不同方法 5 步预测的参数设置

方法	μ_0	ε	η	ς	λ_d	λ_v	σ
KLMS	—	—	0.06	—	—	—	7
QKLMS	—	3.5	0.06	—	—	—	7
KLMS-CSL1	0.5	—	0.06	—	—	—	7
KLMS-SOC	—	—	0.06	—	2	3	7
ASQ-KLMS	0.5	3.5	0.06	0.01	2	3	7

为检验 ASQ-KLMS 方法的收敛性能，可视化 ASQ-KLMS 方法在测试集上的 MSE 曲线，如图 2.8 所示。从图 2.8 可知，ASQ-KLMS 方法的 MSE 曲线前期随着迭代数的增加而不断上下波动，但是在 400 次迭代以后 MSE 曲线的下降趋势十分明显，最后几乎趋于稳定，说明 ASQ-KLMS 方法是具有收敛性能的。

为观察 ASQ-KLMS 方法的预测效果，采用 ASQ-KLMS 方法在 Lorenz 时间序列上进行 5 步在线预测，并绘制预测曲线和误差曲线，如图 2.9 所示。观察图 2.9 后发现，预测值曲线可很好地拟合真实值曲线，几乎完全重合。预测误差也控制在［−1.8，2.2］范围内，并且误差曲线也比较平稳。

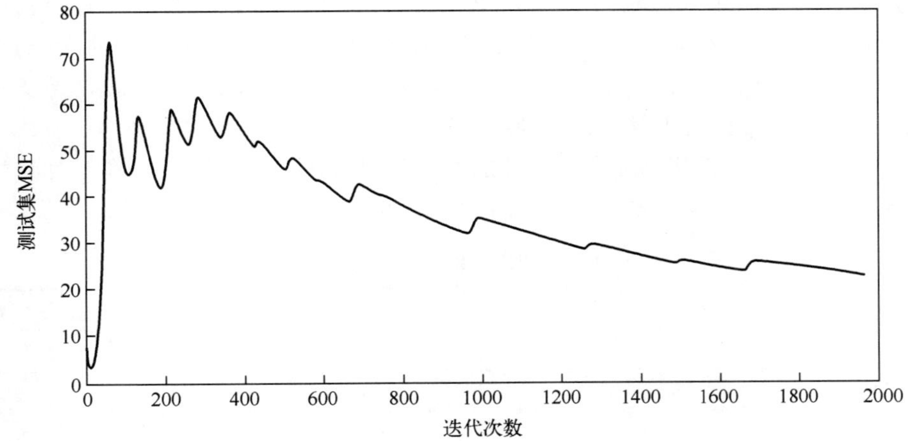

图 2.8　ASQ-KLMS 方法的测试集 MSE 曲线

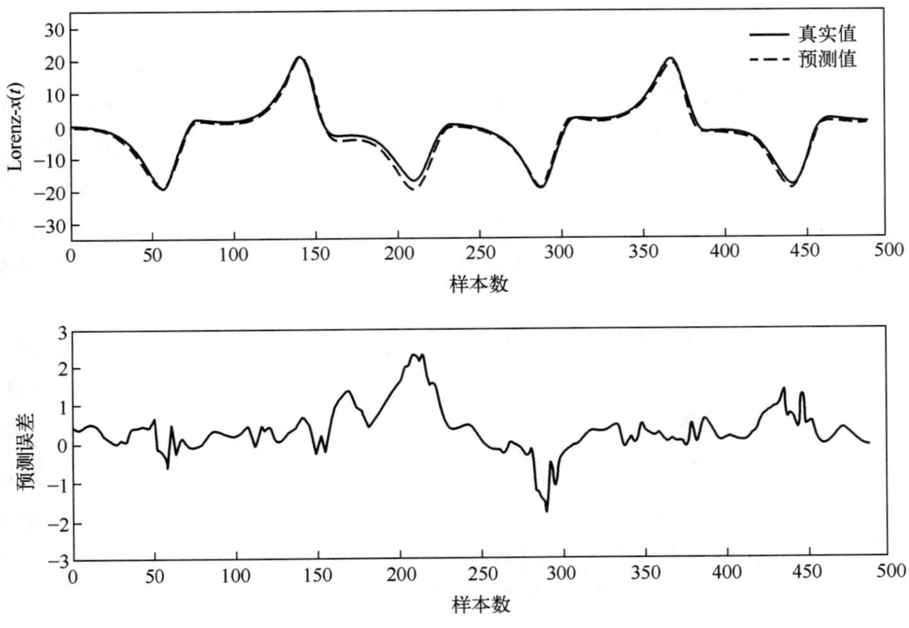

图 2.9　ASQ-KLMS 方法的 5 步在线预测结果

将 ASQ-KLMS 方法与其他方法的 5 步在线预测结果进行对比，整理为表 2.10。表 2.10 是 KLMS、QKLMS、KLMS-CSL1、KLMS-SOC 和 ASQ-KLMS 方法在 Lorenz 时间序列上的 5 步在线预测结果。观察表 2.10 可知，ASQ-KLMS 方法在测试时间、RMSE 和 R^2 这三个指标上的仿真结果优于其他方法，但是在训练时耗时较长，仅次于 KLMS-SOC 方法。这是因为 ASQ-KLMS 方法采用 SOC 准则进行异常样本的判断，需要耗费一定的时间，但能有效避免异常值的干扰，提高预测精度和预测效率。

综上，ASQ-KLMS 方法的综合预测性能优于其他对比方法，可有效降低时间序列中噪声和异常值对预测精度和预测效率的不利影响。

表 2.10　不同方法的 5 步在线预测结果

方法	训练时间/s	测试时间/s	RMSE	R^2
KLMS	0.3684	0.0602	0.9028	0.9890
QKLMS	0.2647	0.0293	0.7562	0.9923
KLMS-CSL1	**0.1611**	0.0130	0.9492	0.9879
KLMS-SOC	2.9795	0.0546	1.0828	0.9842
ASQ-KLMS	0.9625	**0.0110**	**0.7094**	**0.9932**

2.6 小结

在混沌时间序列预测领域，核自适应滤波器由于其非线性映射能力和自身动态递归特性，对处理复杂时变的时间序列具有良好的泛化能力。本章结合核自适应滤波器与均方误差准则方法，在核递归最小二乘和核最小均方算法的基础上，介绍几种核自适应滤波器的改进算法。自适应归一化稀疏量化核递归最小二乘（ANS-QKRLS）模型有机结合近似线性相关、动态调整、一致性准则和矢量量化，可提高计算效率，并在时变环境中自适应调整权值，平衡预测的精度和效率；滑动窗口稀疏核递归最小二乘（SW-SKRLS）模型在使用滑动窗口方法进行预测时，通过近似线性相关考虑新样本与样本字典中各成员的联系，剔除样本中冗余信息，从而更好地跟踪具有时变特性的时间序列；针对核矩阵维数过高的问题，在滑动窗口方法中引入随机投影实现输入空间的降维，通过改进动态调整方法跟踪时变特征，引入随机投影自适应稀疏核递归最小二乘（RP-ASKRLS）模型；为降低异常值的不利影响和控制样本字典规模，自适应稀疏量化核最小均方（ASQ-KLMS）模型将顺序离群值准则、一致性准则运用到量化核最小均方算法中，以提高模型适应复杂环境的能力。这些核自适应滤波器的改进方法可有效降低计算复杂度，提升模型对混沌时间序列演化规律挖掘与探索的能力，对解决噪声、复杂难处理的问题具有重要意义。

第3章

基于相关熵准则核自适应滤波器的混沌时间序列预测

第 2 章已介绍了基于均方误差准则的核自适应滤波器，并在混沌时间序列中进行了仿真验证。针对核自适应滤波器（Kernel Adaptive Filter，KAF）存在网络结构无限扩张、收敛性能差和预测精度低等问题，本章从相关熵准则的角度出发，介绍四种改进的 KAF 方法：动态自适应稀疏核递归最小二乘（Dynamic Adaptive Sparse Kernel Recursive Least Squares，DAS-KRLS）模型、量化核递归广义最大相关熵（Quantized Kernel Recursive Generalized Maximum Correntropy，QKRGMC）模型、核广义半二次熵共轭梯度（Kernel Generalized Half-Quadratic Correntropy Conjugate Gradient，KGHCG）模型和随机傅里叶特征核递归最大混合相关熵（Random Fourier Feature Kernel Recursive Maximum Mixture Correntropy，RFF-RMMC）模型。在每节末尾处，通过对基准数据集进行仿真实验，说明四种改进型 KAF 方法对混沌时间序列在线预测的有效性。

3.1 相关熵准则的基本原理

在实际应用中，由于均方误差准则在非高斯噪声下无法取得满意的效果。学者们将研究视角转向正在高速发展的信息理论，将自相关熵推广到两个随机变量的相关熵[25]。假设两个给定的随机变量为 A 和 B，其相关熵 $V(A, B)$ 可根据下式进行定义：

$$V(A, B)=E[\kappa(A, B)]=\iint_{a, b} \kappa(A, B) f_{A,B}(a, b)\mathrm{d}a\,\mathrm{d}b \tag{3.1}$$

式中，$E[\cdot]$ 表示数学期望；$\kappa(\cdot, \cdot)$ 为核函数，通常选择高斯核函数；$f_{A,B}(a, b)$ 是两个随机变量 A 和 B 的联合概率密度函数。在实际计算中，数据的概率密度函数事先未知，因此通常使用 Parzen 窗口估计器[89] 从现有样本数据中估计出熵的值：

$$\hat{V}(A, B)=\frac{1}{N}\sum_{i=1}^{N}\kappa(a(i), b(i)) \tag{3.2}$$

式中，i 表示迭代次数；N 表示样本数。利用相关熵的特性构造在线预测算法，以取代传统的均方误差准则，可在非高斯噪声环境下提供更好的鲁棒性。通过最大化实际值和预测值之间的相关熵，定义成本函数 $J(\cdot)$ 如下：

$$J(N)=\max\frac{1}{N}\sum_{i=1}^{N}\kappa(y(i), \hat{y}(i))=\max\frac{1}{N}\sum_{i=1}^{N}\exp\left(-\frac{e(i)^2}{2\sigma'^2}\right) \tag{3.3}$$

式中，$y(i)$ 是实际值；$\hat{y}(i)$ 是预测值；σ'为高斯核带宽；$e(i)$ 表示第 i 次迭代时的训练误差，即 $e(i)=y(i)-\hat{y}(i)$。

观察式（3.3）发现，作为唯一参数的核带宽 σ'在相关熵中起着非常重要的作用，核带宽能够控制预测值和真实值之间的局部相似性。因此，设置合适的核带宽非常关键。相关熵可获得所有偶数项的统计信息，能够比均方误差准则挖掘更丰富的样本信息。值得注意的是，随着核带宽增加至正无穷，高阶项快速衰减，同时二阶项占主导，相关熵退化为传统的均方误差形式。

图 3.1 是相关熵在不同核带宽 σ'下，$\exp\left(-\frac{e(i)^2}{2\sigma'^2}\right)$跟随训练误差 $e(i)$ 变化的曲线。从图 3.1 可看出，核带宽能够控制曲线的开合程度，即调整核带宽对噪声和异常值起着不同程度的抑制作用。核带宽越小，曲线在 0 附近的变化程度越快，且随着训练误差的绝对值变大时，曲线更快地收敛到 0。因此，核带宽越小，由噪声和异常值导致的训练误差对模型的影响也就更小，即核带宽对噪声和异常值的抑制作用越大。基于此特性，将相关熵准则作为成本函数，并运用到 KAF 方法中，可提高 KAF 方法的鲁棒性和稳定性。

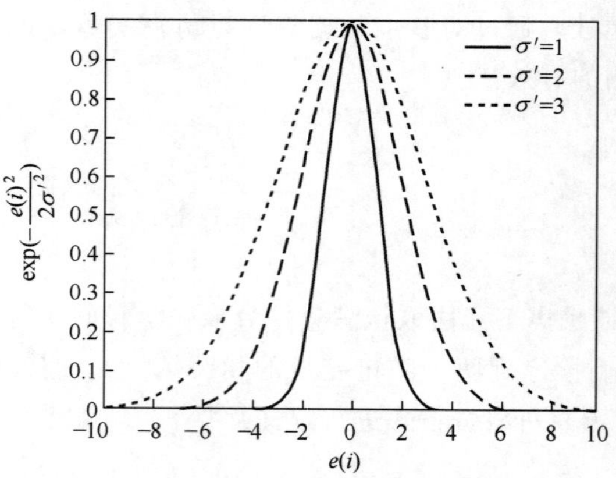

（a）不同σ'作用下的二维变化图

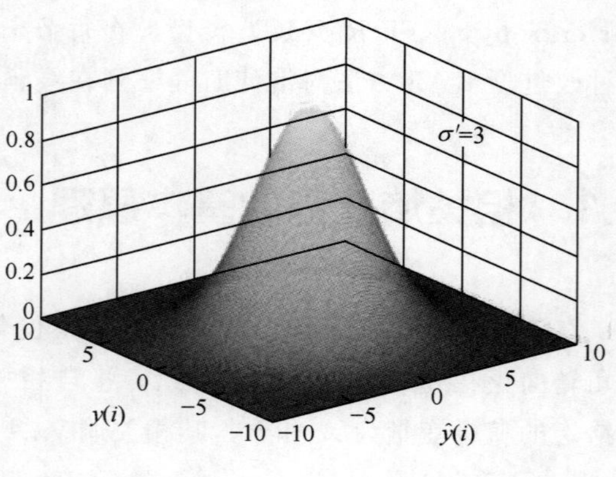

（b）当σ'=3时的三维变化图

图 3.1　不同核带宽对相关熵的影响

3.2 基于最大相关熵的核自适应滤波器

上节已经介绍相关熵准则的基本原理，并说明相关熵准则能够抑制噪声和异常值的不利影响。在基于近似线性相关的核递归最小二乘方法中，近似线性相关虽然可降低核矩阵阶数，但是易受噪声和异常值的干扰。为解决这一问题，本节将最大相关熵准则作为成本函数，结合近似线性相关、矢量投影和核矩阵范数约束，介绍动态自适应稀疏核递归最小二乘（Dynamic Adaptive Sparse Kernel Recursive Least Squares，DAS-KRLS）方法。该方法对样本具有良好的筛选能力，能在含噪非平稳时间序列中获得较高的在线预测精度。并且，通过标杆数据集上的仿真实验验证该方法的有效性。

3.2.1 最大相关熵准则

通常，时间序列包含未知不确定噪声，同时也表现出非平稳难追踪的特点。针对上述特点，基于近似线性相关的核递归最小二乘（Approximation Linear Dependency Kernel Recursive Least Squares，ALD-KRLS）方法[8] 尽管在一定程度上可降低核矩阵阶数，获得较好的预测性能，但其通过近似线性相关（Approximation Linear Dependency，ALD）条件在线筛选样本时容易受到噪声和异常值带来的不利影响。因此，为进一步提升 ALD-KRLS 方法的在线预测精度，可利用最大相关熵准则（Maximum Correntropy Criterion，MCC）处理包含噪声的时间序列样本。MCC 方法作为一种有效的噪声抑制方法已在众多领域中得到应用。

对于任意变量 A 和 B，其相关熵 $V(A, B)$ 的数学形式如下：

$$V(A, B)=E[\kappa(A, B)]=\int \kappa(A, B)\mathrm{d}F_{A, B}(a, b) \tag{3.4}$$

式中，$E[\cdot]$ 是数学期望；$\kappa(\cdot, \cdot)$ 表示核函数；$F_{A,B}(a, b)$ 是两个变量的联合分布函数。在 KAF 方法中，核函数通常采用高斯核函数。对于样本序列 $\{(\boldsymbol{a}(i), b(i))\}_{i=1}^{N}$（$N$ 为样本数），其相关熵的估计值可表示为：

$$\hat{V}(A, B)=\frac{1}{N}\sum_{i=1}^{N}\kappa_{\sigma'}(\boldsymbol{a}(i), b(i)) \tag{3.5}$$

式中，σ'为相关熵的高斯核带宽。相关熵判别标准已经广泛应用于机器学习领域。

一般情况下，在含有未知不确定噪声的时间序列中，单独的高斯核函数不是最佳选择，因此式（3.5）选择更为合适的核函数 $\kappa_{\alpha,\beta}(A, B)$，具体表达式如下：

$$\kappa_{\alpha, \beta}(A, B)=\frac{\alpha}{2\beta(\Gamma[\alpha^{-1}]+\Gamma[1])}\exp(-\beta^{-\alpha}|A-B|^{\alpha}) \tag{3.6}$$

式中，α 为形状参数；β 是带宽参数；$\Gamma[\cdot]$ 表示伽马函数；$\frac{\alpha}{2\beta(\Gamma[\alpha^{-1}]+\Gamma[1])}$ 为归一化常数。

当 $\alpha=2$ 和 $\beta=\sqrt{2}\sigma'$ 时，无论归一化常数如何变化，核函数 $\kappa_{\alpha,\beta}(A, B)=1/[\sqrt{2\pi}\sigma'\exp(-(A-B)^2/2\sigma'^2)]$ 都能表示为高斯核函数。MCC 的均值估计如下：

$$\hat{V}(A, B)=\frac{1}{N}\sum_{i=1}^{N}\kappa_{\alpha,\beta}(\boldsymbol{a}(i), b(i)) \tag{3.7}$$

上述过程称为 MCC 方法，可通过调节相关熵中的核带宽 σ'，控制预测值和真实值之间的局部相似性。因此，MCC 方法对时间序列中的噪声和异常值具有较好的处理能力。

3.2.2 矢量投影方法

在 ALD-KRLS 方法运用于时间序列的在线预测时，尽管 ALD 方法能够在一定程度上限制核矩阵的阶数，但为得到时间序列中更重要的信息，本节介绍矢量投影方法。矢量投影方法通过计算新样本与现有样本字典之间的余弦值，判断新样本 $\boldsymbol{x}(n)$ 和现有样本字典 $D(n-1)$ 之间的相关程度，从而进一步筛选样本，提高算法的计算效率。假设 $D(n-1)$ 包含 $B(n-1)$ 个成员，$\varphi(\boldsymbol{x}(n))$ 是 $\boldsymbol{x}(n)$ 经过核函数 $\varphi(\cdot)$ 映射后得到的新输入。新样本与现有样本字典中最相关成员的余弦值 $\cos(\cdot, \cdot)$ 计算方法如下：

$$\cos(\varphi(\boldsymbol{x}(n)), \varphi(D_{j^*}(n-1)))=\frac{\langle\varphi(\boldsymbol{x}(n)), \varphi(D_{j^*}(n-1))\rangle}{\|\varphi(x(n))\|\|\varphi(D_{j^*}(n-1))\|} \tag{3.8}$$

式中，$j^*=\underset{1\leqslant j\leqslant B(n-1)}{\operatorname{argmax}}\cos(\varphi(\boldsymbol{x}(n)), \varphi(D_j(n-1)))$，$D_j(n-1)$ 表示 $D(n-1)$ 中第 j 个成员；n 为当前时刻；$\langle\cdot, \cdot\rangle$ 和 $\|\cdot\|$ 分别表示内积运算和取模运算。

如果 $\cos(\varphi(\boldsymbol{x}(n)), \varphi(D_{j^*}(n-1)))\leqslant\tau$，新样本加入样本字典，更新样本字典，$D(n)=D(n-1)\cup x(n)$，此时的映射输出 $P(\cdot)$ 为：

$$P(\varphi(x(n)))=\varphi(x(n)) \tag{3.9}$$

如果 $\cos(\varphi(\boldsymbol{x}(n)), \varphi(D_{j^*}(n-1)))>\tau$，则丢弃新样本，样本字典不更新，$D(n)=D(n-1)$，此时的映射输出 $P(\cdot)$ 为：

$$P(\varphi(\boldsymbol{x}(n)))=\frac{\kappa(\boldsymbol{x}(n), D_{j^*}(n-1))}{\|\varphi(D_{j^*}(n-1))\|^2}\varphi(D_{j^*}(n-1)) \tag{3.10}$$

式中，$\tau\in(0, 1)$ 为矢量投影的阈值；$\kappa(\boldsymbol{x}(n), D_{j^*}(n-1))=\langle\varphi(\boldsymbol{x}(n)),\varphi(D_{j^*}(n-1))\rangle$。式（3.10）所表示的矢量投影可表示为图 3.2。

由上述分析可知，矢量投影方法可筛选原始数据以获得最合格的样本。在筛选过程中，通过计算新样本与现有样本字典之间的相关性来判断二者是否具有高度相关性。换言之，矢量投影方法能判断新样本是否与样本字典内成员具有相同的流形信息。因此，基于矢量投影的稀疏化方法基本上等同于维持低维流形信息的特征处理方式。

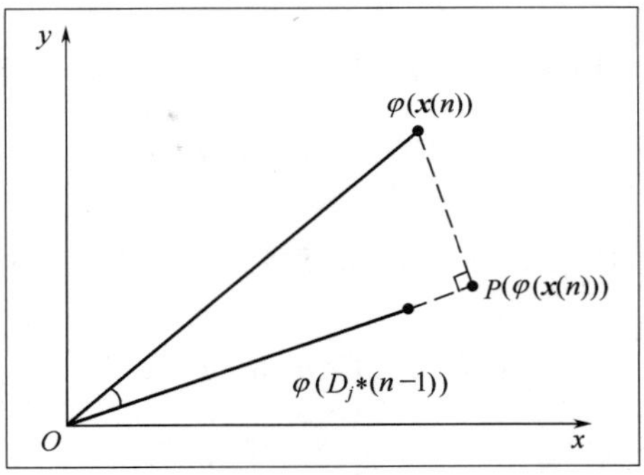

图 3.2　矢量投影示意图

3.2.3　动态自适应稀疏核递归最小二乘模型

为解决 ALD-KRLS 模型核矩阵阶数过高、计算复杂度过高和难以处理含噪时间序列等问题，本节将矢量投影方法、MCC 方法和核矩阵范数约束机制进行有机结合，应用于 ALD-KRLS 模型，得到 DAS-KRLS 模型。

DAS-KRLS 模型通过 ALD 方法和矢量投影方法判断新样本与现有样本字典之间的相关程度决定是否将新样本 $\boldsymbol{x}(n)$ 加入样本字典 $D(n-1)$ 中。当二者相关性较弱时，保留新样本到样本字典中。当二者相关性较强时，不将新样本纳入样本字典中。

结合 MCC 方法和核矩阵范数约束 $\|\boldsymbol{w}(n)\|_2^2$，得到成本函数 $J(\cdot)$ 如下：

$$J(n)=\max_{\boldsymbol{w}(n)}\sum_{j=1}^{n}\kappa_{\alpha,\beta}(y(j)-\boldsymbol{w}^{\mathrm{T}}(n)\varphi(\boldsymbol{x}(j)))-\frac{\lambda_{\mathrm{R}}}{2}\|\boldsymbol{w}(n)\|_2^2 \tag{3.11}$$

式中，n 为当前时刻；$j=1, \cdots, n$；$\|\cdot\|_2$ 表示 L_2 范数；$\boldsymbol{w}(n)$ 是权值；$\lambda_{\mathrm{R}}>0$ 表示具有先验信息的正则化参数；$\boldsymbol{x}(j)$ 是样本输入；$y(j)$ 为样本输出；$\varphi(\cdot)$ 为核映射。$e_j(n)=y(j)-\boldsymbol{w}^{\mathrm{T}}(n)\varphi(\boldsymbol{x}(j))$，将 $e_j(n)$ 代入式（3.11）并删除归一化常数 $\frac{\alpha}{2\beta(\Gamma[\alpha^{-1}]+\Gamma[1])}$后，得到 $\kappa_{\alpha,\beta}(e(n)_j)=\exp(-\beta^{-\alpha}|e(n)_j|^{\alpha})$，其中，$\alpha$ 为形状参数，β 是带宽参数。将式（3.11）中的 $J(n)$ 置零，$\boldsymbol{w}(n)$ 的解可表示为：

$$\boldsymbol{w}(n)=\left(\boldsymbol{\Psi}(\boldsymbol{x}(n))\boldsymbol{G}(n)\boldsymbol{\Psi}^{\mathrm{T}}(\boldsymbol{x}(n))+\frac{\gamma}{\alpha}\beta^{\alpha}\boldsymbol{I}(n)\right)^{-1}\boldsymbol{\Psi}(\boldsymbol{x}(n))\overline{\boldsymbol{Y}}(n) \tag{3.12}$$

式中，$\boldsymbol{G}(n)=\mathrm{diag}[g(1), g(2), \cdots, g(n)]$ 是以 $g(n)$ 为对角元素的对角矩阵，且 $g(n)=\exp(-\beta^{-\alpha}|e(n)_j|^{\alpha})|e(n)_j|^{\alpha-2}$；$\boldsymbol{Y}(n)=[y(1)\quad y(2)\quad\cdots\quad y(n)]^{\mathrm{T}}$ 表示期望输

出向量；$\bar{\boldsymbol{Y}}(n)=\boldsymbol{G}(n)\boldsymbol{Y}(n)=[\boldsymbol{G}(1)y(1) \quad \boldsymbol{G}(2)y(2) \quad \cdots \quad \boldsymbol{G}(n)y(n)]^{\mathrm{T}}$；$\boldsymbol{I}(n)$ 为 n 阶单位矩阵；$\boldsymbol{\Psi}(\boldsymbol{x}(n))=[\varphi(x(1)) \quad \varphi(x(2)) \quad \cdots \quad \varphi(x(n))]$ 表示转换矩阵；γ 是正则化超参数，用于平衡模型复杂度与拟合误差。因此，$\boldsymbol{w}(n)$ 也可表示为：

$$\boldsymbol{w}(n)=\boldsymbol{\Psi}(\boldsymbol{x}(n))\left(\frac{\gamma}{\alpha}\beta^{\alpha}\right)^{-1}(\bar{\boldsymbol{Y}}(n)-\boldsymbol{G}(n)\boldsymbol{\Psi}^{\mathrm{T}}(\boldsymbol{x}(n))\boldsymbol{w}(n)) \tag{3.13}$$

令 $\boldsymbol{Q}(n)=[(\gamma/\alpha)\beta^{\alpha}]^{-1}[\bar{\boldsymbol{Y}}(n)-\boldsymbol{G}(n)\boldsymbol{\Psi}^{\mathrm{T}}(\boldsymbol{x}(n))\boldsymbol{w}(n)]$，得到：

$$\begin{aligned}\boldsymbol{Q}(n)&=\left(\frac{\gamma}{\alpha}\beta^{\alpha}\right)^{-1}[\bar{\boldsymbol{Y}}(n)-\boldsymbol{G}(n)\boldsymbol{\Psi}^{\mathrm{T}}(\boldsymbol{x}(n))\boldsymbol{w}(n)]\\&=\left(\frac{\gamma}{\alpha}\beta^{\alpha}\boldsymbol{I}(n)+\boldsymbol{G}(n)\boldsymbol{\Psi}^{\mathrm{T}}(\boldsymbol{x}(n))\boldsymbol{\Psi}(\boldsymbol{x}(n))\right)^{-1}\bar{\boldsymbol{Y}}(n)\\&=\left(\left(\frac{\gamma}{\alpha}\beta^{\alpha}\boldsymbol{I}(n)\right)+\boldsymbol{G}(n)\boldsymbol{K}(n)\right)^{-1}\bar{\boldsymbol{Y}}(n)\end{aligned} \tag{3.14}$$

式中，$\boldsymbol{K}(n)=\boldsymbol{\Psi}^{\mathrm{T}}(\boldsymbol{x}(n))\boldsymbol{\Psi}(\boldsymbol{x}(n))$ 表示核矩阵。将式（3.14）代入式（3.13）得到：

$$\boldsymbol{w}(n)=\boldsymbol{\Psi}(\boldsymbol{x}(n))\boldsymbol{Q}(n)=\boldsymbol{\Psi}(\boldsymbol{x}(n))\left(\frac{\gamma}{\alpha}\beta^{\alpha}\boldsymbol{I}(n)+\boldsymbol{G}(n)\boldsymbol{K}(n)\right)^{-1}\bar{\boldsymbol{Y}}(n) \tag{3.15}$$

为得到最合适的权值 $\boldsymbol{w}(n)$，将 $\boldsymbol{G}(n)$ 和 $\boldsymbol{K}(n)$ 表示为：

$$\boldsymbol{G}(n)=\begin{bmatrix}\boldsymbol{G}(n-1) & \boldsymbol{0}\\ \boldsymbol{0}^{\mathrm{T}} & g(n)\end{bmatrix} \tag{3.16}$$

$$\boldsymbol{K}(n)=\begin{bmatrix}\boldsymbol{K}(n-1) & \boldsymbol{r}(n)\\ \boldsymbol{r}^{\mathrm{T}}(n) & k_m\end{bmatrix} \tag{3.17}$$

式中，$\boldsymbol{0}$ 是零向量；$\boldsymbol{r}(n)=\boldsymbol{\Psi}^{\mathrm{T}}(\boldsymbol{x}(n-1))\varphi(\boldsymbol{x}(n))$；$k_m=\kappa(\boldsymbol{x}(n),\boldsymbol{x}(n))$，$\kappa(\cdot,\cdot)$ 表示核函数。因此，$\boldsymbol{G}(n)\boldsymbol{K}(n)$ 可表示为：

$$\begin{aligned}\boldsymbol{G}(n)\boldsymbol{K}(n)&=\begin{bmatrix}\boldsymbol{G}(n-1) & \boldsymbol{0}\\ \boldsymbol{0}^{\mathrm{T}} & g(n)\end{bmatrix}\begin{bmatrix}\boldsymbol{K}(n-1) & \boldsymbol{r}(n)\\ \boldsymbol{r}^{\mathrm{T}}(n) & k_m\end{bmatrix}\\&=\begin{bmatrix}\boldsymbol{G}(n-1)\boldsymbol{K}(n-1) & \boldsymbol{G}(n-1)\boldsymbol{r}(n)\\ g(n)\boldsymbol{r}^{\mathrm{T}}(n) & g(n)k_n\end{bmatrix}\end{aligned} \tag{3.18}$$

假设 $\boldsymbol{P}(n)=[(\gamma/\alpha)\beta^{\alpha}\boldsymbol{I}(n)+\boldsymbol{G}(n)\boldsymbol{K}(n)]^{-1}$，并将其代入式（3.18）可得：

$$\boldsymbol{P}(n)=\begin{bmatrix}\boldsymbol{P}^{-1}(n-1) & \boldsymbol{G}(n-1)\boldsymbol{r}(n)\\ g(1)\boldsymbol{r}^{\mathrm{T}}(n) & k_n g(1)+(\gamma/\alpha)\beta^{\alpha}\end{bmatrix}^{-1} \tag{3.19}$$

通过块矩阵求逆方法得到：

$$\boldsymbol{P}(n)=\begin{bmatrix}\boldsymbol{P}(n-1)+\boldsymbol{r}^{-1}(n)g(n)\boldsymbol{z}_{\boldsymbol{G}}(n)\boldsymbol{z}^{\mathrm{T}}(n) & \boldsymbol{r}^{-1}(n)\boldsymbol{z}_{\boldsymbol{G}}(n)\\ -\boldsymbol{r}^{-1}(n)g(n)\boldsymbol{z}^{\mathrm{T}}(n) & \boldsymbol{r}^{-1}(n)\end{bmatrix} \tag{3.20}$$

式中，$\boldsymbol{z}_{\boldsymbol{G}}(n)=\boldsymbol{P}(n-1)\boldsymbol{G}(n-1)\boldsymbol{r}(n)$；$\boldsymbol{z}(n)=\boldsymbol{P}^{\mathrm{T}}(n-1)\boldsymbol{r}(n)$。

根据$\bar{\boldsymbol{Y}}(n)=[(\bar{\boldsymbol{Y}}(n-1))^{\mathrm{T}} \quad g(n)y(n)]^{\mathrm{T}}$，$\boldsymbol{Q}(n)$ 可表示为：

$$\boldsymbol{Q}(n)=[\boldsymbol{Q}(n-1)-t^{-1}(n)g(n)\boldsymbol{z}_{\boldsymbol{G}}(n)e(n) \quad t^{-1}(n)g(n)e(n)]^{\mathrm{T}} \tag{3.21}$$

式中，$t(n)=k_n g(n)+(\lambda/\alpha)\beta^{\alpha}-g(n)\boldsymbol{r}^{\mathrm{T}}(n)\boldsymbol{z}_{\boldsymbol{G}}(n)$；$e(n)$ 表示在第 n 时刻的训练误差，可表示为 $e(n)=y(n)-\boldsymbol{r}^{\mathrm{T}}(n)\boldsymbol{Q}(n)$。

DAS-KRLS模型可有效地处理含有未知噪声的混沌时间序列。在DAS-KRLS模型中，基于ALD和矢量投影的稀疏化方法能筛选出包含有用信息的数据样本以参与后续计算，MCC方法和核矩阵范数约束机制主要是用于抑制噪声和解决过度拟合的问题，以提升模型的泛化能力和鲁棒性。综上，DAS-KRLS方法的步骤如下。

步骤1：初始化参数，设定形状参数 $\alpha>0$，带宽参数 $\beta>0$，ALD阈值 v，矢量投影阈值 τ，初始化样本字典 $D(1)=\{\boldsymbol{x}(1)\}$，$g(1)=\exp(-\beta^{\alpha}|y(1)|^{\alpha})|y(1)|^{\alpha-2}$，$G(1)=[g(1)]$，$\boldsymbol{Q}(1)=P(1)g(1)d(1)$，$P(1)=\left(\dfrac{\gamma}{\alpha}\beta^{\alpha}+g(1)k_{11}\right)^{-1}$。

步骤2：输入样本，加载 $\{(\boldsymbol{x}(n),y(n)),n=1,\cdots,N\}$，$N$ 是样本数。

步骤3：判断ALD判据、矢量投影与阈值 v 的关系，具体情况分为以下三种。

① 如果 $\delta(n)>v$ 且 $\cos(\varphi(\boldsymbol{x}(n)),\varphi(D_{j^*}(n-1)))<\tau$，则将新样本加入样本字典中，即 $D(n)=D(n-1)\cup x(n)$，同时进行如下更新：

$$\boldsymbol{G}(n)=\begin{bmatrix}\boldsymbol{G}(n-1) & \boldsymbol{0}\\ \boldsymbol{0}^{\mathrm{T}} & g(n)\end{bmatrix} \tag{3.22}$$

$$\boldsymbol{K}(n)=\begin{bmatrix}\boldsymbol{K}(n-1) & \boldsymbol{h}(n)\\ \boldsymbol{h}^{\mathrm{T}}(n) & k_m\end{bmatrix} \tag{3.23}$$

$$\boldsymbol{P}(n)=\begin{bmatrix}\boldsymbol{P}(n-1)+\boldsymbol{r}^{-1}(n)\boldsymbol{G}(n)\boldsymbol{Z}_{\boldsymbol{G}}(n)\boldsymbol{Z}^{\mathrm{T}}(n) & \boldsymbol{r}^{-1}(n)\boldsymbol{Z}_{\boldsymbol{G}}(n)\\ -\boldsymbol{r}^{-1}(n)\boldsymbol{G}(n)\boldsymbol{Z}^{\mathrm{T}}(n) & \boldsymbol{r}^{-1}(n)\end{bmatrix} \tag{3.24}$$

$$\boldsymbol{\alpha}(n)=\begin{bmatrix}\boldsymbol{\alpha}(n)-\boldsymbol{r}^{-1}(n)\boldsymbol{G}(n)\boldsymbol{Z}_{\boldsymbol{G}}(n)(y(n)-\boldsymbol{h}^{\mathrm{T}}(n)\boldsymbol{\alpha}(n-1))\\ \boldsymbol{r}^{-1}(n)\boldsymbol{G}(n)(y(n)-\boldsymbol{h}^{\mathrm{T}}(n)\boldsymbol{\alpha}(n))\end{bmatrix} \tag{3.25}$$

② 如果 $\delta(n)>v$ 且 $\cos(\varphi(\boldsymbol{x}(n)),\varphi(D_{j^*}(n-1)))>\tau$，则不允许新样本加入样本字典，不更新样本字典，$D(n)=D(n-1)$，同时进行如下更新：

$$\boldsymbol{G}(n)=\boldsymbol{G}(n-1)+\boldsymbol{\alpha}_{j^*}^2(n)g_{j^*}(n)\boldsymbol{J}_{j^*}(n)\boldsymbol{J}_{j^*}^2(n) \tag{3.26}$$

$$y(n)=y(n-1)+\boldsymbol{\alpha}_{j^*}(n)g_{j^*}(n)y(n)\boldsymbol{J}_{j^*}(n) \tag{3.27}$$

$$\boldsymbol{P}(n)=\boldsymbol{P}(n-1)-\frac{\boldsymbol{P}_{j^*}(n-1)\boldsymbol{K}_{j^*}^{\mathrm{T}}(n-1)\boldsymbol{P}(n-1)}{(\boldsymbol{\alpha}_{j^*}^2(n)g_{j^*}(n))^{-1}+\boldsymbol{K}_{j^*}^{\mathrm{T}}(n-1)\boldsymbol{P}_{j^*}(n-1)} \tag{3.28}$$

$$\boldsymbol{\alpha}(n)=\boldsymbol{\alpha}(n-1)+\frac{(\boldsymbol{\alpha}_{j^*}^{-1}(n)y(n)-\boldsymbol{K}_{j^*}^{\mathrm{T}}(n-1)\boldsymbol{\alpha}(n-1))\boldsymbol{P}_{j^*}(n-1)}{(\boldsymbol{\alpha}_{j^*}^2(n)g_{j^*}(n))^{-1}+\boldsymbol{K}_{j^*}^{\mathrm{T}}(n-1)\boldsymbol{P}_{j^*}(n-1)} \tag{3.29}$$

式中，$j^*=\underset{1\leqslant j\leqslant B(n-1)}{\operatorname{argmax}}\cos(\varphi(\boldsymbol{x}(n)),\varphi(D_j(n-1)))$；$\boldsymbol{\alpha}_{j^*}(n)=\dfrac{\kappa(\boldsymbol{x}(n),D_{j^*}(n))}{\|\varphi(D_{j^*}(n))\|_{\mathrm{F}}^2}$；$g_{j^*}(n)=g(n)(y(n)-\boldsymbol{\alpha}_{j^*}(n)\boldsymbol{w}(n)\varphi(D_{j^*}(n)))$；$\boldsymbol{J}_{j^*}(n)$ 表示与样本相关的某种梯度量。

③ 如果 $\delta(n)\leqslant v$，则不允许新样本加入样本字典中，不更新样本字典，$D(n)=D(n-1)$，同时进行如下更新：

$$\boldsymbol{q}(n)=\frac{\boldsymbol{q}(n-1)\boldsymbol{\alpha}(n)}{1+\boldsymbol{\alpha}^{\mathrm{T}}(n)\boldsymbol{q}(n-1)\boldsymbol{\alpha}(n)} \tag{3.30}$$

$$\boldsymbol{G}(n)=\boldsymbol{G}(n-1)+\boldsymbol{q}(n)\boldsymbol{\alpha}^{\mathrm{T}}(n)\boldsymbol{q}^{\mathrm{T}}(n) \tag{3.31}$$

$$\boldsymbol{P}(n)=\boldsymbol{P}(n-1)+\frac{\boldsymbol{P}(n-1)\boldsymbol{\alpha}(n)\boldsymbol{\alpha}^{\mathrm{T}}(n)\boldsymbol{P}(n-1)}{1+\boldsymbol{\alpha}^{\mathrm{T}}(n)\boldsymbol{P}(n-1)\boldsymbol{\alpha}(n)} \tag{3.32}$$

$$\boldsymbol{\alpha}(n)=\boldsymbol{\alpha}(n-1)+\boldsymbol{K}_{(n)}^{-1}(n)\boldsymbol{q}(n)(y(n)-\boldsymbol{K}_{(n-1)}^{-1}\boldsymbol{\alpha}(n)) \tag{3.33}$$

步骤 4：计算输出，模型输出 $\hat{y}(n+1)=\sum_{n=1}^{N}\hat{\boldsymbol{\alpha}}(n)\kappa(\boldsymbol{x}(n),\boldsymbol{x}(n+1))$。

3.2.4 仿真实验[26]

为检验 DAS-KRLS 方法的有效性，本节将其应用于含噪 Lorenz 时间序列进行在线预测。根据 Lorenz 方程得到 Lorenz 时间序列后，加入高斯白噪声。然后，采用 C-C 方法得出相空间重构参数，划分样本进行训练和测试，选择 Lorenz-$x(t)$ 作为预测目标。仿真数据集的具体参数设置如表 3.1 所示。

表 3.1 仿真数据集参数设置

Lorenz 方程参数			高斯白噪声		延迟时间			嵌入维数			样本数	
a	b	c	平均值	方差	x	y	z	x	y	z	训练集	测试集
10	28	8/3	0	0.1	8	7	8	6	6	6	1860	620

为检验 DAS-KRLS 方法的优越性，将递归最小二乘（Recursive Least Squares，RLS）、松弛在线最大裕度算法（Relaxed Online Maximum Margin Algorithm，ROMMA）、核递归最小二乘（Kernel Recursive Least Squares，KRLS）、滑动窗口 KRLS（Sliding-Window Kernel Recursive Least Squares，SW-KRLS）、扩展 KRLS（Extended Kernel Recursive Least Squares，EX-KRLS）、固定预算 KRLS（Fixed-budget Kernel Recursive Least Squares，FB-KRLS）和 KRLS 跟踪（Kernel Recursive Least Squares Tracker，KRLS-T）方法作为对比方法[26]。此外，选取均方根误差（Root Mean Square Error，RMSE）、归一化均方根误差（Normalized Root Mean Square Error，NRMSE）、平均绝对百分比误差（Mean Absolute Percentage Error，MAPE）和对称平均绝对百分比误差（Symmetric Mean Absolute Percentage Error，SMAPE）作为预测精度的评价指标，选取测试时间作为预测效率的评价指标。

图 3.3 表示 DAS-KRLS 方法在含噪 Lorenz 时间序列上的 5 步在线预测曲线和误差曲线。由图 3.3 可知，预测值曲线与真实值曲线拟合效果较好，这表明所介绍的 DAS-KRLS 方法在含有高斯白噪声的 Lorenz 时间序列上可较好地对目标进行预测。说明 DAS-KRLS 方法在含噪时间序列的在线预测任务中具备较好的预测性能。

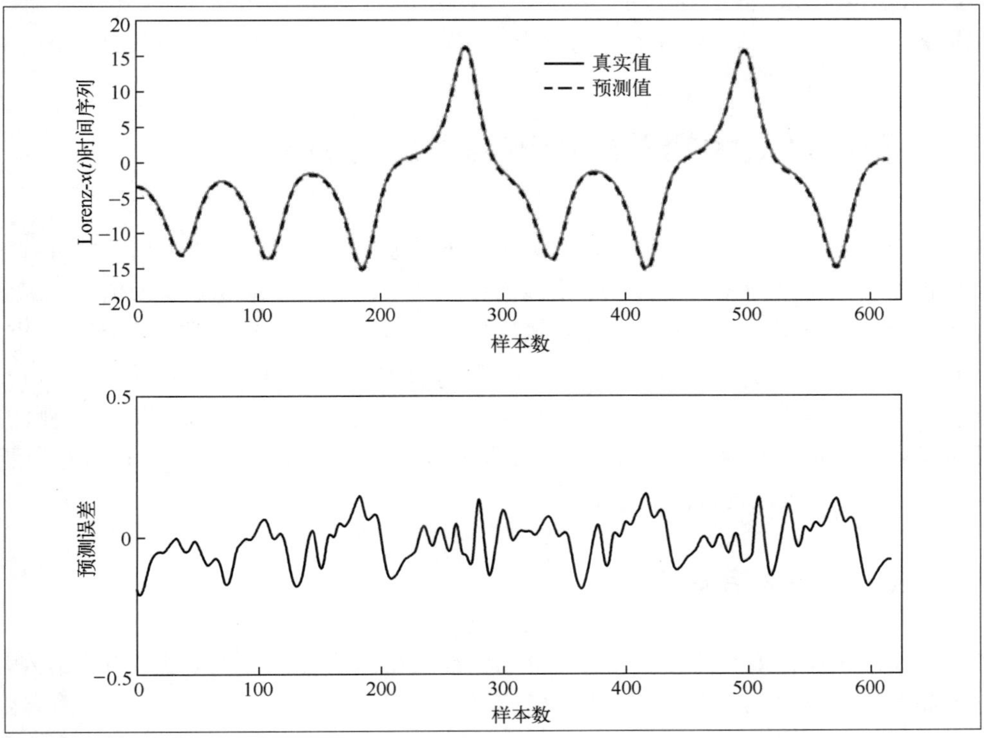

图 3.3　DAS-KRLS 方法的 5 步预测曲线和误差曲线

为进一步检验 DAS-KRLS 方法的预测性能，将其与其他 7 种方法的 5 步在线预测仿真结果进行对比，如表 3.2 所示。从表 3.2 可看出，DAS-KRLS 方法对比其他 7 种方法，具有最好的预测精度和效率。DAS-KRLS 方法测试时间最短，为 0.0124s，而 RLS、ROMMA、KRLS、SW-KRLS、EX-KRLS、FB-KRLS 和 KRLS-T 方法的测试时间约为 DAS-KRLS 方法的 1～3.9 倍。其中，EX-KRLS 方法和 FB-KRLS 方法的测试时间与 DAS-KRLS 方法相差不大，但二者的预测精度明显低于 DAS-KRLS 方法。DAS-KRLS 的预测误差最小，RMSE 为 0.2505，NRMSE 为 0.0170，MAPE 为 0.0137，SMAPE 为 0.0179。

表 3.2　不同方法的 5 步在线预测仿真结果

方法	测试时间/s	RMSE	NRMSE	MAPE	SMAPE
RLS	0.0484	0.4098	0.2140	0.4878	0.3628
ROMMA	0.0445	0.3369	0.1047	0.1339	0.1274
KRLS	0.0205	0.2684	0.0182	0.0168	0.0209
SW-KRLS	0.0159	0.8127	0.0550	0.2869	0.1583
EX-KRLS	0.0132	0.3123	0.0888	0.8445	0.2577
FB-KRLS	0.0130	0.9891	0.0670	0.8741	0.2571
KRLS-T	0.0239	0.9789	0.0663	0.8497	0.2554
DAS-KRLS	**0.0124**	**0.2505**	**0.0170**	**0.0137**	**0.0179**

综合所有结果可知，DAS-KRLS 方法相比其他七种方法，预测误差更低，预测效率更高。因此，DAS-KRLS 方法在含噪 Lorenz 时间序列上可表现出更好的预测性能，说明 DAS-KRLS 方法对噪声具有良好的抑制能力，适用于解决含噪时间序列的在线预测问题。

3.3 基于广义最大相关熵的核自适应滤波器

在上节介绍的动态自适应稀疏核递归最小二乘模型中，虽然最大相关熵准则可有效抑制噪声，但模型的网络结构仍会随着样本增多而更加复杂，导致计算成本越来越大。因此，为解决上述问题，本节将量化广义最大相关熵准则作为成本函数，结合核矩阵范数约束机制，介绍量化核递归广义最大相关熵（Quantized Kernel Recursive Generalized Maximum Correntropy，QKRGMC）方法。该方法不仅有效限制核矩阵阶数增长，提高在线预测的效率，还可通过增强对局部相似性的度量能力提高预测精度。在本节的最后，通过标杆数据集对 QKRGMC 算法的有效性进行仿真验证。

3.3.1 量化广义最大相关熵准则

为提高预测精度，需要选择更好的局部相似性度量函数。然而，通过高斯核函数计算得到的最大相关熵并不总是最佳选择，因为高斯核函数只有一个参数，可度量范围有限。因此，本节选用广义高斯密度（Generalized Gaussian Density，GGD）函数[29] 计算 a 和 b 两变量间的相关熵 $\kappa_{\alpha,\beta}$，具体如下：

$$\kappa_{\alpha,\beta}=\frac{\alpha}{2\beta\Gamma[1/\alpha]}\exp(-\beta^{-\alpha}|A-B|^{\alpha}) \tag{3.34}$$

式中，$\alpha>0$ 为形状参数；$\beta>0$ 是带宽参数；$\Gamma(\cdot)$ 表示伽马函数；$\frac{\alpha}{2\beta\Gamma[1/\alpha]}$是归一化常数。在某些特殊情况下，GGD 的广义特性能够得到很好的体现。当 $\alpha=2$ 时，该核函数变为高斯核函数；当 $\alpha=1$ 时，该核函数变为拉普拉斯核函数。通过 GGD 计算得到的相关熵称为广义最大相关熵准则（Generalized Maximum Correntropy Criterion，GMCC），可将其作为成本函数应用于核递归最小二乘（Kernel Recursive Least Squares，KRLS）模型。为方便运算，通常忽略归一化常数，通过 GMCC 方法得到样本序列 $\{a(i),b(i)\}_{i=1}^{N}$（N 为样本数）的相关熵估计值 $\hat{V}(A,B)$ 如下：

$$\hat{V}(A,B)=\frac{1}{N}\sum_{i=1}^{N}\exp(-\beta^{-\alpha}|a(i)-b(i)|^{\alpha}) \tag{3.35}$$

式中，$A=\{a(i)\}_{i=1}^{N}$；$B=\{b(i)\}_{i=1}^{N}$。将矢量量化方法运用到 GMCC 中，得到量化广义最大相关熵准则（Quantized Generalized Maximum Correntropy Criterion，QGMCC）。时间序列中的在线预测问题可通过最大化实际值 $y(i)$ 和预测值 $\hat{y}(i)$ 之间的相关熵 $\hat{V}$ 或最小化相关熵损失（$1-\hat{V}$）解决。在第 n 时刻，基于 QGMCC 的成本函数 $J(\cdot)$ 可表示为：

$$J_{\mathrm{QGMCC}}(n)=1-\min\sum_{i=1}^{n}\kappa_{\alpha,\beta}(y(i),\ \boldsymbol{w}^{\mathrm{T}}(n)\varphi(Q[\boldsymbol{x}(i)]))\tag{3.36}$$

式中，$\boldsymbol{x}(i)$ 是输入；$\boldsymbol{w}(n)$ 为权值；$\varphi(\cdot)$ 表示非线性映射，通常采用核函数映射；$Q[\cdot]$ 是矢量量化器，$Q[x(i)]$ 表示量化后的输入。与 MCC 相比，QGMCC 不仅能通过矢量量化方法限制核矩阵增长，还可通过 GGD 函数增强模型对时间序列样本局部相似性的度量能力。

3.3.2 量化核递归广义最大相关熵模型

在本小节中，将 QGMCC 作为成本函数，并运用到 KRLS 中，得到量化核递归广义最大相关熵（Quantized Kernel Recursive Generalized Maximum Correntropy，QKRGMC）算法。在第 n 时刻，基于核矩阵范数约束 $\|\boldsymbol{w}(n)\|_2^2$，得到成本函数 $J(\cdot)$ 如下：

$$\begin{aligned}J_{\mathrm{QKRGMC}}(n)&=J_{\mathrm{QGMCC}}(n)+\frac{\lambda_{\mathrm{R}}}{2}\|\boldsymbol{w}(n)\|_2^2\\&=1-\min\sum_{i=1}^{n-1}\kappa_{\alpha,\beta}(y(i),\ \boldsymbol{w}^{\mathrm{T}}(n)\varphi(Q[\boldsymbol{x}(i)]))+\frac{\lambda_{\mathrm{R}}}{2}\|\boldsymbol{w}(n)\|_2^2\end{aligned}\tag{3.37}$$

式中，$i=1,\ \cdots,\ n-1$；λ_{R} 是正则化参数；$\boldsymbol{w}(n)$ 是权值；$\boldsymbol{x}(i)$ 和 $y(i)$ 分别为样本输入和输出；$\varphi(\cdot)$ 是核映射。

根据第 2.2.2 节介绍的矢量量化原理，可定义 C 为码书，N_C 为码书中码字的数目，m 为字典索引，$\boldsymbol{d}(m)$ 为码字且来源于输入空间，$Q[\cdot]$ 为矢量量化器，将输入空间 X 划分为 N_C 个互斥区域 $\{S_m\}_{m=1}^{N_C}$（互斥区域数即为码字数），则有：$C=\{d(m)\}_{m=1}^{N_C}$，$Q[x(i)]=\boldsymbol{d}(m)$，$S_m=Q^{-1}[\boldsymbol{d}(m)]\subset X$。式（3.37）可重写为：

$$J(n)=1-\min\sum_{m\in\Psi}\left(\sum_{t=1}^{T_m}\kappa_{\alpha,\beta}(y(m,t),\boldsymbol{w}^{\mathrm{T}}(n)\varphi(\boldsymbol{d}(m)))\right)+\frac{\lambda_{\mathrm{R}}}{2}\|\boldsymbol{w}(n)\|_2^2\tag{3.38}$$

式中，Ψ 和 T_m 分别为第 m 个互斥区域 S_m 的位置标签和样本数量，且 $\Psi=\{m\mid T_m\neq 0,\ 1\leqslant m\leqslant N_C\}$；$y(m,\ t)$ 是属于 S_m 的第 t 个样本输出；T_m 满足 $\sum_{m=1}^{N_C}T_m=n-1$。

假设位置标签 Ψ 有 L 个值且满足 $L\leqslant N_C$，即 $\Psi=\{m_1,\ m_2,\ \cdots,\ m_L\}$。对式（3.38）中的 $\boldsymbol{w}(n)$ 求导数并将求导结果置零后得到：

$$\begin{aligned}\boldsymbol{w}(n)&=\bar{\boldsymbol{\Phi}}(n)[\boldsymbol{\Lambda}(n)\bar{\boldsymbol{\Phi}}^{\mathrm{T}}(n)\bar{\boldsymbol{\Phi}}(n)+\gamma'\boldsymbol{G}^{-1}(n)]^{-1}\bar{\boldsymbol{y}}(n)\\&=\bar{\boldsymbol{\Phi}}(n)\boldsymbol{P}(n)\bar{\boldsymbol{y}}(n)\\&=\bar{\boldsymbol{\Phi}}(n)\bar{\boldsymbol{\theta}}(n)\end{aligned}\tag{3.39}$$

式中，$\bar{\boldsymbol{\Phi}}(n)=[\varphi(\boldsymbol{d}(m_1))\quad\varphi(\boldsymbol{d}(m_2))\quad\cdots\quad\varphi(\boldsymbol{d}(m_L))]$；$\boldsymbol{\Lambda}(n)=\mathrm{diag}[T_{m_1},\ T_{m_2},\ \cdots,\ T_{m_L}]$；$\boldsymbol{G}(n)=\mathrm{diag}[g(m_1),\ g(m_2),\ \cdots,\ g(m_L)]$，$g(m)=\exp(-\beta^{-\alpha}|e(m)|^{\alpha})|e(m)|^{\alpha-2}$；$\gamma'=\frac{\lambda_{\mathrm{R}}}{\alpha}\beta^{\alpha}$；$\bar{\boldsymbol{y}}(n)=\left[\sum_{t=1}^{T_{m_1}}y(m_1,t)\quad\sum_{t=1}^{T_{m_2}}y(m_2,t)\quad\cdots\quad\sum_{t=1}^{T_{m_L}}y(m_L,t)\right]^{\mathrm{T}}$；$e(m)=y(m)-\boldsymbol{w}^{\mathrm{T}}(n)\varphi(\boldsymbol{d}(m))$。

为证明 $\boldsymbol{P}(n)=[\boldsymbol{\Lambda}(n)\overline{\boldsymbol{\Phi}}^{\mathrm{T}}(n)\overline{\boldsymbol{\Phi}}(n)+\gamma' G^{-1}(n)]^{-1}$ 是可逆的，可进行以下分析。首先，矩阵 $\boldsymbol{P}(n)$ 中 $\boldsymbol{\Lambda}(n)=\mathrm{diag}[T_{m_1}, T_{m_2}, \cdots, T_{m_L}]$ 和 $\boldsymbol{G}(n)=\mathrm{diag}[g(m_1), g(m_2), \cdots, g(m_L)]$ 分别为两个对角矩阵，其对角元素分别为 T_m 和 $g(m)$。因为 T_m 是属于 S_m 的输入样本的个数，$g(m)=\exp(-\beta^{-\alpha}|e(m)|^{\alpha})|e(m)|^{\alpha-2}$，所以 $T_m \geqslant 0$，$g(m)>0$。然后，从特征值的角度证明 $\boldsymbol{P}(n)$ 的可逆性，$\overline{\boldsymbol{\Phi}}^{\mathrm{T}}(n)\overline{\boldsymbol{\Phi}}(n)$ 是对称的正定矩阵，其特征值大于 0；$\boldsymbol{\Lambda}(n)$ 是具有非负对角元素的对角矩阵，$\boldsymbol{G}(n)$ 也是对角元素大于 0 的对角矩阵。因此，$\boldsymbol{P}(n)$ 的特征值都大于 0。以上讨论证明 $\boldsymbol{P}(n)$ 是可逆的。

因为 $\boldsymbol{w}(n)$ 是与时间相关的，所以由式（3.39）可得到：

$$\begin{aligned}\boldsymbol{w}(n-1)&=\overline{\boldsymbol{\Phi}}(n-1)[\boldsymbol{\Lambda}(n-1)\overline{\boldsymbol{\Phi}}^{\mathrm{T}}(n-1)\overline{\boldsymbol{\Phi}}(n-1)+\gamma'\boldsymbol{G}^{-1}(n-1)]^{-1}\bar{\boldsymbol{y}}(n-1)\\&=\overline{\boldsymbol{\Phi}}(n-1)\boldsymbol{P}(n-1)\bar{\boldsymbol{y}}(n-1)\\&=\overline{\boldsymbol{\Phi}}(n-1)\bar{\boldsymbol{\theta}}(n-1)\end{aligned}\tag{3.40}$$

当新样本 $\{\boldsymbol{x}(n), y(n)\}$ 可用时，使用递归的方式更新式（3.40），定义量化阈值为 ε，第 n 时刻的码书为 $C(n)$，并根据矢量量化方法分为以下两种情况。

情况 A：$\mathrm{dis}(\boldsymbol{x}(n), C(n-1))\geqslant\varepsilon$。

在这种情况下，将添加输入到码书中，即 $C(n)=C(n-1)\cup\boldsymbol{x}(n)$。并且很容易得到以下更新式：

$$\begin{gathered}\overline{\boldsymbol{\Phi}}(n)=[\overline{\boldsymbol{\Phi}}(n-1), \varphi(x(n))]\\\boldsymbol{\Lambda}(n)=\mathrm{diag}[\boldsymbol{\Lambda}(n-1), 1]\\\bar{\boldsymbol{y}}(n)=[\bar{\boldsymbol{y}}^{\mathrm{T}}(n-1) \quad y(x(n))]^{\mathrm{T}}\\\boldsymbol{G}(n)=\mathrm{diag}[\boldsymbol{G}(n-1), g(n)]\end{gathered}$$

根据式（3.40），定义 $\boldsymbol{P}(n)=[\boldsymbol{\Lambda}(n)\overline{\boldsymbol{\Phi}}^{\mathrm{T}}(n)\overline{\boldsymbol{\Phi}}(n)+\gamma'\boldsymbol{G}^{-1}(n)]^{-1}$ 并代入上述更新式中。$\boldsymbol{P}(n)$ 可用下式表示：

$$\boldsymbol{P}(n)=\begin{bmatrix}\boldsymbol{P}^{-1}(n-1) & \boldsymbol{\Lambda}(n-1)\boldsymbol{h}(n)\\\boldsymbol{h}^{\mathrm{T}}(n) & \gamma' g(n)+\varphi^{\mathrm{T}}(\boldsymbol{x}(n))\varphi(\boldsymbol{x}(n))\end{bmatrix}^{-1}\tag{3.41}$$

式中，$\boldsymbol{h}(n)=\overline{\boldsymbol{\Phi}}^{\mathrm{T}}(n-1)\varphi(\boldsymbol{x}(n))$。为避免计算矩阵的逆，可通过使用分块矩阵求逆的方法进行推导：

$$\boldsymbol{P}(n)=r^{-1}(n)\begin{bmatrix}\boldsymbol{P}(n-1)r(n)+\boldsymbol{a}_{\boldsymbol{\Lambda}}(n)\boldsymbol{a}^{\mathrm{T}}(n) & -\boldsymbol{a}_{\boldsymbol{\Lambda}}(n)\\-\boldsymbol{a}^{\mathrm{T}}(n) & 1\end{bmatrix}\tag{3.42}$$

式中，$r(n)=\gamma' g(n)+\varphi^{\mathrm{T}}(\boldsymbol{x}(n))\varphi(\boldsymbol{x}(n))-\boldsymbol{h}^{\mathrm{T}}(n)\boldsymbol{a}_{\boldsymbol{\Lambda}}(n)$；$\boldsymbol{a}_{\boldsymbol{\Lambda}}(n)=\boldsymbol{P}(n-1)\boldsymbol{\Lambda}(n-1)\boldsymbol{h}(n)$；$\boldsymbol{a}(n)=\boldsymbol{P}^{\mathrm{T}}(n-1)\boldsymbol{h}(n)$。最终，式（3.40）中的 $\bar{\boldsymbol{\theta}}(n-1)$ 可根据下式进行更新：

$$\begin{aligned}\bar{\boldsymbol{\theta}}(n)&=\boldsymbol{P}(n)\bar{y}(n)\\&=r^{-1}(n)\begin{bmatrix}\boldsymbol{P}(n-1)r(n)+\boldsymbol{a}_{\boldsymbol{\Lambda}}(n)\boldsymbol{a}^{\mathrm{T}}(n) & -\boldsymbol{a}_{\boldsymbol{\Lambda}}(n)\\-\boldsymbol{a}^{\mathrm{T}}(n) & 1\end{bmatrix}\begin{bmatrix}\bar{\boldsymbol{y}}(n-1)\\y(n)\end{bmatrix}\\&=\begin{bmatrix}\bar{\boldsymbol{\theta}}(n-1)-\boldsymbol{a}_{\boldsymbol{\Lambda}}(n)r^{-1}(n)e(n)\\r^{-1}(n)e(n)\end{bmatrix}\end{aligned}\tag{3.43}$$

式中，$e(n)=y(n)-\boldsymbol{h}^{\mathrm{T}}(n)\bar{\boldsymbol{\theta}}(n-1)$。

情况 B：$\mathrm{dis}(\boldsymbol{x}(n), C(n-1))<\varepsilon$。

在这种情况下，输入不会添加到码书中，即 $C(n)=C(n-1)$，但量化为码书中的第 j^* 个元素，而 $\bar{\boldsymbol{\Phi}}(n)=\bar{\boldsymbol{\Phi}}(n-1)$。此外，有以下更新式：

$$\begin{aligned}
&\boldsymbol{\Lambda}(n)=\boldsymbol{\Lambda}(n-1)+\boldsymbol{\xi}_{j^*}\boldsymbol{\xi}_{j^*}^{\mathrm{T}}\\
&\bar{\boldsymbol{y}}(n)=\bar{\boldsymbol{y}}(n-1)+\bar{\boldsymbol{y}}(n)\boldsymbol{\xi}_{j^*}\\
&\boldsymbol{G}(n)=\boldsymbol{G}(n-1)+\boldsymbol{\xi}_{j^*}\boldsymbol{\xi}_{j^*}^{\mathrm{T}}\boldsymbol{G}(n-1)
\end{aligned}\tag{3.44}$$

式中，$\boldsymbol{\xi}_{j^*}$ 是一个 L 维列向量，除第 j^* 个元素为 1 之外，其余元素全为 0。设置 $\boldsymbol{G}(n)=\boldsymbol{G}(n-1)$ 以简化计算。因此，式（3.41）中的 $\boldsymbol{P}(n)$ 可表示为 $\boldsymbol{P}(n)=[\boldsymbol{P}^{-1}(n-1)+\boldsymbol{\xi}_{j^*}\boldsymbol{\xi}_{j^*}^{\mathrm{T}}\bar{\boldsymbol{\Phi}}^{\mathrm{T}}(n-1)\bar{\boldsymbol{\Phi}}(n-1)]^{-1}$。另通过使用矩阵求逆引理[8]，可得：

$$\boldsymbol{P}(n)=\boldsymbol{P}(n-1)-\frac{\boldsymbol{P}_{j^*}(n-1)[(\bar{\boldsymbol{\Phi}}^{\mathrm{T}}(n-1)\bar{\boldsymbol{\Phi}}(n-1))_{j^*}^{\mathrm{T}}\boldsymbol{P}(n-1)]}{1+(\bar{\boldsymbol{\Phi}}^{\mathrm{T}}(n-1)\bar{\boldsymbol{\Phi}}(n-1))_{j^*}^{\mathrm{T}}\boldsymbol{P}_{j^*}(n-1)}\tag{3.45}$$

式中，$(\cdot)_{j^*}$ 代表对应矩阵的第 j^* 列。式（3.40）中的 $\bar{\theta}(n-1)$ 的更新将按照下式迭代：

$$\bar{\boldsymbol{\theta}}(n)=\boldsymbol{P}(n)\bar{\boldsymbol{y}}(n)=\bar{\boldsymbol{\theta}}(n-1)+\frac{\boldsymbol{P}_{j^*}(n-1)[y(n)-(\bar{\boldsymbol{\Phi}}^{\mathrm{T}}(n-1)\bar{\boldsymbol{\Phi}}(n-1))_{j^*}^{\mathrm{T}}\bar{\boldsymbol{\theta}}(n-1)]}{1+(\bar{\boldsymbol{\Phi}}^{\mathrm{T}}(n-1)\bar{\boldsymbol{\Phi}}(n-1))_{j^*}^{\mathrm{T}}\boldsymbol{P}_{j^*}(n-1)}\tag{3.46}$$

综上，QKRGMC 算法的步骤如下。

步骤 1：初始化量化阈值 ε，正则化参数 λ_{R}，形状参数 $\alpha>0$，带宽参数 $\beta>0$，初始化码书 $C(1)=\{\boldsymbol{x}(n)\}$，初始化 $\boldsymbol{G}(1)=[g(1)]$，$\boldsymbol{\Lambda}(1)=[1]$，$\bar{\boldsymbol{\theta}}(1)=\boldsymbol{P}(1)\bar{\boldsymbol{y}}(1)$，$\boldsymbol{P}(1)=(\gamma' g(1)+\boldsymbol{\varphi}^{\mathrm{T}}(\boldsymbol{x}(1))\boldsymbol{\varphi}(\boldsymbol{x}(1)))^{-1}$，$g(1)=\exp(-\beta^{-\alpha}|e(1)|^{\alpha})|e(1)|^{\alpha-2}$。

步骤 2：输入样本，加载 $\{(\boldsymbol{x}(n), y(n)), n=1, \cdots, N\}$，$N$ 为样本数。

步骤 3：判断矢量量化与阈值的关系，具体情况分为以下两种。

① 如果 $\mathrm{dis}(\boldsymbol{x}(n), C(n-1))\geqslant\varepsilon$，添加输入到码书，$C(n)=C(n-1)\cup\boldsymbol{x}(n)$，并有如下更新式：

$$\begin{gathered}
\boldsymbol{\Lambda}(n)=\mathrm{diag}[\boldsymbol{\Lambda}(n-1), 1]\\
\boldsymbol{h}(n)=\bar{\boldsymbol{\Phi}}^{\mathrm{T}}(n-1)\varphi(\boldsymbol{x}(n))\\
\boldsymbol{a}(n)=\boldsymbol{P}^{\mathrm{T}}(n-1)\boldsymbol{h}(n)\\
\boldsymbol{a}_{\boldsymbol{\Lambda}}(n)=\boldsymbol{P}(n-1)\boldsymbol{\Lambda}(n-1)\boldsymbol{h}(n)\\
r(n)=\gamma' g(n)+\varphi^{\mathrm{T}}(\boldsymbol{x}(n))\varphi(\boldsymbol{x}(n))-\boldsymbol{h}^{\mathrm{T}}(n)\boldsymbol{a}_{\boldsymbol{\Lambda}}(n)\\
g(n)=\exp(-\beta^{-\alpha}|e(n)|^{\alpha})|e(n)|^{\alpha-2}
\end{gathered}$$

之后，分别利用式（3.42）和式（3.43）更新 $\boldsymbol{P}(n)$ 和 $\bar{\boldsymbol{\theta}}(n)$。

② 如果 $\mathrm{dis}(\boldsymbol{x}(n), C(n-1))<\varepsilon$，输入不会添加到码书中，不更新码书，$C(n)=C(n-1)$，并有如下更新式：

$$\boldsymbol{\Lambda}(n)=\boldsymbol{\Lambda}(n-1)+\boldsymbol{\xi}_{j^*}\boldsymbol{\xi}_{j^*}^{\mathrm{T}}$$

之后，分别利用式（3.45）和式（3.46）更新 $\boldsymbol{P}(n)$ 和 $\bar{\boldsymbol{\theta}}(n)$。

步骤 4：计算输出，模型输出为 $\hat{y}(n)=\boldsymbol{h}^{\mathrm{T}}(n)\bar{\boldsymbol{\theta}}(n-1)$。

3.3.3 计算复杂度分析

本节对每次迭代过程中 KRLS、核递归最大相关熵（Kernel Recursive Maximum Correntropy，KRMC）、QKRGMC 这三种模型的计算复杂度进行分析，并总结为表 3.3[29]。KRLS 模型和 KRMC 模型这两个对比模型中都没有采用稀疏化方法，而 QKRGMC 模型采用矢量量化方法控制输入模型的样本数量，限制核矩阵的结构增长。假设 N 为进入模型的样本总数，B 为模型经过矢量量化方法后得到的样本字典成员数，在训练 KRLS 模型和 KRMC 模型时，更新正则化自相关逆矩阵的计算复杂度均为 $O(N^2)$。在训练 KRMC 模型时，更新权值的计算复杂度为 $O(N)$。在训练 QKRGMC 模型时，更新正则化自相关逆矩阵的计算复杂度为 $O(B^2)$，更新第 3.3.2 节式（3.43）中权值的计算复杂度是 $O(B)$。值得注意的是，QKRGMC 模型虽然通过矢量量化方法以降低计算复杂度，但是矢量量化方法本身具有一定的计算复杂度 $O(B)$。基于上述分析，当样本字典中的成员数量 B 满足条件 $B<N$ 时，QKRGMC 模型的计算复杂度低于 KRLS 模型和 KRMC 模型。

表 3.3　不同模型计算复杂度对比

模型	计算复杂度		
	矢量量化	更新正则化自相关逆矩阵	更新权值
KRLS	—	$O(N^2)$	—
KRMC	—	$O(N^2)$	$O(N)$
QKRGMC	$O(B)$	$O(B^2)$	$O(B)$

3.3.4 仿真实验[29]

在本节中，采用 Lorenz 时间序列进行仿真实验，以此检验 QKRGMC 算法的预测性能。通过 Lorenz 方程生成 Lorenz 时间序列后，对其进行相空间重构。选择 Lorenz-$x(t)$ 作为预测目标，并划分训练集和测试集，进行在线预测的仿真实验。仿真数据集具体参数设置见表 3.4。

表 3.4　仿真数据集参数设置

Lorenz 方程参数			延迟时间			嵌入维数			样本数	
a	b	c	x	y	z	x	y	z	训练集	测试集
10	28	8/3	8	7	8	6	6	6	2000	500

为证明所提模型的有效性，选择 KRMC 和核递归广义最大相关熵（Kernel Recursive Generalized Maximum Correntropy，KRGMC）作为对比方法[29]。此外，选择均方根误差（Root Mean Square Error，RMSE）和对称平均绝对百分比误差（Symmetric Mean Absolute Percentage Error，SMAPE）作为预测精度的评价指标，选择训练和测试时间作为预测效率的评价指标。

图 3.4 为 QKRGMC 算法在 Lorenz 时间序列上的 10 步预测结果。从图 3.4 中可看出，预测曲线能很好地拟合真实 Lorenz 时间序列，并且预测误差控制在［−0.1，0.1］范围内。

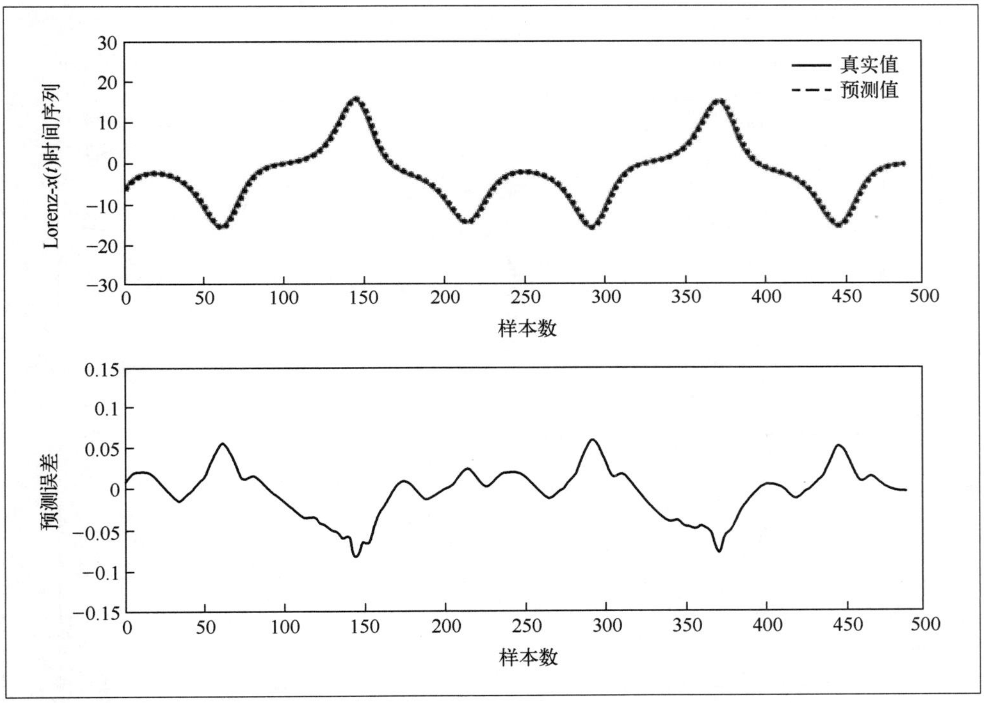

图 3.4　QKRGMC 算法在 Lorenz 时间序列的 10 步预测结果

为进一步检验 QKRGMC 算法的预测性能，将 QKRGMC 算法与其他两种方法的仿真结果进行对比。表 3.5 为不同方法在 Lorenz 时间序列上进行 10 步在线预测的仿真结果。观察表 3.5 可发现，QKRGMC 算法的训练时间、测试时间、RMSE 和 SMAPE 分别为 1.2455s、0.0160s、0.0293 和 0.0072，均是三种算法中的最小值。QKRGMC 的出色预测性能反映出 QGMCC 能较好地应用于 KRLS 算法，QKRGMC 利用 GGD 函数计算相关熵准则，可更准确地度量预测值与实际值之间的相似性。并且，QGMCC 通过矢量量化方法冗余样本，从而抑制核矩阵的线性增长，减少训练和测试时间，以达到显著提高算法预测效率的目的。

表 3.5　不同方法的 10 步在线预测性能对比

方法	训练时间/s	测试时间/s	RMSE	SMAPE
KRMC	79.5970	0.0573	0.0642	0.0189
KRGMC	77.9690	0.0570	0.0397	0.0177
QKRGMC	**1.2455**	**0.0160**	**0.0293**	**0.0072**

对 Lorenz 时间序列进行 30 步在线预测，以分析 QKRGMC 算法的长期预测能力。图 3.5 为 QKRGMC 算法在 Lorenz 时间序列上的 30 步预测结果。从图 3.5 中发现，虽然预测误差与 10 步预测相比稍有增加，但是预测曲线仍可跟踪 Lorenz 时间序列的动态变化。

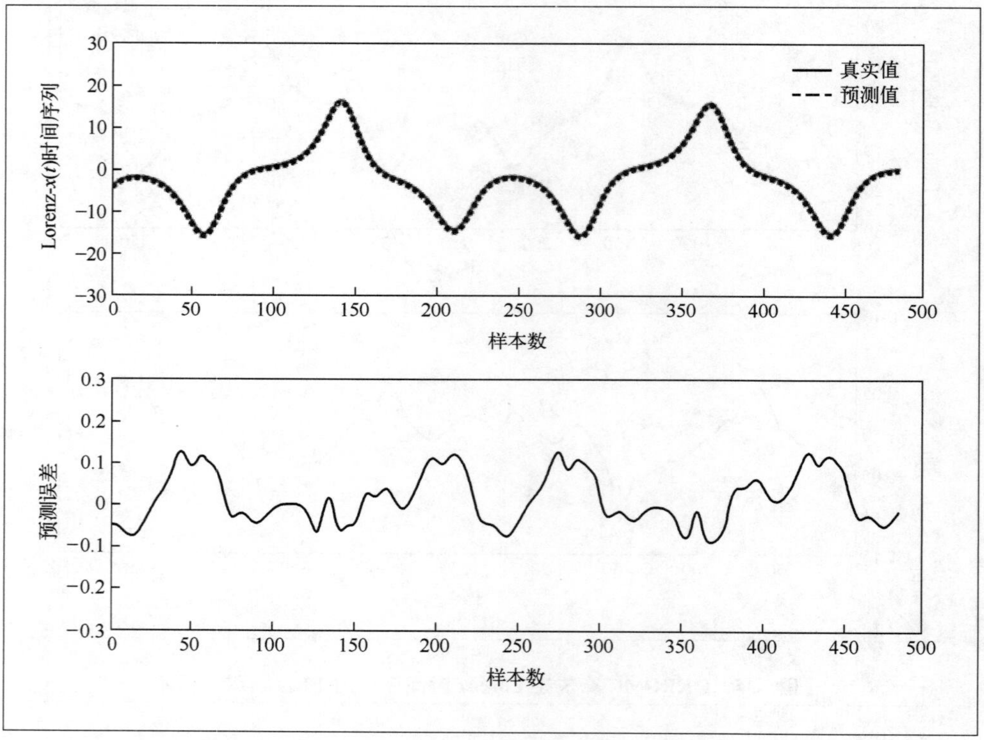

图 3.5　QKRGMC 算法在 Lorenz 时间序列上的 30 步预测结果

表 3.6 为不同方法在 Lorenz 时间序列上进行 30 步在线预测的仿真结果。在对比表 3.6 中不同方法的 30 步预测结果后发现，QKRGMC 算法可获得最小的 RMSE（即 0.0351）和预测时间（即 1.0073s 和 0.0130s）。尽管 QKRGMC 的 SMAPE 为 0.0176，并没有获得最好的结果，但仍小于 KRGMC 的 SMAPE，并且在可接受的范围内。KRGMC 的量化版本 QGMCC 算法进行 30 步在线预测时比其自身具有更好的 SMAPE。这意味着矢量量化能够成功地整合到 GMCC 中，并在 QGMCC 中发挥量化方法的优势。综上所述，QGMCC 算法

在 Lorenz 时间序列的长期预测任务中也可表现出良好的性能。

表 3.6　不同方法的 30 步在线预测性能对比

方法	训练时间/s	测试时间/s	RMSE	SMAPE
KRMC	73.4649	74.1046	0.0967	0.0104
KRGMC	74.1046	0.0551	0.0566	0.0227
QKRGMC	**1.0073**	**0.0130**	**0.0351**	**0.0176**

3.4　基于广义半二次熵的核自适应滤波器

上节介绍的量化核递归广义最大相关熵模型虽然通过广义最大相关熵增强对局部相似性的度量能力，从而提高预测精度。但广义相关熵准则因为非凸性和梯度下降优化方法的使用，导致模型存在收敛速度慢、稳态性能差等问题。因此，为解决上述问题，本节将广义半二次熵准则作为成本函数，结合共轭梯度方法和矢量投影，介绍一种核广义半二次熵共轭梯度（Kernel Generalized Half-Quadratic Correntropy Conjugate Gradient，KGHCG）模型。该模型对非高斯噪声能表现出较强的鲁棒性，还具有良好的收敛性能和较低的计算复杂度，能有效提高预测效率。在本节最后通过仿真实验对该模型的有效性进行验证。

3.4.1　广义半二次熵准则

广义相关熵（Generalized Correntropy Criterion，GCC）作为两个随机变量 A 和 B 之间广义相似性的度量，其熵值 $V(\cdot,\ \cdot)$ 可定义为：

$$V(A,\ B)=E[\kappa(A,\ B)]=\iint_{a,b}\kappa(A,\ B)f_{A,B}(a,\ b)\mathrm{d}a\,\mathrm{d}b \tag{3.47}$$

式中，$\kappa(\cdot,\ \cdot)$ 为核函数；$E[\cdot]$ 表示数学期望；A 表示样本 a 的集合，即 $A=\{a(n)\}_{n=1}^{N}$；B 表示样本 b 的集合，即 $B=\{b(n)\}_{n=1}^{N}$，n 为当前时刻，N 为样本数；$f_{A,B}(a,\ b)$ 为 A 和 B 的联合概率密度函数。在实际应用中，$f_{A,B}(a,\ b)$ 可利用观测样本对相关熵的数学期望进行经验估计得到 $\hat{V}(A,\ B)$，具体如下：

$$\hat{V}(A,\ B)=\frac{1}{N}\sum_{n=1}^{N}\kappa(a(n),\ b(n)) \tag{3.48}$$

值得注意的是，式（3.48）中的核函数采用泛化能力更强的广义高斯密度函数代替常用的高斯核函数，其表现形式为：

$$\kappa(a,\ b)=\frac{\alpha}{2\beta\Gamma[1/\alpha]}\exp(-\beta^{-\alpha}|a-b|^{\alpha})=\gamma_{\alpha,\beta}\exp(-\lambda|a-b|^{\alpha}) \tag{3.49}$$

式中，$\gamma_{\alpha,\beta}=\dfrac{\alpha}{2\beta\Gamma[1/\alpha]}$为归一化常数；$\lambda=\beta^{-\alpha}$；$\alpha>0$ 表示形状参数；$\beta>0$ 是带宽参

数；$\Gamma[\cdot]$ 为伽马函数。类似应用于核自适应滤波器（Kernel Adaptive Filter，KAF）的最大相关熵准则，滤波器的最优权值通常采用最小化广义相关熵损失（Generalized Correntropy Loss，GCL）函数ℓ_{GCL} 求解，具体表示为：

$$
\begin{aligned}
\ell_{GCL} &= \boldsymbol{\kappa}_{\alpha,\beta}(0) - E[\boldsymbol{\kappa}_{\alpha,\beta}(e)] \\
&= \gamma_{\alpha,\beta} - \frac{1}{N}\sum_{n=1}^{N}\boldsymbol{\kappa}_{\alpha,\beta}(e(n)) \\
&= \gamma_{\alpha,\beta}\left[1 - \frac{1}{N}\sum_{n=1}^{N}\exp(-\lambda|e(n)|^{\alpha})\right]
\end{aligned} \tag{3.50}
$$

式中，$e(n)=a(n)-b(n)$。通过计算ℓ_{GCL} 的 Hessian 矩阵 $\boldsymbol{H}_{GCL}(e)$ 研究 GCL 函数的性质，Hessian 矩阵 $\boldsymbol{H}_{GCL}(e)$ 结果为：

$$
\boldsymbol{H}_{GCL}(e) = -\frac{\alpha\lambda\gamma_{\alpha,\beta}}{N}\mathrm{diag}[\Delta_1(\alpha\lambda|e(1)|^{\alpha}-(\alpha-1)),\cdots,\Delta_N(\alpha\lambda|e(N)|^{\alpha}-(\alpha-1))] \tag{3.51}
$$

式中，$\Delta_n=|e(n)|^{\alpha-2}\exp(-\lambda|e(n)|^{\alpha})$，$n=1$，…，$N$。根据式（3.51），推导出以下两个性质：

① 当 $0<\alpha\leqslant 1$，满足 $e(n)\neq 0$ 时，$\boldsymbol{H}_{GCL}(e)\leqslant 0$；

② 当 $\alpha>1$，满足 $|e(n)|\leqslant[\frac{(\alpha-1)}{\alpha\lambda}]^{\frac{1}{\alpha}}$ 时，$\boldsymbol{H}_{GCL}(e)\geqslant 0$。

根据上述性质得出：当且仅当 $\alpha>1$ 和 $|e(n)|\leqslant[(\alpha-1)/\alpha\lambda]^{1/\alpha}$ 时，$\boldsymbol{H}_{GCL}(e)\geqslant 0$ 成立，即 GCL 函数具有严格凸性；当上述条件不满足时，在优化 GCL 函数时难以保证能够求得最优解，即此时的 GCL 函数不能直接处理凸优化任务。但是，通过利用半二次（Half-Quadratic，HQ）优化框架[90] 可确保目标函数的严格凸性，为后续参数优化提供可靠计算。因此，结合 HQ 方法和 GCC 准则，建立广义半二次熵（Generalized HQ Correntropy，GHC）准则，可将非凸问题转换成凸优化问题再进行求解。

根据共轭函数理论，GCC 准则中指数函数 $f(x)=\exp(-x)$ 的共轭凸函数可表示为：

$$
\tilde{f}(v)=v-v\ln(-v)\,(v<0)
$$

对于 GCC 准则的凸函数，提出以下命题并加以证明。

【命题 1】 [90]：GCC 准则中指数函数是凸函数 $\tilde{f}(v)=-v\ln(-v)+v\,(v<0)$ 的共轭函数，可得到：

$$
\exp(-\lambda|e(n)|^{\alpha})=\sup_{v<0}\{v\lambda|e(n)|^{\alpha}-\tilde{f}(v)\} \tag{3.52}
$$

式中，上界值在 $v=-\exp(-\lambda|e(n)|^{\alpha})$处获得。

证明：根据共轭函数理论，函数 $\tilde{f}(v)$ 的共轭函数 $\tilde{f}^{*}(u)$ 能表示为：

$$
\tilde{f}^{*}(u)=\sup_{v<0}\{uv-\tilde{f}(v)\}=\sup_{v<0}\{uv-v+v\ln(-v)\} \tag{3.53}
$$

令 $h(v)=uv-v+v\ln(-v)$，计算得出当 $v=-\exp(-u)$ 时 $h(v)$ 获得最大值，即：

$h_{\max}(v)=\exp(-u)$。因此，式（3.53）可重写为以下形式：

$$\tilde{f}^*(u)=\sup_{v<0}\{uv-v+v\ln(-v)\}=\exp(-u) \tag{3.54}$$

设定 $u=\lambda|e(n)|^\alpha$，将其代入式（3.54）后得到：

$$\tilde{f}^*(\lambda|e(n)|^\alpha)=\sup_{v<0}\{v\lambda|e(n)|^\alpha-v+v\ln(-v)\}=\exp(-\lambda|e(n)|^\alpha) \tag{3.55}$$

上式中，当 $v=-\exp(-\lambda|e(n)|^\alpha)$ 时得到上界值，最大值为 $\exp(-\lambda|e(n)|^\alpha)$，命题 1 得证。

基于上述分析，式（3.50）所示的 GCL 函数，可转化为以下目标函数：

$$\max_{v<0}\sum_{n=1}^{N}(v(n)\lambda|e(n)|^\alpha-\tilde{f}(v(n))) \tag{3.56}$$

对于给定的 $v(n)$，优化式（3.56）等价于计算以下加权最小二乘问题，即最小化 GHC 目标函数，可表示为：

$$\min_{v<0}\sum_{n=1}^{N}(-v(n)\lambda|e(n)|^{\alpha-2}e(n)^2) \tag{3.57}$$

式中，$v(n)=-\exp(-\lambda|e(n)|^\alpha)$。

接下来，计算式（3.57）所示目标函数的 Hessian 矩阵 $H_{\mathrm{GHC}}(e)$，得出：

$$\boldsymbol{H}_{\mathrm{GHC}}(e)=\mathrm{diag}[-2\lambda v(1)|e(1)|^{\alpha-2},-2\lambda v(2)|e(2)|^{\alpha-2},\cdots,-2\lambda v(N)|e(n)|^{\alpha-2}] \tag{3.58}$$

由于 $v(n)<0$，式（3.58）表示的 Hessian 矩阵可确保 GHC 准则是严格凸函数。与 GCC 准则相比，式（3.57）所示的 GHC 目标函数能解决准则的非凸性，将非凸问题转换成凸优化问题，保证参数能得到最优解。确定目标函数后，利用共轭梯度（Conjugate Gradient，CG）方法对其进行优化和求解计算。上述目标函数的求解方法叫作 GHC-CG 算法，将其运用到时间序列进行在线预测，具体步骤如下：

① 当在线接收数据样本 $\{(\boldsymbol{x}(n),y(n)),n=1,\cdots,N\}$（$N$ 为样本数）时，首先，将式（3.57）所示的目标函数进行二次型函数形式转化后得到：

$$\min_{w}\frac{1}{2}\|\sqrt{\boldsymbol{V}}(\boldsymbol{Y}^{\mathrm{T}}-\boldsymbol{X}^{\mathrm{T}}\boldsymbol{w})\|_2^2\Rightarrow\min_{w}\frac{1}{2}\boldsymbol{w}^{\mathrm{T}}\boldsymbol{XVX}^{\mathrm{T}}\boldsymbol{w}-\boldsymbol{YVX}^{\mathrm{T}}\boldsymbol{w} \tag{3.59}$$

式中，$\boldsymbol{Y}=[y(1)\quad y(2)\quad\cdots\quad y(N)]$ 为样本输出；$\boldsymbol{X}=[x(1)\quad x(2)\quad\cdots\quad x(N)]$ 为样本输入；$\boldsymbol{w}$ 为权值；$\boldsymbol{V}$ 为中间变量，表示为：

$$\boldsymbol{V}=\mathrm{diag}[-2v(1)\lambda|e(1)|^{\alpha-2},\cdots,-2v(N)\lambda|e(n)|^{\alpha-2}] \tag{3.60}$$

② 利用 CG 方法对式（3.59）中转化后的目标函数进行优化。初始参数分别设置为：$\boldsymbol{w}(0)=\boldsymbol{0}$，$\boldsymbol{r}_{\mathrm{cg}}(0)=\boldsymbol{V}(\boldsymbol{Y}^{\mathrm{T}}-\boldsymbol{X}^{\mathrm{T}}\boldsymbol{w}(0))$，$\boldsymbol{s}_{\mathrm{cg}}(0)=\boldsymbol{X}\boldsymbol{r}_{\mathrm{cg}}(0)$ 和 $\boldsymbol{p}_{\mathrm{cg}}(1)=\boldsymbol{s}_{\mathrm{cg}}(0)$，具体迭代优化过程如下：

$$\begin{cases}\boldsymbol{v}_{\mathrm{cg}}(n)=\boldsymbol{V}\boldsymbol{X}^{\mathrm{T}}\boldsymbol{p}_{\mathrm{cg}}(n)\\ \alpha_{\mathrm{cg}}(n)=\langle\boldsymbol{s}_{\mathrm{cg}}(n-1),\boldsymbol{s}_{\mathrm{cg}}(n-1)\rangle/\langle\boldsymbol{X}^{\mathrm{T}}\boldsymbol{p}_{\mathrm{cg}}(n),\boldsymbol{v}_{\mathrm{cg}}(n)\rangle\\ \boldsymbol{w}(n)=\boldsymbol{w}(n-1)+\alpha_{\mathrm{cg}}(n)\boldsymbol{p}_{\mathrm{cg}}(n)\\ \boldsymbol{r}_{\mathrm{cg}}(n)=\boldsymbol{r}_{\mathrm{cg}}(n-1)-\alpha_{\mathrm{cg}}(n)\boldsymbol{v}_{\mathrm{cg}}(n)\\ \boldsymbol{s}_{\mathrm{cg}}(n)=\boldsymbol{X}\boldsymbol{r}_{\mathrm{cg}}(n)\\ \beta_{\mathrm{cg}}(n+1)=\langle\boldsymbol{s}_{\mathrm{cg}}(n),\boldsymbol{s}_{\mathrm{cg}}(n)\rangle/\langle\boldsymbol{s}_{\mathrm{cg}}(n-1),\boldsymbol{s}_{\mathrm{cg}}(n-1)\rangle\\ \boldsymbol{p}_{\mathrm{cg}}(n+1)=\boldsymbol{s}_{\mathrm{cg}}(n)+\beta_{\mathrm{cg}}(n+1)\boldsymbol{p}_{\mathrm{cg}}(n)\end{cases} \tag{3.61}$$

式中，n 为当前时刻；$\boldsymbol{v}_{\mathrm{cg}}(n)$ 表示中间向量；$\alpha_{\mathrm{cg}}(n)$ 和 $\beta_{\mathrm{cg}}(n)$ 分别是两个不同的学习参数；$\boldsymbol{r}_{\mathrm{cg}}(n)$ 表示残差向量；$\boldsymbol{s}_{\mathrm{cg}}(n)$ 表示正规方程的残差向量；$\boldsymbol{p}_{\mathrm{cg}}(n)$ 为搜索方向向量。

3.4.2 核广义半二次熵共轭梯度模型

根据 GHC 目标函数，将加权最小二乘问题应用于核空间。此时，成本函数 $J(\cdot)$ 为：

$$J(N)=\min_{v<0}\sum_{n=1}^{N}\left(-v(n)\lambda\left|e(n)\right|^{\alpha-2}e(n)^{2}\right)=\min_{\theta}\frac{1}{2}\left\|\sqrt{\boldsymbol{V}}(\boldsymbol{Y}^{\mathrm{T}}-\boldsymbol{K}\boldsymbol{\alpha})\right\|_{2}^{2} \tag{3.62}$$

式中，$\boldsymbol{\alpha}$ 表示核空间中的权值；$\boldsymbol{K}$ 为核矩阵，表示为：

$$\boldsymbol{K}=\begin{bmatrix}\kappa(\boldsymbol{x}(1),\boldsymbol{x}(1)) & \kappa(\boldsymbol{x}(1),\boldsymbol{x}(2)) & \cdots & \kappa(\boldsymbol{x}(1),\boldsymbol{x}(N))\\ \kappa(\boldsymbol{x}(2),\boldsymbol{x}(1)) & \kappa(\boldsymbol{x}(2),\boldsymbol{x}(2)) & \cdots & \kappa(\boldsymbol{x}(2),\boldsymbol{x}(N))\\ \vdots & \vdots & & \vdots\\ \kappa(\boldsymbol{x}(\mathrm{N}),\boldsymbol{x}(1)) & \kappa(\boldsymbol{x}(\mathrm{N}),\boldsymbol{x}(2)) & \cdots & \kappa(\boldsymbol{x}(N),\boldsymbol{x}(N))\end{bmatrix}_{N\times N} \tag{3.63}$$

使用 CG 方法最小化 GHC 函数获得权值和核矩阵的更新机制。首先，将式（3.63）表示为以下形式：

$$\boldsymbol{K}(N)=\begin{bmatrix}\boldsymbol{K}(N-1) & \boldsymbol{g}^{\mathrm{T}}(N)\\ \bar{\boldsymbol{g}}(N) & q(N)\end{bmatrix}_{N\times N} \tag{3.64}$$

式中，$\boldsymbol{g}(N)=[\kappa(\boldsymbol{x}(1),\boldsymbol{x}(1)) \quad \cdots \quad \kappa(\boldsymbol{x}(N-1),\boldsymbol{x}(N))]$；$q(N)=\kappa(\boldsymbol{x}(N),\boldsymbol{x}(N))$；$\bar{\boldsymbol{g}}(N)$ 为 $\boldsymbol{g}(N)$ 的共轭形式。

然后，通过“核技巧”和数学归纳法获得权值 $\boldsymbol{w}(N)$，计算方法如下：

$$\begin{aligned}\boldsymbol{w}(N)&=\boldsymbol{w}(0)+\sum_{n=1}^{N}\alpha_{\mathrm{cg}}(n)\boldsymbol{p}_{\mathrm{cg}}(n)\\ &=\sum_{n=1}^{N}\alpha_{\mathrm{cg}}(n)\sum_{i=1}^{N}\pi_{i+1}^{n}\boldsymbol{s}_{\mathrm{cg}}(i-1)\\ &=\sum_{n=1}^{N}\Big(\sum_{i=n}^{N}\alpha_{\mathrm{cg}}(i)\pi_{n+1}^{i}\Big)\boldsymbol{s}_{\mathrm{cg}}(n-1)\\ &=\boldsymbol{X}\Big[\sum_{n=1}^{N}\Big(\sum_{i=n}^{N}\alpha_{\mathrm{cg}}(i)\pi_{n+1}^{i}\Big)\boldsymbol{r}_{\mathrm{cg}}(n-1)\Big]\\ &=\boldsymbol{X}(\boldsymbol{E}(N)\boldsymbol{\xi}(N))=\boldsymbol{X}\boldsymbol{\alpha}(N)\end{aligned} \tag{3.65}$$

式中，$\boldsymbol{w}(0)=0$；$\boldsymbol{E}(N)=[\boldsymbol{r}_{cg}(0)\quad \boldsymbol{r}_{cg}(1)\quad \cdots\quad \boldsymbol{r}_{cg}(N-1)]$；$\alpha(N)=\boldsymbol{E}(N)\boldsymbol{\xi}(N)$；$\pi_{n+1}^{i}=\alpha_{2n+1}\alpha_{2n+2}\cdots\alpha_{2i}$，$\pi_{n+1}^{n}=1$；$\boldsymbol{\xi}(N)$ 在第 n 时刻可表示为：

$$\boldsymbol{\xi}_n(N)=\sum_{i=n}^{N}\alpha_{cg}(i)\pi_{n+1}^{i}=\boldsymbol{\xi}_n(N-1)+\alpha_{cg}(N)\pi_{n+1}^{N} \tag{3.66}$$

为了更新权值 $\boldsymbol{\alpha}(N)$，使用 $[\boldsymbol{\alpha}(N-1);0]$ 作为 $\boldsymbol{\alpha}(N)$ 的初始值。结合式（3.65）和式（3.66），推导得到 KGHCG 模型中 $\boldsymbol{\alpha}(N)$ 的更新公式如下：

$$\boldsymbol{\alpha}(N)=[\boldsymbol{\alpha}(N-1);0]+(\alpha_{cg}(1)+\beta_{cg}(2)\alpha_{cg}(2))\boldsymbol{r}_{cg}(0)+\alpha_{cg}(2)\boldsymbol{r}_{cg}(1) \tag{3.67}$$

此时，初始残差 $\boldsymbol{r}_{cg}(0)$ 计算方法如下：

$$\begin{aligned}\boldsymbol{r}_{cg}(0)&=\boldsymbol{V}(N)(\boldsymbol{Y}^{T}-\boldsymbol{K}(N)[\boldsymbol{\alpha}(N-1);0])\\&=\boldsymbol{V}(N)\left(\begin{bmatrix}\boldsymbol{Y}^{T}(N-1)\\ y(N)\end{bmatrix}-\begin{bmatrix}\boldsymbol{K}(N-1) & \boldsymbol{g}^{T}(N)\\ \bar{\boldsymbol{g}}(N) & q(N)\end{bmatrix}\begin{bmatrix}\boldsymbol{\alpha}(N-1)\\ 0\end{bmatrix}\right)\\&=\begin{bmatrix}\boldsymbol{I} & \boldsymbol{0}\\ \boldsymbol{0}^{T} & v_{cg}(N)\end{bmatrix}\begin{bmatrix}(\boldsymbol{Y}(N-1)-\boldsymbol{\alpha}^{T}(N-1)\boldsymbol{K}(N-1))^{T}\\ y(N)-\bar{\boldsymbol{g}}(N)\boldsymbol{\alpha}(N-1)\end{bmatrix}\\&=[\boldsymbol{e}(N-1)\quad v_{cg}(N)(y(N)-\bar{\boldsymbol{g}}(N)\boldsymbol{\alpha}(N-1))]^{T}\end{aligned} \tag{3.68}$$

式中，$v_{cg}(N)=2\lambda\,|e(n)|^{\alpha-2}\exp(-\lambda\,|e(n)|^{\alpha})$，$e(N)=(y(N)-\bar{g}(N)\boldsymbol{\alpha}(N-1))$；$\boldsymbol{e}(N)=(\boldsymbol{r}_{cg}(1)-\alpha_{cg}(2)\boldsymbol{v}_{cg}(2))^{T}$。

由于核矩阵的大小是由样本数量决定的，随着样本的增加，模型需要承担越来越多的计算负担。因此，针对核矩阵无限扩张的问题，采用基于矢量投影（Vector Projection，VP）的稀疏化策略[26]以降低计算成本。该策略选择包含有用信息的样本使模型结构更加紧凑，在最大程度保证预测精度的情况下，进一步降低计算复杂度，其在特征空间 F 中计算为：

$$\cos(\boldsymbol{x}(n),\boldsymbol{x}'(n))=\frac{\langle\varphi(\boldsymbol{x}(n)),\varphi(\boldsymbol{x}'(n))\rangle}{\|\varphi(\boldsymbol{x}(n))\|\,\|\varphi(\boldsymbol{x}'(n))\|} \tag{3.69}$$

式中，$\langle\cdot,\cdot\rangle$ 和 $\|\cdot\|$ 分别表示在特征空间中的内积运算和取模运算；$\boldsymbol{x}(n)$ 为新样本；$\boldsymbol{x}'(n)$ 为当前样本字典中与新样本相似程度最高的成员。将式（3.69）计算出的 $\cos(\boldsymbol{x}(n),\boldsymbol{x}'(n))$ 与表示样本稀疏程度的阈值 τ 做比较，分为以下两种情况：如果 $\cos(\boldsymbol{x}(n),\boldsymbol{x}'(n))>\tau$，丢弃新样本；反之，则添加新样本到当前的样本字典中，并根据训练误差自适应更新权值。

综上，基于 VP 的 KGHCG（KGHCG-VP）算法步骤如下。

步骤 1：初始化参数，分别设定相关熵核带宽 σ'，形状参数 α，带宽参数 β，样本字典中成员数量 $B(n)$；初始化 $\boldsymbol{X}(1)=\boldsymbol{x}(1)$，$q(1)=\kappa(\boldsymbol{x}(1),\boldsymbol{x}(1))$，$\boldsymbol{q}(1)=\sqrt{q(1)}$，$\boldsymbol{K}(1)=q(1)$，$\boldsymbol{\alpha}(1)=y(1)/q(1)$，$e(1)=0$，$B(1)=1$。

步骤 2：输入样本，加载 $\{(\boldsymbol{x}(n),y(n)),n=1,\cdots,N\}$，$N$ 为样本数。

步骤 3：判断矢量投影与给定阈值的关系，具体情况分为以下两种。

① 若 $\cos(\boldsymbol{x}(n),\boldsymbol{x}'(n))>\tau$，则新样本不加入样本字典中，$B(n)=B(n-1)$；

② 若 $\cos(\boldsymbol{x}(n),\boldsymbol{x}'(n))\leqslant\tau$，则新样本加入样本字典中，同时更新 $B(n)$，$B(n)=$

$B(n-1)+1$，并有如下更新式：

$$\begin{cases}\boldsymbol{X}(n)=[\boldsymbol{X}(n-1) \quad \boldsymbol{x}(n)],\ \boldsymbol{q}(n)=[\boldsymbol{q}(n-1) \quad \sqrt{q(n)}] \\ \boldsymbol{K}(n)=\begin{bmatrix}\boldsymbol{K}(n-1) & \boldsymbol{g}^{\mathrm{T}}(n) \\ \overline{\boldsymbol{g}}(n) & q(n)\end{bmatrix} \\ e(n)=y(n)-\boldsymbol{g}(n)\boldsymbol{\alpha}(n-1) \\ v_{\mathrm{cg}}(n)=2\beta^{-\alpha}|e(n)|^{\alpha-2}\exp(-\beta^{-\alpha}|e(n)|^{\alpha}) \\ \boldsymbol{r}_{\mathrm{cg}}(0)=[\boldsymbol{e}(n-1) \quad v(n)e(n)]^{\mathrm{T}},\ \boldsymbol{v}_{\mathrm{cg}}(1)=\boldsymbol{K}(n)\boldsymbol{r}_{\mathrm{cg}}(0) \\ \mu(0)=\langle\boldsymbol{v}_{\mathrm{cg}}(1),\ \boldsymbol{r}_{\mathrm{cg}}(0)\rangle,\ \alpha_{\mathrm{cg}}(1)=\mu(0)/\langle\boldsymbol{v}_{\mathrm{cg}}(1),\ \boldsymbol{v}_{\mathrm{cg}}(1)\rangle \\ \boldsymbol{r}_{\mathrm{cg}}(1)=\boldsymbol{r}_{\mathrm{cg}}(0)-\alpha_{\mathrm{cg}}(1)\boldsymbol{v}_{\mathrm{cg}}(1),\ \boldsymbol{s}_{\mathrm{cg}}(1)=\boldsymbol{K}(n)\boldsymbol{r}_{\mathrm{cg}}(1) \\ \mu(1)=\langle\boldsymbol{s}_{\mathrm{cg}}(1),\ \boldsymbol{r}_{\mathrm{cg}}(1)\rangle,\ \beta_{\mathrm{cg}}(2)=\mu(1)/\mu(0) \\ \boldsymbol{v}_{\mathrm{cg}}(2)=\beta_{\mathrm{cg}}(2)\boldsymbol{v}_{\mathrm{cg}}(1)+\boldsymbol{s}_{\mathrm{cg}}(1),\ \alpha_{\mathrm{cg}}(2)=\mu(1)/\langle\boldsymbol{v}_{\mathrm{cg}}(2),\ \boldsymbol{v}_{\mathrm{cg}}(2)\rangle \\ \boldsymbol{\alpha}(n)=\begin{bmatrix}\boldsymbol{\alpha}(n-1) \\ 0\end{bmatrix}+(\alpha_{\mathrm{cg}}(1)+\beta_{\mathrm{cg}}(2)\alpha_{\mathrm{cg}}(2))\boldsymbol{r}_{\mathrm{cg}}(0)+\alpha_{\mathrm{cg}}(2)\boldsymbol{r}_{\mathrm{cg}}(1) \\ \boldsymbol{e}(n)=(\boldsymbol{r}_{\mathrm{cg}}(1)-\alpha_{\mathrm{cg}}(2)\boldsymbol{v}_{\mathrm{cg}}(2))^{\mathrm{T}}\end{cases} \tag{3.70}$$

步骤 4：计算输出，模型输出 $\hat{y}(n)=\boldsymbol{K}(n)\boldsymbol{\alpha}(n-1)$。

3.4.3 收敛性分析

针对 KGHCG 模型，权值 $\boldsymbol{w}(n)$ 和方向向量 $\boldsymbol{p}_{\mathrm{cg}}(n)$ 的更新规则如下所示：

$$\begin{cases}\boldsymbol{w}(n+1)=\boldsymbol{w}(n)+\alpha_{\mathrm{cg}}(n)\boldsymbol{p}_{\mathrm{cg}}(n) \\ \boldsymbol{p}_{\mathrm{cg}}(n+1)=\boldsymbol{s}_{\mathrm{cg}}(n)+\beta_{\mathrm{cg}}(n)\boldsymbol{p}_{\mathrm{cg}}(n)\end{cases} \tag{3.71}$$

式中，$\boldsymbol{s}_{\mathrm{cg}}(n)$ 表示方程的残差向量（负梯度向量）。方向向量目标是搜寻目标函数的最小值，此时 $\liminf\limits_{n\to\infty}\|\boldsymbol{s}_{\mathrm{cg}}(n)\|=0$。将下降条件 $\boldsymbol{s}_{\mathrm{cg}}(n)\boldsymbol{p}_{\mathrm{cg}}(n+1)<0$ 与式（3.71）结合构成 Zoutendijk 准则[32]，可表示为：

$$\begin{cases}\boldsymbol{w}(n+1)=\boldsymbol{w}(n)+\alpha_{\mathrm{cg}}(n)\boldsymbol{p}_{\mathrm{cg}}(n) \\ \boldsymbol{s}_{\mathrm{cg}}(n)\boldsymbol{p}_{\mathrm{cg}}(n+1)<0\end{cases} \tag{3.72}$$

上述公式中，方向向量 $\boldsymbol{p}_{\mathrm{cg}}(n)$ 和负梯度向量 $\boldsymbol{s}_{\mathrm{cg}}(n)$ 满足以下不等式：

$$\sum_{n=1}^{\infty}\frac{(\boldsymbol{s}_{\mathrm{cg}}^{\mathrm{T}}(n-1)\boldsymbol{p}_{\mathrm{cg}}(n))^2}{\|\boldsymbol{p}_{\mathrm{cg}}(n)\|_2^2}<+\infty \tag{3.73}$$

KGHCG 模型的收敛性可采用反证法证明，具体理论分析如下。

【命题 2】[90]：基于式（3.72），所介绍的模型收敛于成本函数的最小值，即：

$$\liminf_{n\to\infty}\|\boldsymbol{s}_{\mathrm{cg}}(n)\|=0 \tag{3.74}$$

证明：首先，假设上述命题 2 为假，即 $\liminf\limits_{n\to\infty}\|\boldsymbol{s}_{\mathrm{cg}}(n)\|>\delta$，其中，$\delta$ 是一个任意小的常数。将式（3.71）中的方向向量更新规则两边同乘 $\boldsymbol{s}_{\mathrm{cg}}^{\mathrm{T}}(n-1)$，计算公式为：

$$\boldsymbol{s}_{cg}^{T}(n-1)\boldsymbol{p}_{cg}(n+1)=\boldsymbol{s}_{cg}^{T}(n-1)\boldsymbol{s}_{cg}(n)+\boldsymbol{s}_{cg}^{T}(n-1)\beta_{cg}(n+1)\boldsymbol{p}_{cg}(n)$$

$$\Rightarrow\beta_{cg}(n+1)=\frac{\boldsymbol{s}_{cg}^{T}(n-1)\boldsymbol{p}_{cg}(n+1)}{\boldsymbol{s}_{cg}^{T}(n-1)\boldsymbol{p}_{cg}(n)}\approx\frac{\boldsymbol{s}_{cg}^{T}(n)\boldsymbol{p}_{cg}(n+1)}{\boldsymbol{s}_{cg}^{T}(n-1)\boldsymbol{p}_{cg}(n)} \tag{3.75}$$

然后，同时计算式（3.71）的方向向量 $\boldsymbol{p}_{cg}(n+1)$ 两边的 L_2 范数，表达形式为：

$$\begin{aligned}\|\boldsymbol{p}_{cg}(n+1)\|_2^2&=\|\boldsymbol{s}_{cg}(n)+\beta_{cg}(n+1)\boldsymbol{p}_{cg}(n)\|_2^2\\&=\|\boldsymbol{s}_{cg}(n)\|_2^2+2\boldsymbol{s}_{cg}^{T}(n)\beta_{cg}(n+1)\boldsymbol{p}_{cg}(n)+\beta_{cg}(n+1)^2\|\boldsymbol{p}_{cg}(n)\|_2^2\\&=\|\boldsymbol{s}(n)\|_2^2+2\boldsymbol{s}_{cg}^{T}(n)[\boldsymbol{p}_{cg}(n+1)-\boldsymbol{s}_{cg}(n)]+\beta_{cg}(n+1)^2\|\boldsymbol{p}_{cg}(n)\|_2^2\\&=\beta_{cg}(n+1)^2\|\boldsymbol{p}_{cg}(n)\|_2^2+2\boldsymbol{s}_{cg}^{T}(n)\boldsymbol{p}_{cg}(n+1)-\|\boldsymbol{s}_{cg}(n)\|_2^2\end{aligned} \tag{3.76}$$

联立式（3.75）和式（3.76），得出：

$$\|\boldsymbol{p}_{cg}(n+1)\|_2^2=\left(\frac{\boldsymbol{s}_{cg}^{T}(n)\boldsymbol{p}_{cg}(n+1)}{\boldsymbol{s}_{cg}^{T}(n-1)\boldsymbol{p}_{cg}(n)}\right)^2\|\boldsymbol{p}_{cg}(n)\|_2^2+2\boldsymbol{s}_{cg}^{T}(n)\boldsymbol{p}_{cg}(n+1)-\|\boldsymbol{s}_{cg}(n)\|_2^2 \tag{3.77}$$

将式（3.77）两边同除以 $(\boldsymbol{s}_{cg}^{T}(n)\boldsymbol{p}_{cg}(n+1))^2$ 后结果如下：

$$\begin{aligned}\frac{\|\boldsymbol{p}_{cg}(n+1)\|_2^2}{(\boldsymbol{s}_{cg}^{T}(n)\boldsymbol{p}_{cg}(n+1))^2}&=\frac{\|\boldsymbol{p}_{cg}(n)\|_2^2}{(\boldsymbol{s}_{cg}^{T}(n)\boldsymbol{p}_{cg}(n+1))^2}+\frac{2}{\boldsymbol{s}_{cg}^{T}(n)\boldsymbol{p}_{cg}(n+1)}-\frac{\|\boldsymbol{s}_{cg}(n)\|_2^2}{(\boldsymbol{s}_{cg}^{T}(n)\boldsymbol{p}_{cg}(n+1))^2}\\&=\frac{\|\boldsymbol{p}_{cg}(n)\|_2^2}{(\boldsymbol{s}_{cg}^{T}(n)\boldsymbol{p}_{cg}(n+1))^2}-\left(\frac{\|\boldsymbol{s}_{cg}(n)\|}{\boldsymbol{s}_{cg}^{T}(n)\boldsymbol{p}_{cg}(n+1)}-\frac{1}{\|\boldsymbol{s}_{cg}(n)\|}\right)+\frac{1}{\|\boldsymbol{s}_{cg}(n)\|_2^2}\\&\leqslant\frac{\|\boldsymbol{p}_{cg}(n)\|_2^2}{(\boldsymbol{s}_{cg}^{T}(n)\boldsymbol{p}_{cg}(n+1))^2}+\frac{1}{\|\boldsymbol{s}_{cg}(n)\|_2^2}\end{aligned} \tag{3.78}$$

然后，基于式（3.78）得出以下不等式形式：

$$\begin{aligned}\frac{(\boldsymbol{s}_{cg}^{T}(n)\boldsymbol{p}_{cg}(n+1))^2}{\|\boldsymbol{p}_{cg}(n)\|_2^2}&\geqslant\left(\frac{1}{\|\boldsymbol{s}_{cg}(0)\|_2^2}+\frac{1}{\|\boldsymbol{s}_{cg}(1)\|_2^2}+\cdots+\frac{1}{\|\boldsymbol{s}_{cg}(n-1)\|_2^2}\right)^{-1}\\&=\left(\sum_{i=0}^{n-1}\frac{1}{\|\boldsymbol{s}_{cg}(i)\|_2^2}\right)^{-1}\geqslant\frac{\delta^2}{n}\end{aligned} \tag{3.79}$$

由于 $\sum\limits_{n=1}^{\infty}\delta^2/n=+\infty$，进一步计算出方向向量 $\boldsymbol{p}_{cg}(n)$ 和负梯度向量 $\boldsymbol{s}_{cg}(n)$ 的不等式：

$$\sum_{n=1}^{\infty}\frac{(\boldsymbol{s}_{cg}^{T}(n)\boldsymbol{p}_{cg}(n+1))^2}{\|\boldsymbol{p}_{cg}(n)\|_2^2}\geqslant+\infty \tag{3.80}$$

因为式（3.80）与基于 Zoutendijk 准则得到的式（3.73）不同，故 $\liminf\limits_{n\to\infty}\|\boldsymbol{s}_{cg}(n)\|\geqslant\delta$ 是错误的，从而得出 $\liminf\limits_{n\to\infty}\|\boldsymbol{s}_{cg}(n)\|=0$ 的结论，并且证明模型是收敛的。

3.4.4 计算复杂度分析

表 3.7 是 KGHCG 模型与核最小均方（Kernel Least Mean Square，KLMS）、核递归最大相关熵（Kernel Recursive Maximum Correntropy，KRMC）和核递归广义最大相关熵（Kernel Recursive Generalized Maximum Correntropy，KRGMC）这三种对比模型在第 N 次迭代时的计算复杂度分析[91]。KLMS 模型因为结构比较简单，所以计算复杂度低于其他几种模型，但其预测精度和收敛速度在几种模型中表现最差。相比 KRMC 模型，KGHCG 模型的除法运算在每次迭代时运算 3 次，而 KRMC 模型的除法运算为 1 次，明显在除法的计算复杂度上低于 KGHCG 模型，但 KGHCG 模型在加法和乘法运算过程中 $O(N^2)$ 的系数小于 KRMC 模型，故总体上 KGHCG 模型的计算复杂度低于 KRMC 模型。与 KRGMC 模型相比，KGHCG 模型在加法、乘法和除法的运算中均表现最优。因此，KGHCG 模型的计算复杂度低于 KRMC 模型和 KRGMC 模型，仅仅高于 KLMS 模型，但其收敛速度和预测性能比 KLMS 模型好。综上，相比其他三种对比模型，KGHCG 模型在计算复杂度上表现优异。

表 3.7 不同模型的计算复杂度

模型	加法	乘法	除法
KLMS	N	N	0
KRMC	$4N^2+4N$	$4N^2+4N+2$	1
KRGMC	$5N^2+5N$	$5N^2+5N+4$	4
KGHCG	$2N^2+8N$	$2N^2+10N+2$	3

3.4.5 仿真实验[91]

本节考虑使用 Mackey-Glass 混沌时间序列验证上述介绍的 KGHCG 模型的有效性，该基准数据集由以下非线性微分方程产生：

$$\frac{\mathrm{d}x(t)}{\mathrm{d}t}=ax(t)+\frac{bx(t-c)}{1+x(t-c)^{10}} \tag{3.81}$$

通过式（3.81）所示的 Mackey-Glass 方程生成混沌时间序列后，增加 α 稳定分布噪声（非高斯噪声）检验 KGHCG 模型的抗噪能力。然后对时间序列进行相空间重构，并划分样本进行训练和测试。仿真数据集的具体参数设置如表 3.8 所示。

表 3.8 仿真数据集参数设置

Mackey-Glass 方程参数			α 稳定分布噪声				相空间重构参数		样本数	
a	b	c	特征指数	偏度指数	尺度因子	位置因子	嵌入维度	延迟时间	训练集	测试集
0.9	0.2	17	1.8	0.5	0.0001	0.2	10	1	1500	500

为验证 KGHCG 的鲁棒性，选取 KLMS、KRMC、KRGMC 三种基础模型作为对比方法；为验证 KGHCG 的泛化性能，在 KGHCG 中引入 VP 稀疏方法，并选取稀疏化处理后的核共轭梯度（Kernel Conjugate Gradient，KCG）和量化核递归广义最大相关熵（Quantized Kernel Recursive Generalized Maximum Correntropy，QKRGMC）这两种稀疏模型作为对比方法[91]。具体模型参数如表 3.9 所示。

表 3.9 不同模型的参数设置

模型		参数设置
基础	KLMS	步长为 0.2
	KRMC	相关熵核带宽为 1，正则化参数为 0.5
	KRGMC	形状参数为 2.25，尺度参数为 1
	KGHCG	形状参数为 2.25，尺度参数为 1
稀疏	KCG	角度准则的阈值为 0.99
	QKRGMC	形状参数为 2.25，尺度参数为 1，量化阈值为 0.115
	KGHCG-VP	形状参数为 2.25，尺度参数为 1，矢量投影的阈值为 0.99

此外，选择均方误差（Mean Square Error，MSE）、均方根误差（Root Mean Square Error，RMSE）、对称平均绝对百分比误差（Symmetric Mean Absolute Percentage Error，SMAPE）和 R 平方（R-squared，R^2）作为预测精度的评价指标，训练时间和测试时间作为预测效率的评价指标，字典数量作为预测模型计算复杂度的评价指标。在 Mackey-Glass 时间序列上进行不同模型的 5 步在线预测仿真实验后，分别可视化不同模型的测试集 MSE 收敛性能以及预测结果，并整理为图 3.6、图 3.7 和表 3.10。

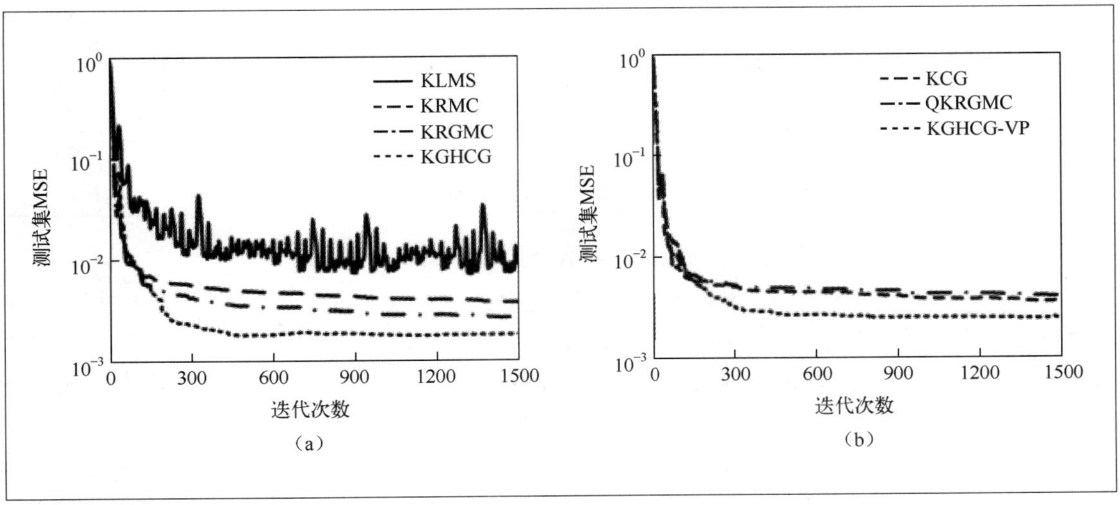

图 3.6 不同模型的测试集 MSE 收敛曲线

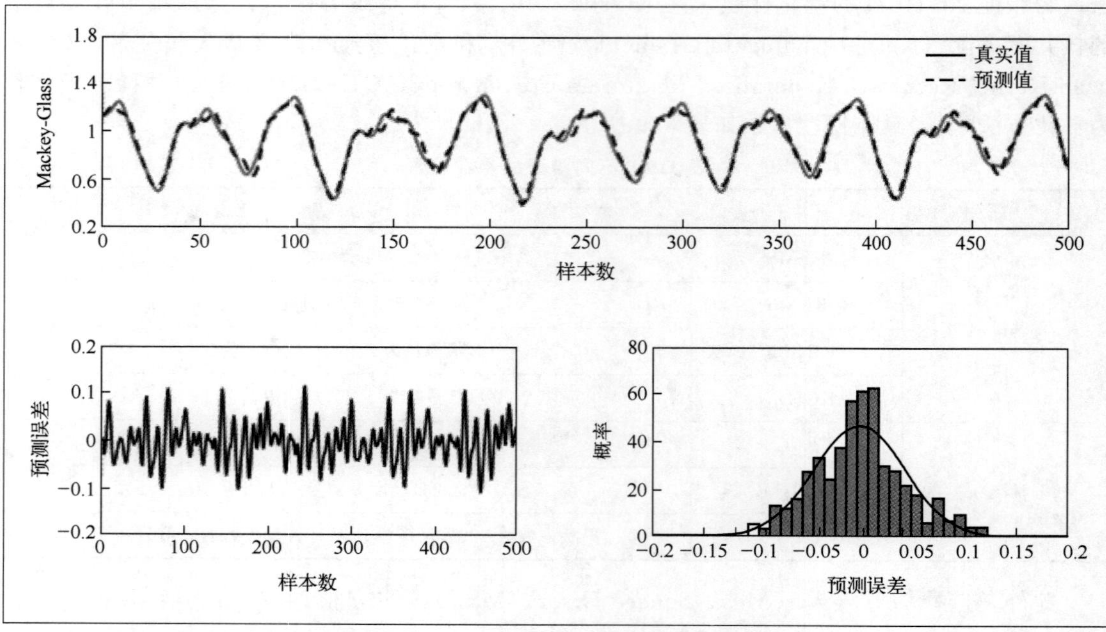

图 3.7　KGHCG-VP 模型的 5 步预测结果

表 3.10　不同模型在 Mackey-Glass 时间序列上的仿真结果

模型		训练时间/s	测试时间/s	RMSE	SMAPE	R^2	字典数量
基础	KLMS	**4.4018**	0.0198	0.1029	0.0934	0.7940	1500
	KRMC	11.7934	0.0189	0.0616	0.0548	0.9262	1500
	KRGMC	17.2894	0.0193	0.0522	0.0457	0.9469	1500
	KGHCG	9.5413	**0.0176**	**0.0431**	**0.0372**	**0.9638**	1500
稀疏	KCG	0.9000	0.0093	0.0638	0.0579	0.9208	276
	QKRGMC	0.7824	0.0096	0.0608	0.0538	0.9287	**273**
	KGHCG-VP	**0.6792**	**0.0073**	**0.0502**	**0.0427**	**0.9507**	282

根据图表所示的实验结果，可得出以下结论：

① 观察图 3.6（a）发现，KLMS 的测试集 MSE 曲线收敛性能弱，这是因为 MSE 对非高斯噪声的适应性较差。综合四种预测模型的测试集 MSE 曲线后发现，KGHCG 相比 KRMC、KRGMC 和 KRMC，因为结合 GHC 准则和 CG 方法，所以对非高斯噪声表现出最强的适应性。

② 结合图 3.6（b）和表 3.10 可知，引入 VP 稀疏化方法的 KGHCG 模型相比其他两种稀疏模型，在字典近似相同的情况下，能够稳定收敛到最小值。KGHCG-VP 的 RMSE、SMAPE 和 R^2 分别为 0.0502、0.0427 和 0.9507，仅次于 KGHCG，仍然优于 KLMS、

KRMC、KRGMC。虽然 KGHCG-VP 的精度略低于原始模型 KGHCG，但计算时间显著减少，预测速度加快。

③ 根据图 3.7 中 Mackey-Glass 时间序列的预测曲线和误差分布发现，KGHCG-VP 能够有效地跟踪时间序列的变化，拟合效果较好，其最终误差分布也呈现正态分布特征。从稀疏性的角度看，KGHCG-VP 可生成一个紧凑的字典结构，并保持良好的预测性能。

综上可知，KGHCG 模型具有良好的收敛性能，在引入矢量投影稀疏化方法后可使模型的网络结构更加紧凑，进而降低计算复杂度和提高模型的预测效率。

3.5 基于混合相关熵的核自适应滤波器

前三节介绍的模型都是采用样本稀疏化的方法解决核递归最小二乘方法中计算复杂度随样本增多而不断增长的问题。然而，样本稀疏化方法虽然能够限制模型的增长速度，但不能完全解决模型结构扩张的问题。为解决上述问题，本节将最大混合相关熵准则作为成本函数，采用随机傅里叶特征方法以固定的成本在结构上近似核函数，介绍随机傅里叶特征核递归最大混合相关熵（Random Fourier Feature Kernel Recursive Maximum Mixture Correntropy，RFF-RMMC）模型。该模型不仅具有良好的抗噪性能，还可节约计算成本。在本节结尾，通过在 Mackey-Glass 时间序列上的仿真实验验证所介绍模型的有效性。

3.5.1 最大混合相关熵准则

执行在线预测任务时，模型无法判断总体样本数据的概率密度函数。因此，实际值和预测值间的最大相关熵 $\hat{V}(y(n), \hat{y}(n))$ 通常由现有的 N 个样本估算得到，具体如下：

$$\hat{V}(y(n), \hat{y}(n))=\frac{1}{N}\sum_{n=1}^{N}\kappa(y(n), \hat{y}(n)) \tag{3.82}$$

式中，n 是当前时刻；N 为样本数；$y(n)$ 和 $\hat{y}(n)$ 分别为实际值和预测值；$\kappa(\cdot, \cdot)$ 表示核函数。在第 3.2 节中，已经介绍最大相关熵准则（Maximum Correntropy Criterion，MCC）在核自适应滤波器（Kernel Adaptive Filter，KAF）中的应用，即通过估计实际值和预测值间的最大相关熵，自适应地调整滤波器的权值。这样能抑制较大的异常值或脉冲噪声对权值的不利影响，并提高算法的鲁棒性能。但是，核带宽是 MCC 中的唯一参数，其具体的设置影响实际值和预测值之间的局部相似性度量。为进一步提高算法的在线预测性能以及模型调节的灵活性，本节采用加权的方法组合不同的高斯核函数以计算最大相关熵，即混合相关熵[30]（Mixture Correntropy，MC），其定义式如下：

$$V(y(n), \hat{y}(n))=E[\eta_M\kappa_1(y(n), \hat{y}(n))+(1-\eta_M)\kappa_2(y(n), \hat{y}(n))] \tag{3.83}$$

式中，$E[\cdot]$ 是数学期望；$0\leqslant\eta_{\mathrm{M}}\leqslant1$ 是混合比例。通过最大化混合相关熵或最小化混合相关熵损失可得到成本函数 $J(\cdot)$ 如下：

$$J(n)=1-V(y(n),\hat{y}(n))$$
$$=1-\frac{1}{N}\sum_{n=1}^{N}[\eta_M\kappa_1(y(n),\hat{y}(n))+(1-\eta_M)\kappa_2(y(n),\hat{y}(n))] \tag{3.84}$$

上述过程称为最大混合相关熵准则（Maximum Mixture Correntropy Criterion, MMCC）。

3.5.2 随机傅里叶特征方法

尽管样本稀疏化对 KAF 有较大的改进，但仍然存在以下缺点：

① 虽然样本稀疏化能够限制 KAF 结构的增长速度，但它们并不能完全解决 KAF 结构扩张的问题，算法的复杂度依然很高。尤其是 KAF 在处理非平稳时间序列中的在线预测问题时，样本数量太大会导致 KAF 结构非常复杂。

② 样本稀疏化的本质是从控制样本数量的角度限制 KAF 的结构增长。在进行非贝叶斯监督学习时，因为新样本是 KAF 模型在线预测过程中唯一的信息来源，所以使用滑动窗口、矢量量化等方法约束样本输入模型必然会丢失一些信息量。

③ 样本稀疏化方法中的稀疏化阈值或者条件在每次递归更新中都需要参与运算，这样会产生额外的计算复杂度。

不同于样本稀疏化，结构稀疏化采取不同的方法解决 KAF 计算复杂度不断增长的问题。结构稀疏化不通过限制样本输入模型的数量以抑制模型的扩张速率，而是对核矩阵结构进行近似以达到稀疏的目的。随机傅里叶特征方法[34] 作为一种典型的结构稀疏化方法，能够在随机特征空间中使用有限维内积以近似核函数。定义空间 $\mathbf{R}^l$ 中的核函数为 $\kappa(x,y)$，为简化表达，令 $\Delta=x-y$，因核函数满足平移不变性，即 $\kappa(x,y)=\kappa(x-y)=\kappa(\Delta)$，则其傅里叶变换为：

$$f_R(\boldsymbol{\omega})=\frac{1}{(2\pi)^l}\int_{\mathbf{R}^l}\kappa(\Delta)\exp(-\mathrm{j}\boldsymbol{\omega}^{\mathrm{T}}\Delta)\mathrm{d}\Delta \tag{3.85}$$

式中，$\Delta=x-y$；j 为虚数单位。根据 Bochner 理论[92]，将 $f_R(\boldsymbol{\omega})$ 视为一个概率密度函数并通过其傅里叶反变化求取 $\kappa(\boldsymbol{x},\boldsymbol{y})$，具体的表达式为：

$$\kappa(\boldsymbol{x},\boldsymbol{y})=\int_{\mathbf{R}^l}f_R(\boldsymbol{\omega})\exp(\mathrm{j}\boldsymbol{\omega}^{\mathrm{T}}(\boldsymbol{x}-\boldsymbol{y}))\mathrm{d}\boldsymbol{\omega}=E[\boldsymbol{z}_{\boldsymbol{\omega}}^{\mathrm{T}}(\boldsymbol{x})\boldsymbol{z}_{\boldsymbol{\omega}}(\boldsymbol{y})] \tag{3.86}$$

式中，$\boldsymbol{z}_{\boldsymbol{\omega}}(\boldsymbol{x})=\sqrt{2}\cos(\boldsymbol{\omega}^{\mathrm{T}}\boldsymbol{x}+b)$。$\boldsymbol{\omega}$ 服从概率密度函数 $f_R(\boldsymbol{\omega})$，即 $\boldsymbol{\omega}\sim f_R(\boldsymbol{\omega})$，而 b 服从 0 到 2π 上的均匀分布，即 $b\sim U(0,2\pi)$。因为核函数通常选择高斯核函数，故 $f_R(\boldsymbol{\omega})$ 可表示为：

$$f_R(\boldsymbol{\omega})=\left(\frac{\sigma}{\sqrt{2\pi}}\right)^L\exp\left(-\frac{\sigma^2\|\boldsymbol{\omega}\|^2}{2}\right) \tag{3.87}$$

式中，$\sigma>0$ 是核带宽；$L>0$。因此，$\boldsymbol{\omega}$ 服从均值为 0 和协方差矩阵为 $\boldsymbol{I}_l/\sigma^2$ 的多元高斯分布，即 $\boldsymbol{\omega}\sim N(0,\boldsymbol{I}_l/\sigma^2)$。由式（3.87）可得：

$$\kappa(\boldsymbol{x},\ \boldsymbol{y})\approx\frac{1}{L}\sum_{r=1}^{L}\boldsymbol{z}_{\boldsymbol{\omega}}^{\mathrm{T}}(\boldsymbol{x})\boldsymbol{z}_{\boldsymbol{\omega}}(\boldsymbol{y})=\boldsymbol{z}^{\mathrm{T}}(\boldsymbol{x})\boldsymbol{z}(\boldsymbol{y}) \tag{3.88}$$

式中，$\boldsymbol{z}(\cdot)$ 为随机傅里叶特征映射（Random Fourier Features Mapping，RFFM）。由于 $\boldsymbol{z}_{\boldsymbol{\omega}}^{\mathrm{T}}(\boldsymbol{x})\boldsymbol{z}_{\boldsymbol{\omega}}(\boldsymbol{y})$ 的值在 $[-1,\ 1]$ 范围内，根据霍夫丁不等式，对于固定的 $\boldsymbol{x}$ 和 $\boldsymbol{y}$，能够保证 $\boldsymbol{z}_{\boldsymbol{\omega}}^{\mathrm{T}}(\boldsymbol{x})\boldsymbol{z}_{\boldsymbol{\omega}}(\boldsymbol{y})$ 和 $\kappa(\boldsymbol{x},\ \boldsymbol{y})$ 之间对于 L 的指数级快速收敛。其具体概率为：$\Pr[|\boldsymbol{z}_{\boldsymbol{\omega}}^{\mathrm{T}}(\boldsymbol{x})\boldsymbol{z}_{\boldsymbol{\omega}}(\boldsymbol{y})-\kappa(\boldsymbol{x},\boldsymbol{y})|\geqslant\varepsilon]\leqslant 2\exp(-L\varepsilon^2/2)$。因此，输入 $\boldsymbol{x}$ 的 L 维 RFFM 可表示为：

$$\begin{aligned}\boldsymbol{z}(\boldsymbol{x})&=\sqrt{\frac{1}{L}}[\boldsymbol{z}_{\omega_1}(\boldsymbol{x})\quad \boldsymbol{z}_{\omega_2}(\boldsymbol{x})\quad \cdots\quad \boldsymbol{z}_{\omega_L}(\boldsymbol{x})]^{\mathrm{T}}\\&=\sqrt{\frac{2}{L}}[\cos(\omega_1^{\mathrm{T}}\boldsymbol{x}+b_1)\quad \cdots\quad \cos(\boldsymbol{\omega}_L^{\mathrm{T}}\boldsymbol{x}+b_L)]^{\mathrm{T}}\end{aligned} \tag{3.89}$$

式中，$\{\omega_r\}_{r=1}^{L}$ 取自于均值为 0 和协方差矩阵为 $\boldsymbol{I}_l/\sigma^2$ 的多元高斯分布；$\{b_r\}_{r=1}^{L}$ 取自于区间 $[0,\ 2\pi]$ 上的均匀分布。基于 RFF，权值 $\boldsymbol{W}$ 可通过 $\hat{f}(\boldsymbol{x})=\boldsymbol{W}^{\mathrm{T}}\boldsymbol{z}(\boldsymbol{x})$ 在有限维空间中进行更新。换言之，每次迭代都成为线性更新过程，并且所需的时间和内存是固定的。

3.5.3 随机傅里叶特征核递归最大混合相关熵模型

为解决 KAF 模型存在网络结构扩张导致计算复杂度高的问题，本节采用以上介绍的 MMCC 方法和 RFF 方法对 KRLS 算法进行改进，改进后的算法叫作 RFF-RMMC 算法。使用上节定义的 MMCC 准则，基于 RFF 方法，定义 KRLS 的成本函数 $J(\cdot)$ 如下：

$$J(n)=\sum_{i=1}^{n}\lambda_{\mathrm{F}}^{n-i}[1-\eta_{\mathrm{M}}\kappa_1(y(i),\boldsymbol{W}^{\mathrm{T}}(n)\boldsymbol{z}(\boldsymbol{x}(i)))-(1-\eta_{\mathrm{M}})\kappa_2(y(i),\boldsymbol{W}^{\mathrm{T}}(n)\boldsymbol{z}(\boldsymbol{x}(i)))] \tag{3.90}$$

式中，n 为当前时刻；λ_{F} 为遗忘因子。将成本函数对 $\boldsymbol{W}$ 的求导结果置 0，其解可表示为：

$$\sum_{i=1}^{n}\lambda^{n-i}g(i)\boldsymbol{z}(\boldsymbol{x}(i))\boldsymbol{z}^{\mathrm{T}}(\boldsymbol{x}(i))\boldsymbol{W}(n)=\sum_{i=1}^{n}\lambda^{n-i}g(i)\boldsymbol{z}(\boldsymbol{x}(i))y(i) \tag{3.91}$$

式中，$g(i)=\left[\frac{\alpha}{\sigma_1^2}\exp\left(-\frac{(y(i)-\boldsymbol{W}^{\mathrm{T}}(n)\boldsymbol{z}(\boldsymbol{x}(i)))^2}{2\sigma_1^2}\right)+\frac{1-\alpha}{\sigma_2^2}\exp\left(-\frac{(y(i)-\boldsymbol{W}^{\mathrm{T}}(n)\boldsymbol{z}(\boldsymbol{x}(i)))^2}{2\sigma_2^2}\right)\right]$。

为方便后续内容计算及保持算法的简洁性，在式（3.91）中做出如下定义：

$$\begin{cases}\boldsymbol{R}(n)=\sum\limits_{i=1}^{n}\lambda_{\mathrm{F}}^{n-i}g(i)\boldsymbol{z}(\boldsymbol{x}(i))\boldsymbol{z}^{\mathrm{T}}(\boldsymbol{x}(i))\\\boldsymbol{P}(n)=\sum\limits_{i=1}^{n}\lambda_{\mathrm{F}}^{n-i}g(i)\boldsymbol{z}(\boldsymbol{x}(i))y(i)\end{cases} \tag{3.92}$$

根据式（3.92）的定义，将式（3.91）重写为：

$$\boldsymbol{R}(n)\boldsymbol{W}(n)=\boldsymbol{P}(n)\Rightarrow\boldsymbol{W}(n)=\boldsymbol{R}^{-1}(n)\boldsymbol{P}(n) \tag{3.93}$$

$\boldsymbol{W}(n)$ 由 $\boldsymbol{W}(n-1)$ 递归更新得到。为获得 $\boldsymbol{W}(n)$ 的值，还需递归获得 $\boldsymbol{R}^{-1}(n)$ 和

$\boldsymbol{P}(n)$。因此，根据式（3.92）将 $\boldsymbol{R}(n)$ 和 $\boldsymbol{P}(n)$ 重写为以下递归式：

$$\boldsymbol{R}(n)=\lambda_F\boldsymbol{R}(n-1)+m\boldsymbol{z}(\boldsymbol{x}(n))m\boldsymbol{z}^{\mathrm{T}}(\boldsymbol{x}(n)) \tag{3.94}$$

$$\boldsymbol{P}(n)=\lambda_F\boldsymbol{P}(n-1)+m^2\boldsymbol{z}(\boldsymbol{x}(n))y(n) \tag{3.95}$$

式中，$m=\sqrt{g(n-1)}$。$\boldsymbol{P}(n)$ 的更新式（3.95）可直接代入式（3.93）中使用，而式（3.93）中的 $\boldsymbol{R}^{-1}(n)$ 能通过矩阵求逆引理利用式（3.94）得到。

由矩阵求逆引理[8] 可知，如果矩阵 $\boldsymbol{A}$ 能够写成如下形式：

$$\boldsymbol{A}=\boldsymbol{B}^{-1}+\boldsymbol{C}\boldsymbol{D}^{-1}\boldsymbol{C}^{\mathrm{T}} \tag{3.96}$$

矩阵 $\boldsymbol{A}$ 的逆可按照下式进行计算：

$$\boldsymbol{A}^{-1}=\boldsymbol{B}-\boldsymbol{B}\boldsymbol{C}(\boldsymbol{D}+\boldsymbol{C}^{\mathrm{T}}\boldsymbol{B}\boldsymbol{C})^{-1}\boldsymbol{C}^{\mathrm{T}}\boldsymbol{B} \tag{3.97}$$

令 $\boldsymbol{A}=\boldsymbol{R}(n)$，$\boldsymbol{B}^{-1}=\lambda_F\boldsymbol{R}(n-1)$，$\boldsymbol{C}=m\boldsymbol{z}(\boldsymbol{x}(n))$，$\boldsymbol{D}=\boldsymbol{I}$，得到：

$$\begin{aligned}\boldsymbol{Q}(n)&=\lambda_F^{-1}[\boldsymbol{Q}(n-1)-m^2\boldsymbol{K}(n)\boldsymbol{z}^{\mathrm{T}}(\boldsymbol{x}(n))\boldsymbol{Q}(n-1)]\\ \boldsymbol{K}(n)&=\frac{\boldsymbol{Q}(n-1)\boldsymbol{z}(\boldsymbol{x}(n))}{\lambda_F+m^2\boldsymbol{z}^{\mathrm{T}}(\boldsymbol{x}(n))\boldsymbol{Q}(n-1)\boldsymbol{z}(\boldsymbol{x}(n))}\end{aligned} \tag{3.98}$$

式中，$\boldsymbol{Q}(n)=\boldsymbol{R}^{-1}(n)$。$\boldsymbol{W}(n)$ 的更新式可由 $\boldsymbol{R}^{-1}(n)$ 和 $\boldsymbol{P}(n)$ 的更新式代入式（3.93）得到：

$$\boldsymbol{W}(n)=\boldsymbol{W}(n-1)+m^2\boldsymbol{K}(n)e(n) \tag{3.99}$$

式中，$e(n)=y(n)-\boldsymbol{W}^{\mathrm{T}}(n-1)\boldsymbol{z}(\boldsymbol{x}(n))$。综上，RFF-RMMC 算法能通过递归形式计算，并在有限维空间中学习 $\boldsymbol{W}(n)$，具体步骤如下。

步骤 1：初始化参数，初始化核矩阵核带宽 σ，MMC 的相关熵核带宽 σ_1 和 σ_2，遗忘因子 λ_{F}，RFF 维度 L。

步骤 2：输入样本，加载 $\{(\boldsymbol{x}(n), y(n)), n=1, \cdots, N\}$，$N$ 为样本数。

步骤 3：根据样本的输入输出对模型进行迭代更新。

① 根据式（3.89）计算变换后的输入：$\boldsymbol{z}(\boldsymbol{x})=[\boldsymbol{z}_{\omega_1}(\boldsymbol{x})\quad \boldsymbol{z}_{\omega_2}(\boldsymbol{x})\quad \cdots\quad \boldsymbol{z}_{\omega_L}(\boldsymbol{x})]^{\mathrm{T}}$。

② 计算模型的输出：$\hat{y}(n)=\boldsymbol{W}^{\mathrm{T}}(n-1)\boldsymbol{z}(\boldsymbol{x}(n))$。

③ 计算训练误差：$e(n)=y(n)-\hat{y}(n)$。

④ 根据式（3.99）更新模型：$\boldsymbol{W}(n)=\boldsymbol{W}(n-1)+m^2\boldsymbol{K}(n)e(n)$。

步骤 4：计算输出，模型输出 $\hat{y}(n)=\boldsymbol{W}^{\mathrm{T}}(n-1)\boldsymbol{z}(\boldsymbol{x}(n))$。

RFF-RMMC 算法通过 RFF 方法预设维度结构上的近似核函数，使模型不随数据样本的增加而变化。因此，RFF 方法可有效降低算法的计算成本，以满足大规模时间序列在线预测的需求。此外，MMCC 可提高两个变量之间相似性度量的准确性，从而在一定程度上弥补 RFFM 方法造成的预测精度损失。

3.5.4 仿真实验[30]

为验证 RFF-RMMC 方法的有效性，本节在 Mackey-Glass 时间序列上进行仿真实验。

为检验所提方法的鲁棒性，在 Mackey-Glass 方程生成的时间序列上加入高斯白噪声。通过相空间重构的方法对时间序列进行重构，并划分样本进行训练和测试，其具体仿真数据集参数设置如表 3.11 所示。

表 3.11　仿真数据集参数设置

Mackey-Glass 方程参数			高斯白噪声		相空间重构参数		样本数	
a	b	c	均值	方差	嵌入维度	延迟时间	训练集	测试集
−0.1	0.2	30	0	0.001	10	1	1000	500

仿真时，选择随机傅里叶特征核最小均方（Random Fourier Feature Kernel Least Mean Square，RFF-KLMS）方法和随机傅里叶特征核递归最小二乘（Random Fourier Feature Kernel Recursive Least Squares，RFF-RLS）方法作为对比方法[30]。选择均方误差（Mean Square Error，MSE）作为预测精度的评价指标，测试时间作为预测效率的评价指标。由于 RFF-RMMC、RFF-KLMS 和 RFF-RLS 中使用的 RFF 方法具有随机性，仿真结果在重复 20 次实验后取平均值得出。

为分析 RFF 维度 L 对 RFF-RMMC 方法预测性能的影响，仿真实验记录不同的 RFF 维度下的测试时间和测试集 MSE。图 3.8 表示测试时间和测试集 MSE 随 RFF 维度从 1 增长到 200 时的变化曲线。由图 3.8 可知，随着 RFF 维度的增长，测试时间在显著增加，但是测试集 MSE 刚开始会不断减少，最终稳定在 0.08 和 0.12 之间。这说明只要 RFF 维度不是太小，测试集 MSE 的值对 RFF 维度的选择并不敏感，但是测试时间会随着 RFF 维度的变大而持续增加。

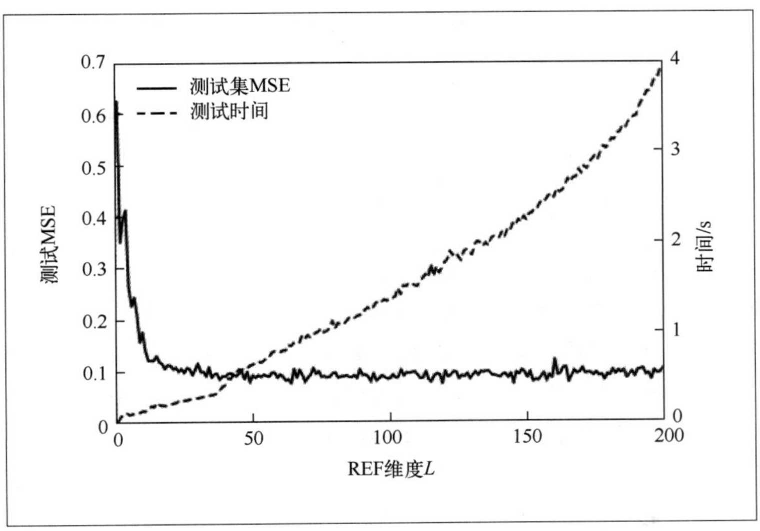

图 3.8　不同 RFF 维度下的 RFF-RMMC 的仿真曲线图

选择两个不同的 RFF 维度时，将 RFF-RMMC 方法与 RFF-KLMS 和 RFF-RLS 这两种方法的仿真实验结果进行对比。图 3.9 表示 RFF 维度分别设为 30 和 100 时的测试集 MSE 随迭代次数的变化曲线。观察图 3.9 可发现，在两个不同的 RFF 维度下，三种方法都能较快地收敛。但随着迭代次数的增加，两个 RFF 维度下 RFF-RMMC 方法的测试集 MSE 曲线的收敛速度都优于两种对比方法，并且 RFF-RMMC 方法可实现最低的 MSE。综上所述，RFF-RMMC 在使用结构稀疏化方法近似核函数后仍能很好地跟踪时间序列的变化趋势，获得令人满意的预测结果，证明其具有较好的预测性能。

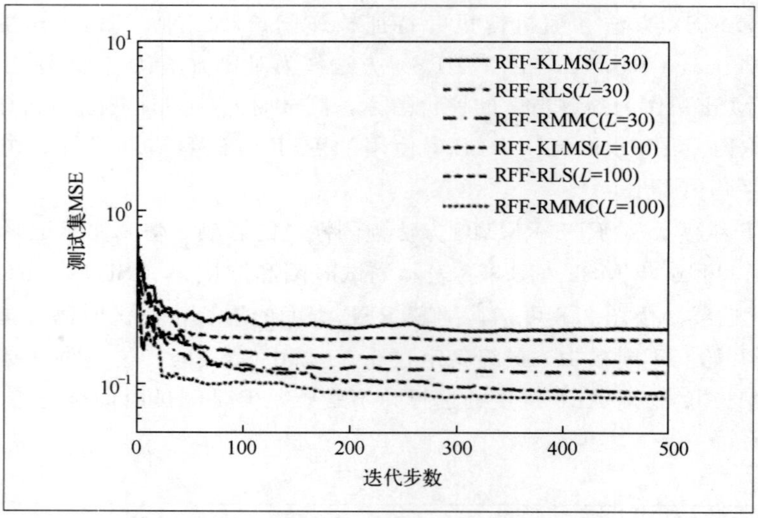

图 3.9　三种方法的测试集 MSE 变化曲线图

3.6　小结

在第 2 章中，介绍的基于均方误差准则的核自适应滤波器虽然能有效降低计算复杂度，但是其对非高斯噪声和异常值的抑制能力较弱。本章从相关熵准则的角度出发，介绍 4 种改进的核自适应滤波器。动态自适应稀疏核递归最小二乘（DAS-KRLS）模型有机结合最大相关熵、核矩阵范数约束机制和矢量投影，在降低计算复杂度的同时可增强模型对噪声的抑制能力；量化核递归广义最大相关熵（QKRGMC）模型将广义最大相关熵和矢量量化方法结合生成量化广义最大相关熵准则，不仅能提高相关熵对样本相似性度量的准确性和灵活性，还可有效限制模型结构的无限增长；利用半二次优化方法解决广义相关熵函数的非凸性，采用共轭梯度法提高模型的收敛性能和预测精度，从而引入核广义半二次熵共轭梯度（KGHCG）模型；为解决模型结构扩张和最大相关熵参数调节不灵活的问题，随机傅里叶特征核递归最大混合相关熵（RFF-RMMC）模型使用随机傅里叶特征方法以固定成本近似核函数，提高模型的计算速度，并采用混合相关熵弥补随机傅里叶特征方法导致的信息部分丢失问题，使模型不仅具有良好的抗噪性能，还可节约计算成本。这些核自适应滤波器的改进方法能有效提高模型的抗噪性能，提升模型在含有噪声的混沌时间序列中的在线预测精度和效率。

第4章

基于智能优化回声状态网络的混沌时间序列预测

在第 2 章和第 3 章中，重点介绍了基于核自适应滤波器的混沌时间序列在线预测方法。在实际应用中，除了在线预测问题，还有一大类问题是离线预测。离线预测通常用于模型评估和调优，可以在数据集上评估不同模型的性能。在众多离线预测方法中，本书介绍具有建模高效、鲁棒性强等特点的回声状态网络（Echo State Network，ESN）。针对 ESN 存在储备池超参数难以确定、输出权值矩阵的求解存在病态解等问题，本章从智能优化的角度，介绍三种改进的 ESN 方法：改进粒子群优化回声状态网络（Improved Particle Swarm Optimization Echo State Network，IPSO-ESN）、改进生物地理学优化回声状态网络（Modified Biogeography-based Optimization Echo State Network，MBBO-ESN）和改进多目标差分进化回声状态网络（Improved Multi-objective Differential Evolution Echo State Network，IMODE-ESN）。在每节末尾处，通过对基准数据集进行仿真实验，说明三种改进型 ESN 方法对混沌时间序列离线预测的有效性。

4.1 回声状态网络的基本原理

回声状态网络（Echo State Network，ESN）是一种基于人工神经网络的机器学习算法，属于循环神经网络（Recurrent Neural Network，RNN）的一种。ESN 的基本思想是，将一个大规模的随机生成的神经元网络（也称储备池）作为一个回声状态，然后通过输入层和输出层对这个回声状态进行驱动和调整，以实现特定的任务。ESN 在训练过程中只需要对输出层进行训练，不需要训练储备池，因此训练速度较快。如图 4.1 所示，ESN 是由输入层、输出层和储备池构成的一种特殊 RNN。储备池中的回声状态权值矩阵是 ESN 的核心组成部分，其本质上是一个随机生成的稀疏矩阵，可记忆储备池中神经元之间的连接关系，决定网络的动态行为和预测能力。储备池结构在保证 ESN 具备非线性映射能力的同时，还使得网络具有丰富的动态性能、良好的自适应性和自组织性。

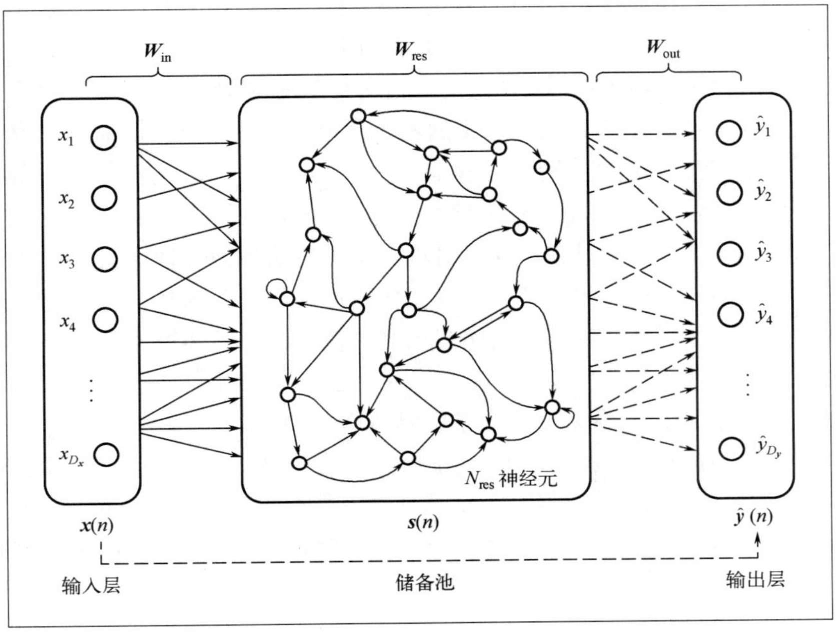

图 4.1　ESN 结构示意图

在 ESN 中，储备池的状态 $\boldsymbol{s}(n)$ 由上一时刻的状态和当前输入共同决定，其更新方程可表示为：

$$\boldsymbol{s}(n)=f(\boldsymbol{W}_{\text{in}}\boldsymbol{x}(n)+\boldsymbol{W}_{\text{res}}\boldsymbol{s}(n-1)) \tag{4.1}$$

式中，n 为当前时刻；$f(\cdot)$ 是非线性激活函数；$\boldsymbol{x}(n)\in\mathbf{R}^{D_x}$ 和 $\boldsymbol{s}(n)\in\mathbf{R}^{N_{\text{res}}}$ 分别表示样本的输入变量和储备池状态；$\boldsymbol{W}_{\text{in}}\in\mathbf{R}^{N_{\text{res}}\times D_x}$ 是输入权值矩阵，用于将样本的输入变量映射到储备池，D_x 是输入变量的维度，N_{res} 为储备池中神经元的数量，可表示储备池的规模；$\boldsymbol{W}_{\text{res}}\in\mathbf{R}^{N_{\text{res}}\times N_{\text{res}}}$ 表示回声状态权值矩阵，可存储神经元之间的连接关系，其生成方法如下：

$$\boldsymbol{W}_{\text{res}}=\boldsymbol{W}_{\text{ran}}\frac{\rho}{\max(|\text{eig}(\boldsymbol{W}_{\text{ran}})|)} \tag{4.2}$$

式中，$\boldsymbol{W}_{\text{ran}}$ 表示使用高斯分布或均匀分布等随机分布生成的稠密矩阵；ρ 是调节因子，用于控制回声状态权值矩阵的谱半径，即矩阵的最大特征值的模；$|\text{eig}(\cdot)|$ 表示矩阵的特征值的模。通过式（4.2）可将随机生成的回声状态权值矩阵调整为所需的谱半径和稀疏度，以获得更好的网络输出。ESN 的输出 $\hat{\boldsymbol{y}}(n)$ 可表示为：

$$\hat{\boldsymbol{y}}(n)=f_{\text{out}}(\boldsymbol{W}_{\text{out}}[\boldsymbol{x}(n);\boldsymbol{s}(n)]) \tag{4.3}$$

式中，$[\boldsymbol{x}(n);\boldsymbol{s}(n)]$ 表示将储备池的状态 $\boldsymbol{s}(n)$ 和输入变量 $\boldsymbol{x}(n)$ 按照列向量拼接在一起，得到一个长度为 D_x+N_{res} 的列向量；$\hat{\boldsymbol{y}}(n)\in\mathbf{R}^{D_y}$ 为网络的输出变量，D_y 是输出变量的维度；在回归任务中，$f_{\text{out}}(\cdot)$ 一般使用恒等函数；$\boldsymbol{W}_{\text{out}}\in\mathbf{R}^{D_y(N_{\text{res}}+D_x)}$ 为所要求解的输出权值矩阵，通常使用线性回归或岭回归进行求解[41]。在训练 ESN 时，输入权值矩阵和输出权值矩阵是可训练的，而回声状态权值矩阵在网络初始化时随机生成，且是固定不变的。这是 ESN 与一般 RNN 的一个重要区别。相比一般的 RNN，ESN 简化权值的求解过程可弥补 RNN 收敛速度慢、易陷入局部最优的不足。但由于回声状态权值矩阵的随机性，不同的初始化方法可能会影响网络的性能。因此，在应用 ESN 时，需要根据具体的任务和数据集选择合适的初始化方法以获得最佳的网络性能。ESN 具有以下特点。

① 训练简单：ESN 在训练过程中只需对输出层进行简单的线性回归，训练速度快。

② 鲁棒性好：ESN 对输入的扰动有一定的鲁棒性，能够处理噪声和缺失数据。

③ 适用范围广：ESN 可应用于时间序列预测、控制、分类和聚类等多个领域。

尽管 ESN 具有许多优点，但是它也存在一些问题，需要手动设置一些超参数，例如储备池规模、谱半径、稀疏度和输入变化因子，具体介绍如下。

① 储备池规模：储备池规模是指在训练之前，给定网络的初始状态所需的神经元数。如果储备池规模过大，网络训练缓慢且易学习到样本数据中的噪声，可能导致过拟合；当储备池规模过小时，网络的训练精度差，可能导致欠拟合。根据经验，储备池规模的取值范围为：

$$N/10\leqslant N_{\text{res}}\leqslant N/2 \tag{4.4}$$

式中，N 为样本数据的长度。

② 谱半径：谱半径是指回声状态权值矩阵的最大特征值的模，影响网络的稳定性和可控性。如果谱半径太大，网络训练会变得困难，网络的状态会快速发散，并且容易出现梯度消失或爆炸的问题；如果谱半径太小，网络可能会过于平稳，无法充分利用 ESN 的非线性特性。对于大多数任务，谱半径的取值范围为：

$$0\leqslant r\leqslant 1 \tag{4.5}$$

式中，r 表示谱半径。

③ 稀疏度：稀疏度是指储备池中神经元之间连接的稀疏程度，可量化为回声状态权值矩阵中零元素的数量，影响网络的表示能力和计算成本。储备池中神经元之间的连接通常是随机稀疏的，即只有部分神经元之间存在连接，而其他神经元之间没有连接。这种稀疏连接可减少网络的计算成本，并且在某些情况下可提高网络的泛化能力。稀疏度不同，网络的表示能力也不同。为确保储备池具有足够的动力特性，稀疏度的取值范围为：

$$0<\eta_{\text{s}}<1 \tag{4.6}$$

式中，η_{s} 为稀疏度。

④ 输入变换因子：输入变换因子是指在输入进入网络前对其进行变换的数值。这个数值可控制输入的幅度和时间常数，以影响网络的响应特性和性能。当输入变换因子取值较大

时，输入权值矩阵中易出现绝对值大的元素，储备池当前状态受当前输入的影响较大，激活函数的非线性区域甚至是饱和区域发挥主要作用，网络表现出较强的非线性拟合能力；当输入变换因子取值较小时，输入权值矩阵中元素的绝对值较小，储备池当前状态受上一时刻状态的影响较大，激活函数的线性区域发挥主要作用，即模型具有较强的线性能力。一般情况下，可通过交叉验证等方法寻找最佳的输入变换因子组合，以实现最好的网络性能。

4.2 基于粒子群优化的回声状态网络

上节已经介绍了回声状态网络的基本原理，并说明输出权值矩阵的计算是训练回声状态网络的关键步骤。通过最小二乘法求解输出权值矩阵的过程简单高效，但可能会产生病态解，导致得到的权值矩阵幅值很大，影响回声状态网络的预测效果。为解决这一问题，本节采用粒子群优化方法，结合佳点集法、变异策略和改进的速度更新方法，介绍一种改进粒子群优化回声状态网络（Improved Particle Swarm Optimization Echo State Network，IPSO-ESN）方法。该方法可优化权值的求解过程，克服病态解的问题，能在混沌时间序列预测中获得较好的预测结果。并且，可通过标杆数据集上的仿真实验验证该方法的有效性。

4.2.1 粒子群优化方法

1995年，美国科学家James Kennedy和Russell Eberhart最早提出粒子群优化（Particle Swarm Optimization，PSO）算法[93]。PSO是一种经典的智能优化方法，其思想源于对鸟群觅食行为的观察和建模。鸟类个体的行为确实难以预测，但是当它们聚集成一个群体时，群体内存在某种潜在信息协调机制，使整个种群的行为呈现出一定的规律和协调性，这种现象叫作“群体智能”。这为种群的演化提供有利条件，也是PSO算法形成的基础。

PSO算法就是模拟鸟群觅食的过程，将每个粒子看作一个鸟类个体，将优化问题的解看作食物，将每个粒子的位置和速度视为粒子状态。在PSO算法的执行过程中，粒子们不断更新自己的位置和速度，以期望找到更优的解。PSO算法的关键在于粒子之间的相互作用，通过共享粒子群的历史最优解和当前最优解，粒子们逐渐调整自己的位置和速度，向更优的解逼近。这种相互作用的机制类似于鸟群觅食时的协调行为，蕴含群体智能的思想，即通过合作和信息共享以实现更好的优化效果。

从社会学的角度，PSO算法可理解为一个寻找社会共识的过程。在社会中，每个个体都会保留自己的独特观点和认知，这些认知受到其个人经验、背景、价值观等多种因素的影响。同时，个体也会参考同龄人中的最优认知，以期望更好地适应社会环境和达成个人目标。在PSO算法中，每个粒子代表一个潜在的解决方案，其位置和速度分别代表当前解决方案的状态和前进方向。每个粒子会受到自身的经验和其他粒子的信息引导而进行位置和速度的更新。这样的信息交流和合作过程，就是粒子们通过交互作用，不断尝试达成最优解的过程。在此过程中，粒子们相互影响，个体适应性逐渐提高，共同寻找社会共识。这种社会共识的寻找，也反映社会中个体相互协作的过程，每个人都在尝试理解和参考他人的认知，以期望达成共同的目标。

在 PSO 算法搜索的过程中，每个粒子的搜索状态是基于其自身经验和整个种群经验而不断调整的。设定粒子群的规模为 N_S，第 i 个粒子（$i=1, 2, \cdots, N_S$）在第 k 次迭代的位置 $\boldsymbol{p}_i(k)$ 可表示为：

$$\boldsymbol{p}_i(k)=\boldsymbol{p}_i(k-1)+\boldsymbol{v}_i(k) \tag{4.7}$$

式中，$\boldsymbol{p}_i(k-1)$ 表示第 i 个粒子在上一次迭代（第 $k-1$ 次迭代）的位置；$\boldsymbol{v}_i(k)$ 为第 i 个粒子在第 k 次迭代的速度，其更新公式定义如下：

$$\boldsymbol{v}_i(k)=w(k)\boldsymbol{v}_i(k-1)+C_1r_1(\boldsymbol{p}_{\text{pbest}(i)}(k-1)-\boldsymbol{p}_i(k))+C_2r_2(\boldsymbol{p}_{\text{gbest}}(k-1)-\boldsymbol{p}_i(k)) \tag{4.8}$$

式中，$w(k)$ 表示惯性权值；r_1 和 r_2 是 $[0, 1]$ 范围内的随机数；C_1 与 C_2 分别为自我认知因子和社会认知因子，可反映粒子种群信息交互程度；$\boldsymbol{p}_{\text{pbest}(i)}(k-1)$ 是局部最优位置，即第 i 个粒子在第 $k-1$ 次迭代的历史最优位置；$\boldsymbol{p}_{\text{gbest}}(k-1)$ 表示全局最优位置，即所有粒子在第 $k-1$ 次迭代的历史最优位置。如前所述，每个粒子对应一个潜在的解决方案，所以需要量化当前解决方案对于问题的好坏程度，即粒子的适应度，以方便后续的对比，具体方法如下：

$$\text{fitness}(i)=F(\boldsymbol{p}_i(k)) \tag{4.9}$$

式中，$F(\cdot)$ 是适应度评价函数，用来量化当前粒子所处位置的适应度，决定是否更新粒子的局部最优位置和全局最优位置，以保证粒子朝着最优解的方向搜索；$\text{fitness}(\cdot)$ 表示粒子的适应度值，是将粒子位置代入适应度函数计算得到的函数值。通过适应度评价函数，更新粒子的局部最优位置 $\boldsymbol{p}_{\text{pbest}(i)}(k)$ 的方法为：

$$\boldsymbol{p}_{\text{pbest}(i)}(k)=\begin{cases}\boldsymbol{p}_i(k), & F(\boldsymbol{p}_i(k))\leqslant F(\boldsymbol{p}_{\text{pbest}(i)}(k-1))\\ \boldsymbol{p}_{\text{pbest}(i)}(k-1), & F(\boldsymbol{p}_i(k))>F(\boldsymbol{p}_{\text{pbest}(i)}(k-1))\end{cases} \tag{4.10}$$

式中，$F(\boldsymbol{p}_{\text{pbest}(i)}(k-1))$ 为第 i 个粒子在第 $k-1$ 次迭代的局部最优位置代入适应度函数计算得到的函数值，即第 i 个粒子在第 $k-1$ 次迭代的历史最佳适应度值。根据每个粒子的局部最优位置，可更新粒子的全局最优位置 $\boldsymbol{p}_{\text{gbest}}(k)$：

$$\boldsymbol{p}_{\text{gbest}}(k)=\underset{i=1,2,\cdots,N_S}{\operatorname{argmin}} F(\boldsymbol{p}_{\text{pbest}(i)}(k)) \tag{4.11}$$

为平衡粒子的局部最优位置和全局最优位置朝着最优解方向的搜索速度，需要动态调节式（4.8）中的惯性权值 $w(k)$，其更新方法如下：

$$w(k)=w_{\max}-\frac{w_{\max}-w_{\min}}{K}k \tag{4.12}$$

式中，$w_{\max}$ 和 $w_{\min}$ 分别为惯性权值的最大值和最小值；K 是最大迭代次数；k 表示当前迭代次数。

综上，PSO 算法的流程如图 4.2 所示，其具体步骤如下。

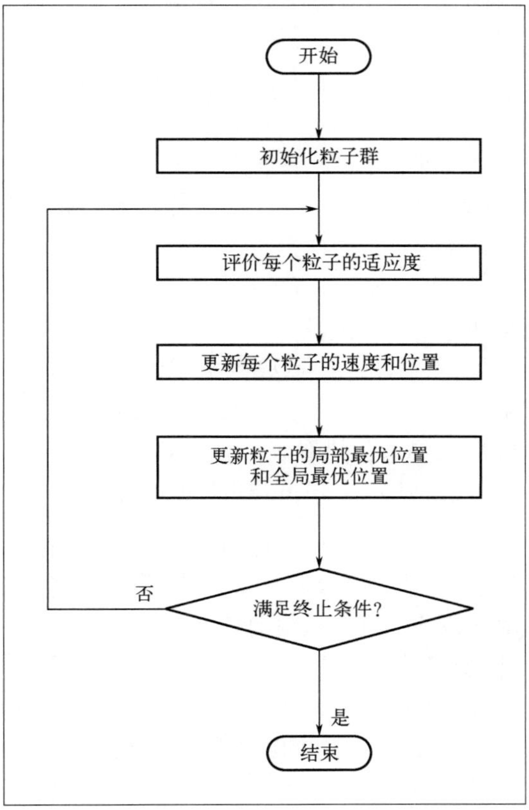

图 4.2 PSO 算法流程图

步骤 1：初始化参数，设定粒子群的规模 N_S，粒子群中每个粒子对应搜索空间中的一个解。随机生成每个粒子的初始位置 $\boldsymbol{p}_i(0)$ 和初始速度 $\boldsymbol{v}_i(0)$，通常将初始速度设置为一个较小的随机数。设定最大迭代次数 K、自我认知因子 C_1、社会认知因子 C_2 和适应度阈值 τ_f。初始化粒子的局部最优位置 $\boldsymbol{p}_{\text{pbest}(i)}(0)$ 和全局最优位置 $\boldsymbol{p}_{\text{gbest}}(0)$。

步骤 2：对每个粒子的当前位置计算适应度值，用于评估其解的好坏。适应度值越小时，粒子所代表的解越好；适应度值越大时，粒子所代表的解越差。

步骤 3：根据上一次迭代（第 $k-1$ 次迭代）时的粒子位置 $\boldsymbol{p}_i(k-1)$、粒子速度 $\boldsymbol{v}_i(k-1)$ 以及粒子的全局最优位置 $\boldsymbol{p}_{\text{gbest}}(k-1)$，更新粒子速度 $\boldsymbol{v}_i(k)$。

$$\boldsymbol{v}_i(k)=w(k)\boldsymbol{v}_i(k-1)+C_1r_1(\boldsymbol{p}_{\text{pbest}(i)}(k-1)-\boldsymbol{p}_i(k))+C_2r_2(\boldsymbol{p}_{\text{gbest}}(k-1)-\boldsymbol{p}_i(k)) \tag{4.13}$$

并更新粒子位置 $\boldsymbol{p}_i(k)$：

$$\boldsymbol{p}_i(k)=\boldsymbol{p}_i(k-1)+\boldsymbol{v}_i(k) \tag{4.14}$$

步骤 4：判断每个粒子当前位置 $\boldsymbol{p}_i(k)$ 的适应度值与粒子的局部最优位置 $\boldsymbol{p}_{\text{pbest}(i)}$

$(k-1)$ 的适应度值的关系，具体情况分为以下两种。

① 当每个粒子当前位置的适应度值高于粒子的局部最优位置的适应度值时，即满足下式所示关系时：

$$F(\boldsymbol{p}_i(k))>F(\boldsymbol{p}_{\mathrm{pbest}(i)}(k-1)) \tag{4.15}$$

粒子的局部最优位置 $\boldsymbol{p}_{\mathrm{pbest}(i)}$ 保持不变：

$$\boldsymbol{p}_{\mathrm{pbest}(i)}(k)=\boldsymbol{p}_{\mathrm{pbest}(i)}(k-1) \tag{4.16}$$

② 当每个粒子当前位置的适应度值不超过粒子的局部最优位置的适应度值，即满足下式所示关系时：

$$F(\boldsymbol{p}_i(k))\leqslant F(\boldsymbol{p}_{\mathrm{pbest}(i)}(k-1)) \tag{4.17}$$

更新粒子的局部最优位置 $\boldsymbol{p}_{\mathrm{pbest}(i)}$ 如下：

$$\boldsymbol{p}_{\mathrm{pbest}(i)}(k)=\boldsymbol{p}_i(k) \tag{4.18}$$

步骤 5：对比步骤 4 计算得到的每个粒子的局部最优位置的适应度值，将最低适应度值对应的粒子局部最优位置作为全局最优位置 $\boldsymbol{p}_{\mathrm{gbest}}(k)$，即：

$$\boldsymbol{p}_{\mathrm{gbest}}(k)=\underset{i=1,2,\cdots,N_{\mathrm{S}}}{\operatorname{argmin}}\ F(\boldsymbol{p}_{\mathrm{pbest}(i)}(k)) \tag{4.19}$$

步骤 6：判断粒子是否满足终止条件，具体情况分为以下两种。

① 当前迭代次数为最大迭代次数即 $k=K$ 或全局最优位置对应的适应度值低于适应度阈值即 $F(\boldsymbol{p}_{\mathrm{gbest}}(k))<\tau_{\mathrm{f}}$ 时，终止当前迭代并计算输出；

② 当①不满足时，返回步骤 2 继续进行迭代。

步骤 7：计算输出，输出当前的全局最优位置 $\boldsymbol{p}_{\mathrm{gbest}}(k)$ 为最优解。

相比其他智能优化方法，粒子群算法具有全局搜索能力强、求解速度快和鲁棒性强等优点。粒子群算法因为操作简单、参数少和参数调整方法简单等特点，广泛应用于各种实际问题中。但是，PSO 算法也存在对初始参数值敏感、容易陷入局部最优解和过早收敛等缺点。

4.2.2 改进的粒子群优化方法

近年来，围绕着 PSO 算法出现了不少研究成果。为解决 PSO 算法易陷入局部最优和过早收敛的问题，本节结合佳点集法、变异策略和改进的速度更新方法，介绍一种改进的 PSO 算法，具体的改进方法如下。

① 佳点集法：PSO 算法通过随机产生的方式初始化粒子的位置，然而此方法难以实现粒子在决策空间中的均匀分布，最终会导致迭代过程中出现早熟现象，抑制算法搜索能力，降低最优解的质量。佳点集法[94] 能显著改善随机初始化方法下粒子在决策空间中分布不均匀的现象。设 G_s 是 s 维欧几里得空间中的单位立方体，若 $r\in G_s$，则具有 n 个点的佳点集 $P_n(k)$ 可表示为：

$$P_n(k)=\{\{r_1^{(n)}k\},\cdots,\{r_i^{(n)}k\},\cdots,\{r_s^{(n)}k\}\} \tag{4.20}$$

式中，$k=1$，2，…，n；r_i 称为佳点，其表达式为：

$$r_i=2\cos\frac{2\pi i}{p} \tag{4.21}$$

式中，$i=1, 2, \cdots, s$；p 是满足下式的最小素数：

$$p \geqslant 2s+3 \tag{4.22}$$

种群规模相同的情况下，相比随机法，采用佳点集法生成的种群具有多样性且稳定性好。当种群规模为 200 时，通过随机法和佳点集法初始化得到的种群如图 4.3 所示。从图 4.3 中可看出，在种群规模相同时，在相同空间内佳点集法生成的种群比随机法生成的种群在空间中的分布更加均匀。因此，相比随机初始化方法，佳点集法在种群初始化过程中可更加有效地探索整个决策空间。

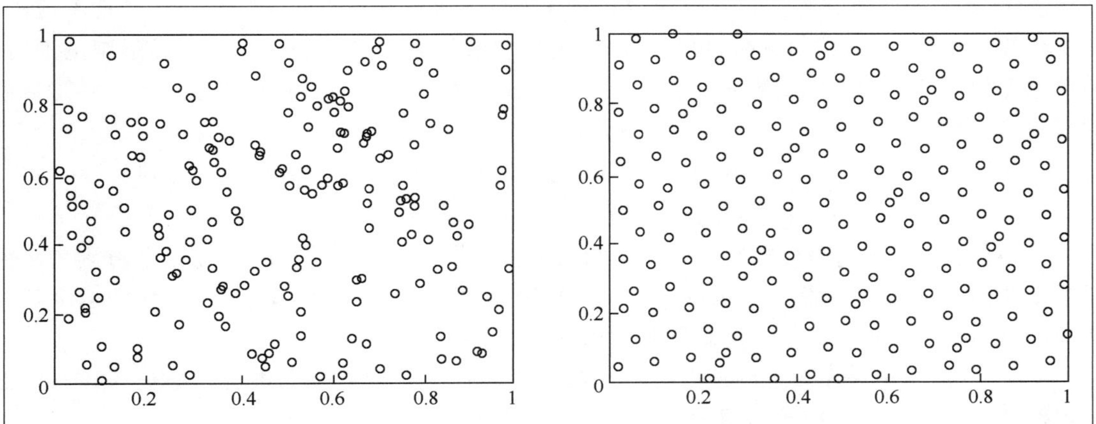

图 4.3　随机法与佳点集法的初始化效果对比

② 变异策略：PSO 算法在迭代开始时收敛速度很快，但在迭代过程中收敛速度逐渐变慢，此时引入变异策略可保持算法的收敛速度。变异策略最早出现在遗传算法中，是指在每一代种群中，通过改变个体的某些基因引入多样性，以帮助算法从种群中发现更优的解决方案。在变异策略的执行过程中，变异概率随着算法迭代而不断增加，因此粒子的收敛在早期不会受到影响，且该策略还可防止种群在后期陷入局部最优。一旦激活变异策略，就会复制粒子的信息，新粒子的位置会受到如下所示的高斯扰动的影响：

$$\boldsymbol{p}'_i(k)=\boldsymbol{p}_i(k)+(\mathrm{UB}_i-\mathrm{LB}_i)N(0, \sigma^2(k)) \tag{4.23}$$

式中，k 表示当前迭代次数；$\boldsymbol{p}_i(k)$ 是第 i 个粒子的当前位置；$\boldsymbol{p}'_i(k)$ 为第 i 个粒子变异后的新位置；UB_i 和 LB_i 分别表示第 i 个粒子位置的上界和下界，用于限制粒子变异后的位置不超过搜索空间的边界；$N(0, \sigma^2(k))$ 是均值为 0、标准差为 $\sigma(k)$ 的高斯随机数，其标准差的更新过程如下所示：

$$\sigma(k)=\sigma_{\max}-\frac{\sigma_{\max}-\sigma_{\min}}{K}k \tag{4.24}$$

式中，σ_{max} 和 σ_{min} 分别是标准差的最大值和最小值；K 为最大迭代次数。当粒子变异后的新位置 $\boldsymbol{p}'_i(k)$ 超出搜索空间的边界时，其位置调整为搜索空间的边界值，具体操作如下：

$$\boldsymbol{p}'_i(k)=\begin{cases}\mathrm{LB}_i \text{ or } \mathrm{UB}_i, & \boldsymbol{p}'_i(k)\notin \mathrm{space}(\mathrm{LB}_i,\mathrm{UB}_i)\\ \boldsymbol{p}'_i(k), & \boldsymbol{p}'_i(k)\in \mathrm{space}(\mathrm{LB}_i,\mathrm{UB}_i)\end{cases} \tag{4.25}$$

式中，$\mathrm{space}(\mathrm{LB}_i,\mathrm{UB}_i)$ 表示以 LB_i 为下界、UB_i 为上界的搜索空间。这样可保证粒子变异后的位置始终处于搜索空间内，避免了越界的情况，从而保证算法的稳定性和可靠性。因此，在 PSO 算法中引入变异策略，不仅可防止陷入局部最优解，还能保证算法的稳定性。

③ 改进的速度更新方法：通过设定粒子速度的最大值和最小值，限制粒子的速度范围，可避免算法过早陷入局部最优，提高算法的全局搜索能力。当粒子的速度超过限制范围时，使用速度限制范围内的随机数替换粒子速度，可避免粒子在寻优过程中更新过快，跳过目标解。其具体操作如下：

$$\boldsymbol{v}_i(k)=\begin{cases}\boldsymbol{v}_i(k), & \boldsymbol{v}_i(k)\in \mathrm{space}(\boldsymbol{v}_{\min},\boldsymbol{v}_{\max})\\ \mathrm{rand}(\boldsymbol{v}_{\min},\boldsymbol{v}_{\max}), & \boldsymbol{v}_i(k)\notin \mathrm{space}(\boldsymbol{v}_{\min},\boldsymbol{v}_{\max})\end{cases} \tag{4.26}$$

式中，k 表示当前迭代次数；$\boldsymbol{v}_i(k)$ 为第 i 个粒子的当前速度；$\boldsymbol{v}_{\max}$ 和 $\boldsymbol{v}_{\min}$ 分别表示粒子速度的最大值和最小值；$\mathrm{space}(\boldsymbol{v}_{\min},\boldsymbol{v}_{\max})$ 表示以 $\boldsymbol{v}_{\min}$ 为下界、$\boldsymbol{v}_{\max}$ 为上界的速度限制空间；$\mathrm{rand}(\boldsymbol{v}_{\min},\boldsymbol{v}_{\max})$ 是速度限制范围内的随机数。

在 PSO 算法中采用改进的速度更新方法，可使粒子在搜索空间中均匀地分布，有效地覆盖搜索空间，以提高粒子的搜索效率，从而使算法更快地找到全局最优解。

4.2.3 改进粒子群优化回声状态网络

相比 PSO 算法，第 4.2.2 节介绍的改进 PSO 算法采用佳点集法初始化得到的种群分布更加均匀，通过变异策略和改进的速度更新方法可有效克服算法易陷入局部最优解的问题，提高算法在决策空间的收敛性能和全局搜索能力。为解决 ESN 训练过程中通过最小二乘法求解输出权值矩阵可能产生病态解的问题，本节将 ESN 的训练过程视为一个非线性优化问题，采用改进的 PSO 算法优化其输出权值矩阵，介绍一种 IPSO-ESN 方法。IPSO-ESN 方法步骤如下。

步骤 1：初始化参数，设定粒子群的规模 N_S、最大迭代次数 K、自我认知因子 C_1、社会认知因子 C_2 和适应度阈值 τ_f，初始化粒子的初始位置 $\boldsymbol{p}_i(0)$ 和初始速度 $\boldsymbol{v}_i(0)$，初始化粒子的局部最优位置 $\boldsymbol{p}_{\mathrm{pbest}(i)}(0)$ 和全局最优位置 $\boldsymbol{p}_{\mathrm{gbest}}(0)$，设定正则化系数 λ_R。

步骤 2：输入样本，加载 $\{(\boldsymbol{x}(n), y(n)), n=1, \cdots, N\}$，$N$ 为样本数。

步骤 3：随机生成输入权值矩阵 $\boldsymbol{W}_{\mathrm{in}}$ 和回声状态权值矩阵 $\boldsymbol{W}_{\mathrm{res}}$，并按下式更新储备池状态 $\boldsymbol{s}(n)$。

$$\boldsymbol{s}(n)=f(\boldsymbol{W}_{\mathrm{in}}\boldsymbol{x}(n)+\boldsymbol{W}_{\mathrm{res}}\boldsymbol{s}(n-1)) \tag{4.27}$$

令 $\boldsymbol{S}$ 为储备池状态的收集矩阵，可表示为：

$$\boldsymbol{S}=[\boldsymbol{s}(1)\quad \boldsymbol{s}(2)\quad \cdots\quad \boldsymbol{s}(N)]^{\mathrm{T}} \tag{4.28}$$

步骤 4：构建成本函数 $J(\cdot)$。如下所示：

$$J(N)=\|\boldsymbol{Y}-\boldsymbol{S}\boldsymbol{W}_{\text{out}}\|_2^2+\lambda_{\mathrm{R}}\|\boldsymbol{W}_{\text{out}}\|_1^2 \tag{4.29}$$

式中，$\boldsymbol{W}_{\text{out}}$ 表示 ESN 的输出权值矩阵；$\boldsymbol{Y}=[y(1)\quad y(2)\quad \cdots\quad y(N)]^{\mathrm{T}}$ 为真实的输出矩阵；$\|\cdot\|_2$ 和 $\|\cdot\|_1$ 分别表示 L_2 和 L_1 范数。

步骤 5：改进的 PSO 算法求解 ESN 的输出权值矩阵，通过佳点集法初始化粒子群，使其在决策空间中分布更加均匀。

步骤 6：对每个粒子的当前位置计算适应度值，用于评估其解的好坏。

步骤 7：通过下式计算自我认知因子 C_1 和社会认知因子 C_2。

$$C_1(k)=\frac{C_{12}-C_{11}}{K}k+C_{11} \tag{4.30}$$

$$C_2(k)=\frac{C_{22}-C_{21}}{K}k+C_{21} \tag{4.31}$$

式中，C_{12} 和 C_{11} 分别为自我认知因子的最大值和最小值；C_{22} 和 C_{21} 分别为社会认知因子的最大值和最小值；K 是最大迭代次数；k 表示当前迭代次数。

步骤 8：根据式（4.13）、式（4.14）更新粒子速度 $\boldsymbol{v}_i(k)$ 和粒子位置 $\boldsymbol{p}_i(k)$，通过变异策略得到粒子变异后的新位置。

步骤 9：根据式（4.25）、式（4.26）将粒子位置和粒子速度控制在给定范围内。如果粒子速度超出范围，将粒子速度调整为给定区间内的随机数；如果粒子位置超出搜索空间，粒子位置调整为搜索空间的边界值，且将粒子速度反向。

步骤 10：根据式（4.16）、式（4.18）更新粒子的局部最优位置 $\boldsymbol{p}_{\text{pbest}(i)}(k)$。

步骤 11：根据式（4.19）更新粒子的全局最优位置 $\boldsymbol{p}_{\text{gbest}}(k)$。

步骤 12：判断粒子是否满足终止条件，具体情况分为以下两种。

① 当前迭代次数为最大迭代次数或全局最优位置对应的适应度值低于适应度阈值时，终止当前迭代并计算输出；

② 当①不满足时，返回步骤 6 继续进行迭代。

步骤 13：输出改进 PSO 算法的最优解 $\boldsymbol{p}_{\text{gbest}}(k)$，即 ESN 的输出权值矩阵 $\boldsymbol{W}_{\text{out}}$。

步骤 14：计算输出，即 ESN 输出。

$$\hat{\boldsymbol{Y}}=f_{\text{out}}(\boldsymbol{W}_{\text{out}}[\boldsymbol{X};\boldsymbol{S}])$$

式中，$\boldsymbol{X}=[\boldsymbol{x}(1)\quad \boldsymbol{x}(2)\quad \cdots\quad \boldsymbol{x}(N)]^{\mathrm{T}}$ 为 ESN 的输入矩阵；$\hat{\boldsymbol{Y}}=[\hat{y}(1)\quad \hat{y}(2)\quad \cdots\quad \hat{y}(N)]^{\mathrm{T}}$ 为 ESN 的输出矩阵。

4.2.4 仿真实验[95]

为验证 IPSO-ESN 方法的有效性，本节在 Lorenz 混沌时间序列上进行仿真实验。在 Lorenz 方程上生成 Lorenz 时间序列，再通过相空间重构方法处理当前时间序列。设定 Lorenz-$x(t)$ 为预测目标，并划分样本进行训练和测试，仿真数据集的具体参数设置如表 4.1 所示。

表 4.1 仿真数据集参数设置

Lorenz 方程参数			延迟时间			嵌入维数			样本数	
a	b	c	x	y	z	x	y	z	训练集	测试集
10	28	8/3	5	5	5	10	10	10	3750	1250

此外，选用 PSO 算法、协同演化粒子群优化（Cooperative Coevolving Particle Swarm Optimization，CCPSO）算法、竞争群优化（Competitive Swarm Optimization，CSO）算法、灰狼优化（Grey Wolf Optimization，GWO）算法、教与学优化（Teaching-learning-based Optimization，TLBO）算法和微分分组 2 型（Differential Grouping-2，GD2）算法作为对比方法。为比较不同方法的预测性能，选用均方根误差（Root Mean Square Error，RMSE）、标准化均方根误差（Normalized Root Mean Square Error，NRMSE）和对称平均绝对百分比误差（Symmetric Mean Absolute Percentage Error，SMAPE）作为评价指标。所有结果取 10 次重复实验的均值。

图 4.4 是 IPSO-ESN 方法在 Lorenz 时间序列上的单步预测曲线和误差曲线。从图 4.4 中可直观地看出，预测曲线与真实曲线具有很好的拟合效果，几乎完全重合，而且预测误差控制在［−0.003，0.003］范围内。

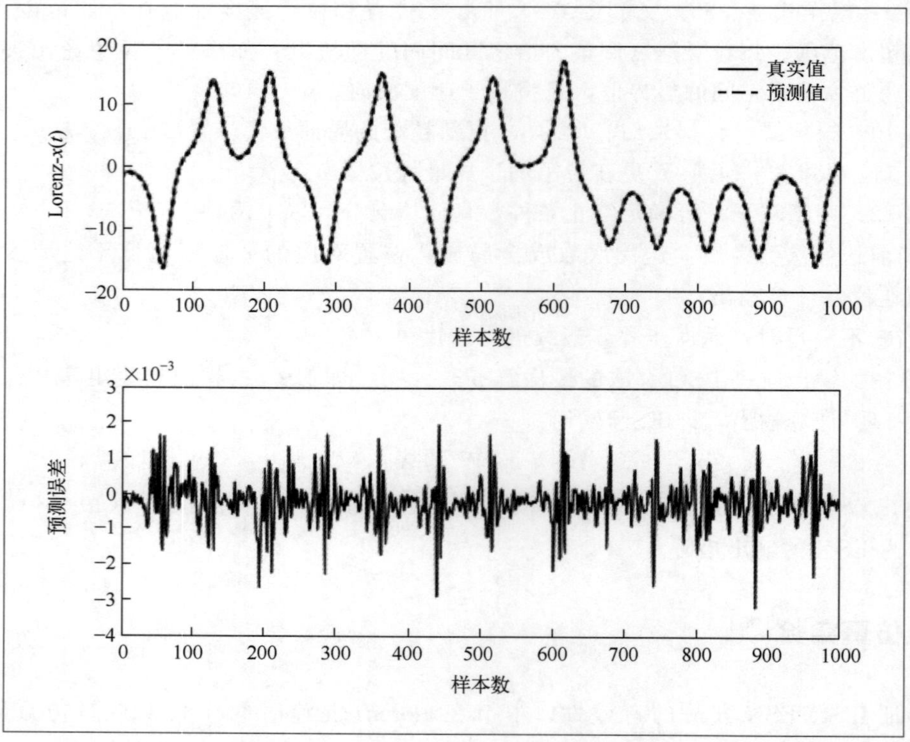

图 4.4 IPSO-ESN 方法的单步预测结果

为进一步检验 IPSO-ESN 方法在 Lorenz 时间序列上预测的有效性，表 4.2 给出了 IPSO-ESN 方法与其他七种对比方法在 Lorenz 混沌时间序列上的单步预测结果。由表 4.2 可知，IPSO-ESN 方法的 RMSE 值为 3.551×10^{-4}，NRMSE 值为 2.191×10^{-5}，SMAPE 值为 2.270×10^{-4}。IPSO-ESN 方法在所有评价指标上均取得最好的预测结果，这意味着 IPSO-ESN 方法适用于混沌时间序列的建模与预测。相比其他七种改进型 ESN 方法，原始 ESN 方法因为未进行参数优化而预测效果不佳，表明使用智能优化方法对 ESN 的输出权值矩阵进行优化能有效提高模型的预测性能。相比 IPSO-ESN 方法，PSO-ESN 方法的预测性能较差，原因可能在于 PSO 算法的随机初始化方式使粒子在复杂的搜索空间中不能均匀分布，导致收敛时陷入局部最优，最终预测性能不佳。而 IPSO-ESN 方法因为采用佳点集法初始化粒子种群，所以可有效避免初始粒子分布不均匀的问题。

表 4.2 不同模型的单步预测结果

方法	RMSE	NRMSE	SMAPE
ESN	2.581×10^{-3}	1.701×10^{-3}	7.154×10^{-2}
PSO-ESN	1.005×10^{-3}	9.064×10^{-4}	5.159×10^{-3}
CCPSO-ESN	8.695×10^{-4}	1.050×10^{-4}	9.804×10^{-4}
CSO-ESN	8.025×10^{-4}	5.774×10^{-5}	4.117×10^{-4}
GWO-ESN	1.251×10^{-3}	4.504×10^{-4}	2.776×10^{-3}
TLBO-ESN	4.861×10^{-3}	8.883×10^{-4}	5.868×10^{-3}
GD2-ESN	7.614×10^{-4}	6.016×10^{-5}	3.716×10^{-4}
IPSO-ESN	$\mathbf{3.551\times10^{-4}}$	$\mathbf{2.191\times10^{-5}}$	$\mathbf{2.270\times10^{-4}}$

综上所述，IPSO-ESN 方法在 Lorenz 时间序列上可很好地进行离线预测，并且取得良好的预测结果。这说明 IPSO-ESN 方法适用于混沌时间序列的离线预测任务。

4.3 基于生物地理学优化的回声状态网络

在上节介绍的改进粒子群优化回声状态网络中，虽然通过粒子群优化方法可有效避免病态解的出现，但网络并没有分析输入特征变量与预测目标之间的关系，在预测过程中可能会因为特征冗余影响预测精度。为解决这一问题，本节采用生物地理学优化方法，结合 S 型种群迁移模型、协方差矩阵迁移策略和 Lévy 分布变异策略，介绍一种改进生物地理学优化回声状态网络（Modified Biogeography-based Optimization Echo State Network，MBBO-ESN）方法。该方法可自适应地选择输入特征最优子集和优化模型参数，能挖掘输入特征与模型参数之间的潜在联系，在混沌时间序列中获得较高的预测精度。并且，通过标杆数据集上的仿真实验验证了该方法的有效性。

4.3.1 生物地理学优化方法

生物地理学优化（Biogeography-based Optimization，BBO）[96] 是由 Dan Simon 于 2008 年提出的一种智能优化算法，其基本思想是借鉴生物地理学理论，模拟生物种群在不同栖息地之间的迁移，通过调整迁移过程中的迁移率、迁出率、迁移拓扑、迁移时间间隔和迁移策略等参数，实现栖息地之间的信息交流和信息共享，提高栖息地的适应性，从而搜索问题的最优解。

在 BBO 算法中，生物种群中的每个个体处在不同的栖息地，并且受到温度、湿度、光照和食物等不同生态因素的影响。生物个体对应优化问题的候选解，栖息地对应解空间，影响栖息地适宜性的生态因素叫作适应度指数变量（Suitability Index Variable，SIV）。栖息地适应度指数（Habitat Suitability Index，HSI）可用于评价栖息地的适宜程度，本质上是对栖息地所有 SIV 的贡献求和，其表达式如下：

$$H_n=\sum_{d=1}^{N_{\mathrm{I}}}(w_{\mathrm{H}}^{n,d}r_{\mathrm{H}}^{n,d}) \tag{4.32}$$

式中，n 表示当前栖息地；$w_{\mathrm{H}}^{n,d}$ 是当前栖息地中第 d 个 SIV 的权值，反映对生物种群的影响程度；$r_{\mathrm{H}}^{n,d}$ 为当前栖息地中第 d 个 SIV 的适应度。每个栖息地都有一个 HSI 值，可反映该栖息地的适应度水平，HSI 值越高，则表示该栖息地越适合作为最优解的候选解。在 BBO 算法的迭代过程中，SIV 会随机变化，并影响 HSI 的计算结果，从而影响生物个体在不同栖息地之间的迁移和适应度的评价。通过合理地选择和设计 SIV，可提高算法的收敛速度和优化效果。当某个栖息地的 HSI 较高时，生物个体有更高的概率选择该栖息地，从而实现对 HSI 较高栖息地的搜索和优化。因此，SIV 和 HSI 在 BBO 算法中密切相关，是算法实现搜索和优化的关键。

生物地理学理论指出，具有较高 HSI 的栖息地能容纳较多的生物种群，而较低 HSI 的栖息地只能容纳较少的生物种群。高 HSI 栖息地上的生物种群由于生存空间饱和等问题而大量迁出到相邻栖息地，同时只有少量生物种群迁入；而低 HSI 的栖息地由于生物种群稀少而使得较多的种群迁入和较少的种群迁出。由于栖息地的 HSI 与该地的生物种群多样性成正比，因此生物种群迁入有助于提高栖息地上的种群多样性，从而改善和提高栖息地的 HSI。BBO 算法的步骤如下。

步骤 1：初始化生物种群，初始化一定数量的个体，并随机分配到各个栖息地中。第 n 个栖息地的第 d 个 SIV 的初始值 $x_{\mathrm{H}}^{n,d}$ 如下所示：

$$x_{\mathrm{H}}^{n,d}=l_d+(u_d-l_d)N(0,\sigma^2(d)) \tag{4.33}$$

式中，$n=1,2,\cdots,N_{\mathrm{H}}$；$d=1,2,\cdots,N_{\mathrm{I}}$；$N_{\mathrm{H}}$ 表示栖息地的数量；N_{I} 为栖息地中 SIV 的数量；u_d 和 l_d 分别是第 d 个 SIV 的上下限；$N(0,\sigma^2(d))$ 代表均值为 0、标准差为 $\sigma(d)$ 的随机数。第 n 个栖息地可表示为 $\boldsymbol{X}_{\mathrm{H}}^{n}=[x_{\mathrm{H}}^{n,1}\quad x_{\mathrm{H}}^{n,2}\quad\cdots\quad x_{\mathrm{H}}^{n,N_{\mathrm{I}}}]$。

步骤 2：生物种群迁移，初始化后可根据实际问题的适应度函数计算每个栖息地的 HSI

值，即 H_n。对 H_n 进行降序排序，赋予原来第 n 个栖息地新的 n 值。排序后第 n 个栖息地的生物种群数量 S_n 计算方法如下：

$$S_n = S_{\max} - n \tag{4.34}$$

式中，$S_{\max}$ 是栖息地能容纳的最大个体数量，一般取值为栖息地的数量 N_H。

图 4.5 为栖息地的生物种群线性迁移模型，横坐标表示栖息地容纳的种群数量，纵坐标表示迁移率。λ_S 和 μ_S 分别为种群数量的迁入率和迁出率，I 和 E 分别为最大迁入率和最大迁出率。

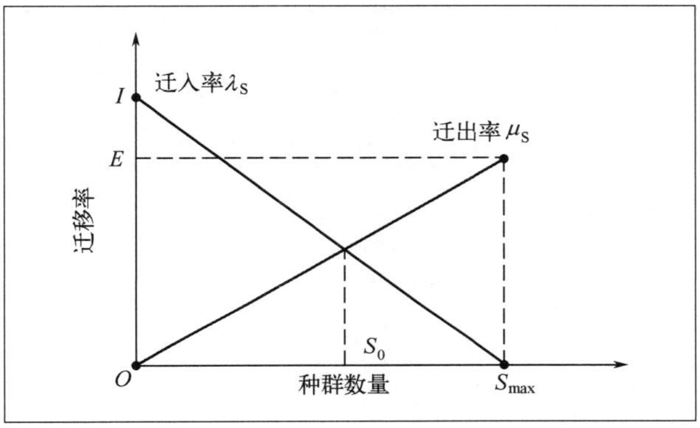

图 4.5　线性种群迁移模型

第 n 个栖息地的迁入率 λ_n 可通过下式计算：

$$\lambda_n = I\left(1 - \frac{S_n}{S_{\max}}\right) \tag{4.35}$$

第 n 个栖息地的迁出率 μ_n 计算方法如下：

$$\mu_n = \frac{ES_n}{S_{\max}} \tag{4.36}$$

步骤 3：栖息地变异，种群概率 P_n 可由第 n 个栖息地的迁入率 λ_n 和迁出率 μ_n 通过下式计算所得。

$$P_n = \begin{cases} -(\lambda_n + \mu_n)P_n + \mu_{n+1}P_{n+1} & ,S_n = 0 \\ -(\lambda_n + \mu_n)P_n + \lambda_{n-1}P_{n-1} + \mu_{n+1}P_{n+1} & ,0 < S_n < S_{\max} \\ -(\lambda_n + \mu_n)P_n + \lambda_{n-1}P_{n-1} & ,S_n = S_{\max} \end{cases} \tag{4.37}$$

第 n 个栖息地的变异率 m_n 与其种群概率 P_n 成反比，其计算方法为：

$$m_n = m_{\max}\left(1 - \frac{P_n}{P_{\max}}\right) \tag{4.38}$$

式中，$m_{\max}$ 为栖息地最大变异率；$P_{\max}$ 是所有种群概率的最大值。综上，BBO 算法的流程如图 4.6 所示。

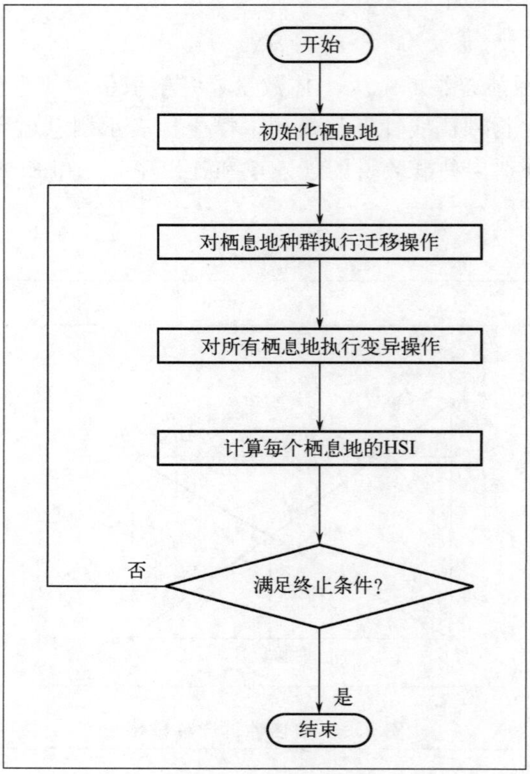

图 4.6　BBO 算法流程图

4.3.2　改进的生物地理学优化方法

在第 4.3.1 节已经介绍，BBO 算法是基于生物地理学理论的智能优化方法，可通过模拟生物种群在不同栖息地之间的迁移，搜索问题的最优解。但随着优化问题的复杂化和优化对象的多样化，BBO 算法在收敛速度和搜索机制方面仍存在不足。针对这个问题，本节使用 S 型物种迁移模型、协方差矩阵迁移策略和 Lévy 分布变异策略对 BBO 算法进行改进，介绍一种改进生物地理学优化（Modified Biogeography-based Optimization，MBBO）算法。具体的改进方法如下。

（1）S 型种群迁移模型

图 4.5 所示的生物种群线性迁移模型不能准确地模拟实际生物地理环境中复杂的迁移过程，Raymond Pearl 和 Lowell J. Reed 指出一个栖息地中种群数量会呈现 S 型曲线的变化趋势[97]。受现实环境中自然规律的启发，下面将介绍一种更符合自然规律的 S 型曲线迁移模型，如图 4.7 所示。

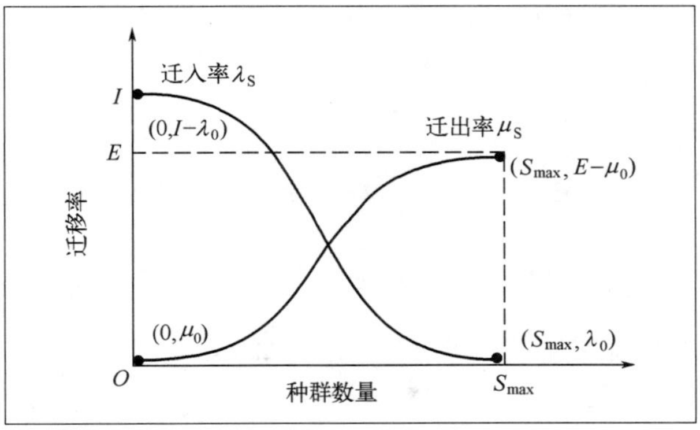

图 4.7　S 型种群迁移模型

S 型迁移模型对应的迁入率 λ_n 和迁出率 μ_n 如式（4.39）和式（4.40）所示：

$$\lambda_n = -\left[\frac{\lambda_0 e^{r_\lambda s_n} I}{I+\lambda_0(e^{r_\lambda s_n}-1)} - I\right] \tag{4.39}$$

$$\mu_n = \frac{\mu_0 e^{r_\mu s_n} E}{E+\mu_0(e^{r_\mu s_n}-1)} \tag{4.40}$$

式中，λ_0 和 μ_0 分别表示初始生物种群的迁入率和迁出率；I 和 E 分别为最大迁入率和最大迁出率；r_λ 和 r_μ 分别衡量迁入率 λ_n 和迁出率 μ_n 曲线变化的快慢程度，其计算公式如式（4.41）和式（4.42）所示。

$$r_\lambda = \frac{2}{S_{max}} \ln \frac{I-\lambda_0}{\lambda_0} \tag{4.41}$$

$$r_\mu = \frac{2}{S_{max}} \ln \frac{E-\mu_0}{\mu_0} \tag{4.42}$$

由式（4.41）可看出，就迁入率而言，曲线变化的快慢受栖息地最大种群数量 S_{max}、初始迁入率 λ_0 和最大迁入率 I 的共同影响。该模型能更精准地刻画出生物种群的迁移规律，即当栖息地中有较少或者较多种群时，迁入率和迁出率的变化相对平稳；当栖息地具有一定数量的种群时，迁入率和迁出率的变化相对较快。

（2）协方差矩阵迁移策略

在运用更精准的种群迁移模型之后，需要更高效的迁移策略。受协方差矩阵特征值分解的启发，采用一种运用协方差矩阵将原始坐标系旋转到特征向量坐标系下的迁移策略，配合 S 型种群迁移模型，提高算法的优化性能。总的栖息地可通过下式表达：

$$\boldsymbol{X}_H = [\boldsymbol{X}_H^{1,k} \quad \boldsymbol{X}_H^{2,k} \quad \cdots \quad \boldsymbol{X}_H^{n,k} \quad \cdots \quad \boldsymbol{X}_H^{N_H,k}]^T \tag{4.43}$$

式中，$n=1, 2, \cdots, N_H$；N_H 表示栖息地的数量；$\boldsymbol{X}_H$ 代表总的栖息地，且 $\boldsymbol{X}_H \in \mathbf{R}^{N_H \times N_I}$；$k$ 为当前迭代次数；$\boldsymbol{X}_H^{n,k}$ 表示当前迭代下的第 n 个栖息地，其表达式为：

$$\boldsymbol{X}_{\mathrm{H}}^{n,k}=[x_{\mathrm{H}}^{n,k}(1)\quad x_{\mathrm{H}}^{n,k}(2)\quad\cdots\quad x_{\mathrm{H}}^{n,k}(d)\quad\cdots\quad x_{\mathrm{H}}^{n,k}(N_{\mathrm{I}})] \tag{4.44}$$

式中，$d=1, 2, \cdots, N_{\mathrm{I}}$；$N_{\mathrm{I}}$ 为栖息地中 SIV 的数量；$x_{\mathrm{H}}^{n,k}(d)$ 是当前迭代下第 n 个栖息地中第 d 个 SIV 的值。在第 k 代迁移中，第 i 个 SIV 与第 d 个 SIV 的协方差 $\mathrm{cov}(i, d)$ 可通过下式计算：

$$\mathrm{cov}(i, d)=\frac{1}{N_{\mathrm{H}}-1}\sum_{n=1}^{N_{\mathrm{H}}}(x_{\mathrm{H}}^{n,k}(i)-\bar{x}_{\mathrm{H}}^{k}(i))(x_{\mathrm{H}}^{n,k}(d)-\bar{x}_{\mathrm{H}}^{k}(d)) \tag{4.45}$$

式中，$\bar{x}_{\mathrm{H}}^{k}(i)=\frac{1}{N_{\mathrm{H}}}\sum_{n=1}^{N_{\mathrm{H}}}x_{\mathrm{H}}^{n,k}(i)$ 表示所有栖息地中第 i 个 SIV 的平均值。基于式(4.45)，总的 SIV 的协方差矩阵 $\mathrm{cov}(\boldsymbol{X}_{N_{\mathrm{I}}}, \boldsymbol{X}_{N_{\mathrm{I}}})$ 可表达为：

$$\mathrm{cov}(\boldsymbol{X}_{N_{\mathrm{I}}}, \boldsymbol{X}_{N_{\mathrm{I}}})=\begin{bmatrix}\mathrm{cov}(\boldsymbol{X}_1, \boldsymbol{X}_1) & \mathrm{cov}(\boldsymbol{X}_1, \boldsymbol{X}_2) & \cdots & \mathrm{cov}(\boldsymbol{X}_1, \boldsymbol{X}_{N_{\mathrm{I}}})\\ \mathrm{cov}(\boldsymbol{X}_2, \boldsymbol{X}_1) & \mathrm{cov}(\boldsymbol{X}_2, \boldsymbol{X}_2) & \cdots & \mathrm{cov}(\boldsymbol{X}_2, \boldsymbol{X}_{N_{\mathrm{I}}})\\ \vdots & \vdots & & \vdots\\ \mathrm{cov}(\boldsymbol{X}_{N_{\mathrm{I}}}, \boldsymbol{X}_1) & \mathrm{cov}(\boldsymbol{X}_{N_{\mathrm{I}}}, \boldsymbol{X}_2) & \cdots & \mathrm{cov}(\boldsymbol{X}_{N_{\mathrm{I}}}, \boldsymbol{X}_{N_{\mathrm{I}}})\end{bmatrix} \tag{4.46}$$

式中，$\mathrm{cov}(\boldsymbol{X}_{N_{\mathrm{I}}}, \boldsymbol{X}_{N_{\mathrm{I}}})\in\mathbf{R}^{N_{\mathrm{I}}\times N_{\mathrm{I}}}$，可分解为以下标准形式：

$$\mathrm{cov}(\boldsymbol{X}_{N_{\mathrm{I}}}, \boldsymbol{X}_{N_{\mathrm{I}}})=\boldsymbol{Q}_{\boldsymbol{X}}\boldsymbol{\Lambda}_{\boldsymbol{X}}\boldsymbol{Q}_{\boldsymbol{X}}^{\mathrm{T}} \tag{4.47}$$

式中，$\boldsymbol{Q}_{\boldsymbol{X}}\in\mathbf{R}^{N_{\mathrm{I}}\times N_{\mathrm{I}}}$ 是一个特征矩阵；$\boldsymbol{\Lambda}_{\boldsymbol{X}}$ 为对角矩阵，对角线上的元素即为特征值。特征分解本质上是将一个矩阵分解为特征值和特征向量乘积的表达形式。特征分解后，可将原坐标系中的 $\boldsymbol{X}_{\mathrm{H}}^{n,k}$ 旋转到基于特征向量的坐标系中：

$$\mathrm{eig}(\boldsymbol{X}_{\mathrm{H}}^{n,k})=\boldsymbol{X}_{\mathrm{H}}^{n,k}\boldsymbol{Q}_{\boldsymbol{X}} \tag{4.48}$$

式中，$\mathrm{eig}(\boldsymbol{X}_{\mathrm{H}}^{n,k})$ 表示旋转后的第 n 个栖息地。

在基于特征向量的坐标系中，对旋转后的第 n 个栖息地执行 BBO 算法的迁移策略，得到第 $k+1$ 次迭代的栖息地 $\mathrm{eig}(\boldsymbol{X}_{\mathrm{H}}^{n,k+1})$，并将其旋转回原始坐标系，具体操作如下：

$$\boldsymbol{X}_{\mathrm{H}}^{n,k+1}=\mathrm{eig}(\boldsymbol{X}_{\mathrm{H}}^{n,k+1})\boldsymbol{Q}_{\boldsymbol{X}}^{\mathrm{T}} \tag{4.49}$$

综上，协方差矩阵迁移策略能实现不同解之间的信息传递。相比原始坐标系下的迁移策略，基于特征向量的坐标系具有旋转不变性，可提高信息共享效率，加快算法的收敛速度。

(3) Lévy 分布变异策略

BBO 算法不仅需要高效的迁移策略以获得高质量的解决方案，而且还需要合适的变异策略，通过更新栖息地的 SIV 以增加种群的多样性。变异策略本质上是使解的部分分量在一定范围内产生变化，从而增强解空间的搜索能力。BBO 算法通常采用随机变异策略，利用解空间中随机生成的新特征替换原始特征。

但是，在 BBO 算法的迭代后期，随机变异策略对新解的搜索能力较差，尤其是当前解和理论解接近时，随机变异不仅难以搜索到较优解，还容易产生更多较差解，造成资源浪费[98]。为解决这个问题，本节采用基于 Lévy 概率分布的变异策略[99]，利用 Lévy 随机变量的长跳特性以扩大搜索空间，提高算法的全局搜索能力。Lévy 概率分布函数 $f_{\mathrm{L}}(\cdot)$ 的表达式如下：

$$f_L(t)=\frac{1}{\pi}\int_0^{\infty} e^{-\beta_L q^{\alpha_L}}\cos(qt)\,dq \tag{4.50}$$

式中，α_L 和 β_L 为控制 Lévy 分布的两个特征参数，α_L 是位置参数，控制分布的对称中心且 $0<\alpha_L\leqslant 2$，β_L 是尺度参数，控制分布的缩放程度且 $\beta_L>0$。基于式（4.50），基于 Lévy 概率分布的变异策略可表达为：

$$[x_H^{n,k}(d)]'=x_H^{n,k}(d)+f_L(t)x_H^{n,k}(d) \tag{4.51}$$

式中，k 为当前迭代次数；$f_L(t)$ 表示服从 Lévy 分布的随机数；$x_H^{n,k}(d)$ 为当前迭代下第 n 个栖息地的第 d 个 SIV 的值。相比高斯分布和柯西分布，Lévy 分布的尾翼较为宽大，具有更优的变异步长和更大的扰动能力。因此，在 BBO 算法中引入 Lévy 分布变异策略能够避免陷入局部最优，增强算法搜索全局最优解的能力。

4.3.3 改进生物地理学优化回声状态网络

相比 BBO 算法，在第 4.3.2 节中介绍的 MBBO 算法将线性种群迁移模型拓展到 S 型曲线种群迁移模型，同时运用协方差迁移策略和 Lévy 分布变异策略，具有更快的收敛速度、更好的优化性能。为解决 ESN 预测过程中可能会因为特征冗余而影响预测精度这一问题，本节采用 MBBO 方法优化回声状态网络（Echo State Network，ESN），介绍一种 MBBO-ESN 方法。该方法不仅能够优化 ESN 的参数，还可在分析输入特征变量与预测目标之间的关系后进行特征子集的选取，其具体优化内容如下。

（1）特征子集的选取

特征选择是从特征变量中挑选出较有效的特征以降低特征空间维数的过程。在缺少相关领域知识作为先验假设的情况下，很难判断原始特征集中的特征是重要的还是可省略的。评价特征重要程度的角度包括：距离尺度、信息尺度、相关性度量和一致性度量。然而，单一的评价标准例如基于动态时间规整（Dynamic Time Warping，DTW）[100] 的距离度量方法、基于互信息（Mutual Information，MI）[101] 的信息度量方法、基于皮尔逊相关系数（Pearson Correlation Coefficient，PCC）的相关性度量方法和基于卡方检验（Chi-square Test，χ^2-test）方法的一致性度量方法在评价特征的重要程度时可能会出现偏差。

为全面客观地评价特征的重要程度，本节运用融合不同角度的混合评价标准对特征的重要程度进行评价和排序。为避免不同评价标准下选取的特征重复，运用混合评价标准选取的特征子集中特征数 D^* 需要满足下式：

$$\max(d_{DTW}^{sort}, d_{MI}^{sort}, d_{PCC}^{sort}, d_{\chi^2}^{sort})\leqslant D^*\leqslant \mathrm{sum}(d_{DTW}^{sort}, d_{MI}^{sort}, d_{PCC}^{sort}, d_{\chi^2}^{sort}) \tag{4.52}$$

式中，d_{DTW}^{sort}、d_{MI}^{sort}、d_{PCC}^{sort} 和 $d_{\chi^2}^{sort}$ 分别表示在 DTW、MI、PCC 和 χ^2-test 这四种评价标准下选取出来的特征子集。通过混合评价标准选出特征子集以后，根据每个特征在不同评价标准下的选择频率，对其分配相应的权值。选择频率越高，分配的权值越大。因此，预测模型的输入可表示为 $\boldsymbol{X}^*=[w_1x_1\quad w_2x_2\quad \cdots\quad w_{d^*}x_{d^*}]$，$d^*=1, 2, \cdots, D^*$，$w_{d^*}$ 表示特征 x_{d^*} 的权值，w_{d^*} 的计算公式为：

$$w_{d^*}=\frac{F_{w_{d^*}}}{F_{\max}} \tag{4.53}$$

式中，$F_{w_{d^*}}$ 是特征 x_{d^*} 在不同评价标准下 MBBO 算法选中的频次；$F_{\max}$ 为 MBBO 算法选中的最大频次。因为混合评价标准中包含 4 种单一的特征重要程度评价标准，所以 $F_{\max}=4$。

（2）模型参数的优化

特征子集的选取和模型参数的优化需要同时进行。当选择特征子集 $d_{\mathrm{DTW}}^{\mathrm{sort}}$、$d_{\mathrm{MI}}^{\mathrm{sort}}$、$d_{\mathrm{PCC}}^{\mathrm{sort}}$ 和 $d_{\chi^2}^{\mathrm{sort}}$ 时，还需要优化储备池规模 N_{res}、输入变换因子 λ_{I}、谱半径 r 和稀疏度 η_{s}。因此，解空间向量 $\boldsymbol{\theta}$ 包含 8 个参数，可表示为：

$$\boldsymbol{\theta}=[d_{\mathrm{DTW}}^{\mathrm{sort}} \quad d_{\mathrm{MI}}^{\mathrm{sort}} \quad d_{\mathrm{PCC}}^{\mathrm{sort}} \quad d_{\chi^2}^{\mathrm{sort}} \quad N_{\mathrm{res}} \quad \lambda_{\mathrm{I}} \quad r \quad \eta_{\mathrm{s}}] \tag{4.54}$$

在 MBBO-ESN 模型中，为防止过拟合和降低计算复杂度，本节将在预测性能相似的情况下选择网络规模较小的模型。在综合考虑模型精度和规模后，可将适应度函数 $F(\cdot)$ 定义为：

$$F(\theta_i)=\left(1+\delta\frac{K_i}{K_{\max}}\right)E(\theta_i) \tag{4.55}$$

式中，K_i 表示解空间中储备池的规模；$K_{\max}$ 为搜索空间中储备池规模的最大值；$E(\theta_i)$ 采用均方根误差评价标准；δ 是一个很小的正数，用于平衡模型规模和预测精度的关系。

综上，MBBO-ESN 方法的具体步骤如下。

步骤 1：初始化生物种群，设定种群中个体数量 N_{P}、栖息地数量 N_{H}、栖息地中 SIV 的数量 N_{I}，最大迭代次数 K。其中，种群个体的每一维元素为式（4.54）中的一个参数。

步骤 2：用 $\boldsymbol{x}_i$ 表示种群中的个体，其中，$i=1, 2, \cdots, N_{\mathrm{P}}$。将个体 $\boldsymbol{x}_i$ 中的每个元素分别赋值给对应的 8 个参数。将时间序列样本划分为训练集和测试集。将训练集的样本输入 ESN 中得到模型输出值，并通过适应度函数 $F(\cdot)$ 进行个体的适应度评价。对种群中的个体依次进行适应度评价。

步骤 3：生物种群迁移，根据式（4.55）所示适应度函数计算每个栖息地的 HSI 值，对每个栖息地的 HSI 值进行降序排序，并基于式（4.39）～式（4.42）中的 S 型种群迁移模型，采用协方差矩阵迁移策略根据式（4.43）～式（4.49）控制种群迁移，并更新种群数量。

步骤 4：栖息地变异，根据式（4.51），采用 Lévy 分布变异策略更新栖息地的 SIV。

步骤 5：如果当前迭代次数大于设定的最大迭代次数，则停止迭代，执行步骤 6；如果当前迭代次数不大于设定的最大迭代次数，执行步骤 3。

步骤 6：计算输出，将测试集样本输入优化后的模型中计算得到模型输出值即预测值。

4.3.4 收敛性分析

本节采用马尔可夫链的相关理论分析 MBBO 算法的收敛性[102]。在分析收敛性之前，先给出相关引理的说明。

引理 1[109]：设 $\boldsymbol{P}$ 为 T 阶可约随机矩阵，且是一个有限齐次马尔可夫链的状态转移矩阵，设 $\boldsymbol{P}=\begin{bmatrix}\boldsymbol{C} & \boldsymbol{0}\\ \boldsymbol{R} & \boldsymbol{Q}\end{bmatrix}$，其中，$\boldsymbol{C}$ 和 $\boldsymbol{Q}$ 为方阵，同时 $\boldsymbol{C}$ 为 m 阶的本原随机矩阵，$m<T$，$\boldsymbol{R}$，$\boldsymbol{Q}\neq\boldsymbol{0}$，则当 $t\to\infty$ 时，$\boldsymbol{P}$ 的 t 阶形式即 $\boldsymbol{P}^t$ 会收敛到一个随机矩阵，即：

$$\begin{cases}\boldsymbol{P}^{\infty}=\lim\limits_{t\to\infty}\boldsymbol{P}^t=\lim\limits_{t\to\infty}(p_{ij})^t=\begin{pmatrix}\boldsymbol{\pi}\\ \boldsymbol{M}\\ \boldsymbol{\pi}\end{pmatrix}_{T\times T}\\ \boldsymbol{\pi}=[\pi_1 \quad \cdots \quad \pi_m \quad 0 \quad \cdots \quad 0]\end{cases} \tag{4.56}$$

式中，p_{ij} 为矩阵 $\boldsymbol{P}$ 中第 i 行第 j 列的元素。

引理 2[109]：假设算法的搜索空间为 Ω，对应的基数 $n=|\Omega|$，Ω^* 为搜索空间 Ω 中的全局最优解，$S=\{1,2,\cdots,n\}$，$\boldsymbol{P}=(p_{ij})$ 为马尔可夫链的状态转移矩阵，对所有的 i，$j\in[1,n]$，p_{ij} 表示从 $x(t)=\Omega_i$ 转移到 $x(t+1)=\Omega_j$ 的概率，当且仅当 $t\to\infty$，$x(t)$ 以 1 的概率从任意状态 Ω_i 转移到 Ω^* 时，算法收敛到全局最优解，即对所有的 $i\in S$，满足：

$$\lim_{t\to\infty}\sum_{i\in S}(p)_{ij}^t=1 \tag{4.57}$$

则算法依概率收敛到全局最优解。

设 $\boldsymbol{X}(t)=\{x_1(t),x_2(t),\cdots,x_n(t)\}$ 是 MBBO 算法在第 t 时刻的种群，根据种群的适应度，将 $\boldsymbol{X}(t)$ 分为 n 个子集，$x_i(t)$，$i=1,2,\cdots,n$ 为其中一个子集。MBBO 算法的进化过程主要由迁移策略和变异策略组成，与进化次数无关。同时存在有限的物种个体，因此，MBBO 算法的进化过程就是一个有限的齐次马尔可夫链。种群子集 $x_i(t)$ 可等价为有限齐次马尔可夫链的当前状态，p_i 表示处于状态 $x_i(t)$ 的概率，则 $p_i>0$ 且 $\sum\limits_{i=1}^{n}p_i=1$，状态 $x_i(t)$ 的转移概率 $p_{ij}=p(x_i\to x_j)$ 为：

$$\begin{cases}p_{ij}=0, & i<j\\ p_{ij}>0, & i\geqslant j\end{cases} \tag{4.58}$$

马尔可夫链的状态转移矩阵 $\boldsymbol{P}$ 可表示为：

$$\boldsymbol{P}=\begin{bmatrix}p_{11} & 0 & \cdots & 0\\ p_{21} & p_{22} & \cdots & 0\\ \vdots & \vdots & & \vdots\\ p_{n1} & p_{n2} & \cdots & p_{nn}\end{bmatrix}=\begin{bmatrix}p_{11} & 0\\ \boldsymbol{S}_2 & \boldsymbol{S}_1\end{bmatrix}$$

$$\boldsymbol{S}_1=\begin{bmatrix}p_{22} & \cdots & 0\\ \vdots & & \vdots\\ p_{n2} & \cdots & p_{nn}\end{bmatrix}$$

$$\boldsymbol{S}_2=[p_{21} \quad p_{31} \quad \cdots \quad p_{n1}]^{\mathrm{T}} \tag{4.59}$$

由于马尔可夫转移矩阵中每一行的概率之和为 1，故 $p_{11}=1$。因此，马尔可夫链的状态

转移矩阵 $\boldsymbol{P}$ 是一个可约随机矩阵，根据引理 1 可得到：

$$
\begin{aligned}
\boldsymbol{P}^{\infty} &= \lim_{t\to\infty}\begin{bmatrix} p_{11} & 0 \\ \boldsymbol{S}_2 & \boldsymbol{S}_1 \end{bmatrix}^{t} \\
&= \lim_{t\to\infty}\begin{bmatrix} p_{11}{}^{t} & 0 \\ \sum_{i=1}^{t-1}\boldsymbol{S}_1^{i}\boldsymbol{S}_2 p_{11}^{t-i} & \boldsymbol{S}_1^{t} \end{bmatrix} \\
&= \begin{bmatrix} p_{11}^{\infty} & 0 \\ \boldsymbol{S}_2^{\infty} & \boldsymbol{S}_1^{\infty} \end{bmatrix}
\end{aligned} \tag{4.60}
$$

式中，$p_{11}^{\infty}=p_{11}=1$，$\boldsymbol{S}_1^{\infty}=0$，因为马尔可夫转移矩阵中每一行的概率之和为 1，所以 $\boldsymbol{S}_2^{\infty}=[1 \quad 1 \quad \cdots \quad 1]^{\mathrm{T}}$，此时，式（4.60）可表示为：

$$
\boldsymbol{P}^{\infty}=\begin{bmatrix} 1 & 0 & \cdots & 0 \\ 1 & 0 & \cdots & 0 \\ \vdots & \vdots & & \vdots \\ 1 & 0 & \cdots & 0 \end{bmatrix} \tag{4.61}
$$

当迭代次数 $t\to\infty$时，概率 $p_{ij}^{\infty}=1$，$i=1, 2, \cdots, n$。根据引理 2，MBBO 算法能够依概率收敛到全局最优解，即：

$$
\lim_{t\to\infty} p\{Y_t=f^{*}\}=1 \tag{4.62}
$$

式中，Y_t 为种群 $\boldsymbol{X}(t)$ 中最优解；f^{*} 表示全局最优解；$p\{Y_t=f^{*}\}$ 表示第 t 代的最优个体是全局最优值的概率。

4.3.5 仿真实验[102]

为验证 MBBO-ESN 方法的有效性，本节在 Lorenz 混沌时间序列上进行仿真实验。通过 Lorenz 方程生成 Lorenz 时间序列样本，并剔除前 100 个样本以消除 ESN 中储备池初始暂态的影响。通过相空间重构方法处理时间序列，选择 Lorenz-$x(t)$ 作为预测目标，划分样本分别进行训练、验证和测试。在训练集上建立模型，采用 MBBO 算法，根据验证集上的预测误差优化式（4.54）所示模型参数，并在测试集上评估不同模型的预测性能。仿真数据集的具体参数设置如表 4.3 所示。

表 4.3 仿真数据集参数设置

Lorenz 方程参数			延迟时间			嵌入维数			样本数		
a	b	c	x	y	z	x	y	z	训练集	验证集	测试集
10	28	8/3	1	1	1	10	10	10	7000	1000	2000

此外，选择 12 种智能优化方法优化后的改进型 ESN 作为对比方法，具体的智能优化方法包括遗传算法（Genetic Algorithm，GA）、粒子群优化（Particle Swarm Optimization，

PSO）算法、蚁群优化（Ant Colony Optimization，ACO）算法、模拟退火（Simulated Annealing，SA）算法、文化算法（Cultural Algorithm，CA）、差分进化（Differential Evolution，DE）算法、帝国竞争算法（Imperialist Competitive Algorithm，ICA）、萤火虫算法（Firefly Algorithm，FA）、教与学的优化（Teaching-learning-based Optimization，TLBO）算法、生物地理学优化（Biogeography-based Optimization，BBO）算法、线性生物地理学优化（Linearized Biogeography-based Optimization，LBBO）算法和入侵杂草生物地理学优化（Invasive Weed Biogeography-based Optimization，IWBBO）算法。选用均方根误差（Root Mean Square Error，RMSE）作为预测精度的评价指标，实验结果均取 10 次独立重复实验的平均值。

图 4.8 显示 MBBO-ESN 模型在 Lorenz 时间序列上的单步预测曲线和误差曲线。从图 4.8 可发现，预测曲线可很好地拟合真实曲线，几乎完全重合，预测误差控制在［－0.004，0.004］范围内且遵循正态分布。这意味着 MBBO-ESN 模型具有良好的预测性能，能够充分捕捉 Lorenz 系统中的演化状态。

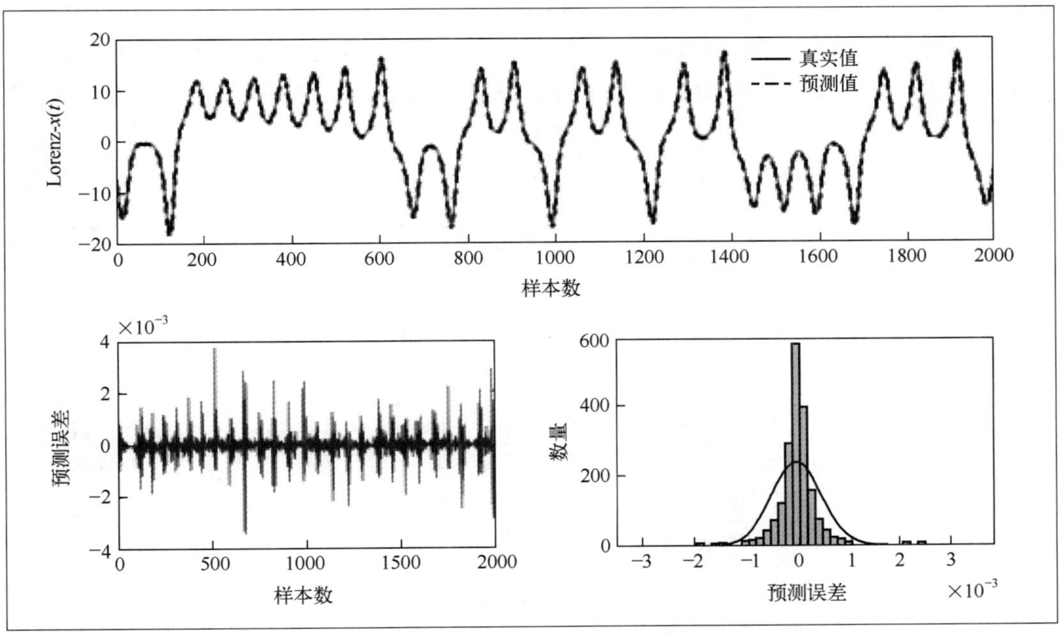

图 4.8　MBBO-ESN 方法的单步预测曲线和误差曲线

为验证 MBBO-ESN 模型预测性能的优越性，整理不同智能优化方法优化后的 ESN 在 Lorenz 时间序列上的单步预测结果，如表 4.4 所示。从表 4.4 可看到，MBBO-ESN 模型在测试集上得到最小的 RMSE 值，表现出最优的预测性能。而且，MBBO-ESN 模型在训练集、验证集和测试集上的 RMSE 值在相同的数量级上，这证明 MBBO-ESN 模型具有良好的泛化性能。

表 4.4　不同方法的单步预测误差

模型	训练集 RMSE	验证集 RMSE	测试集 RMSE
GA-ESN	2.21×10^{-4}	2.48×10^{-4}	2.95×10^{-4}
ACO-ESN	2.36×10^{-4}	2.58×10^{-4}	2.93×10^{-4}
SA-ESN	2.70×10^{-4}	2.81×10^{-4}	3.23×10^{-4}
CA-ESN	2.55×10^{-4}	2.79×10^{-4}	3.21×10^{-4}
PSO-ESN	2.96×10^{-4}	3.06×10^{-4}	3.42×10^{-4}
DE-ESN	1.99×10^{-4}	2.18×10^{-4}	2.63×10^{-4}
ICA-ESN	2.03×10^{-4}	2.29×10^{-4}	2.81×10^{-4}
FA-ESN	2.16×10^{-4}	2.36×10^{-4}	2.77×10^{-4}
TLBO-ESN	3.18×10^{-4}	3.35×10^{-4}	3.87×10^{-4}
BBO-ESN	1.88×10^{-4}	2.05×10^{-4}	2.59×10^{-4}
LBBO-ESN	2.01×10^{-4}	2.25×10^{-4}	2.77×10^{-4}
IWBBO-ESN	1.85×10^{-4}	2.03×10^{-4}	2.48×10^{-4}
MBBO-ESN	$\mathbf{1.74\times10^{-4}}$	$\mathbf{1.91\times10^{-4}}$	$\mathbf{2.28\times10^{-4}}$

为说明 MBBO 算法优化 ESN 模型的有效性，绘制不同智能优化方法优化过程中的适应度曲线，如图 4.9。从图 4.9 中可看到，不同智能优化方法在优化 ESN 模型的过程中随着

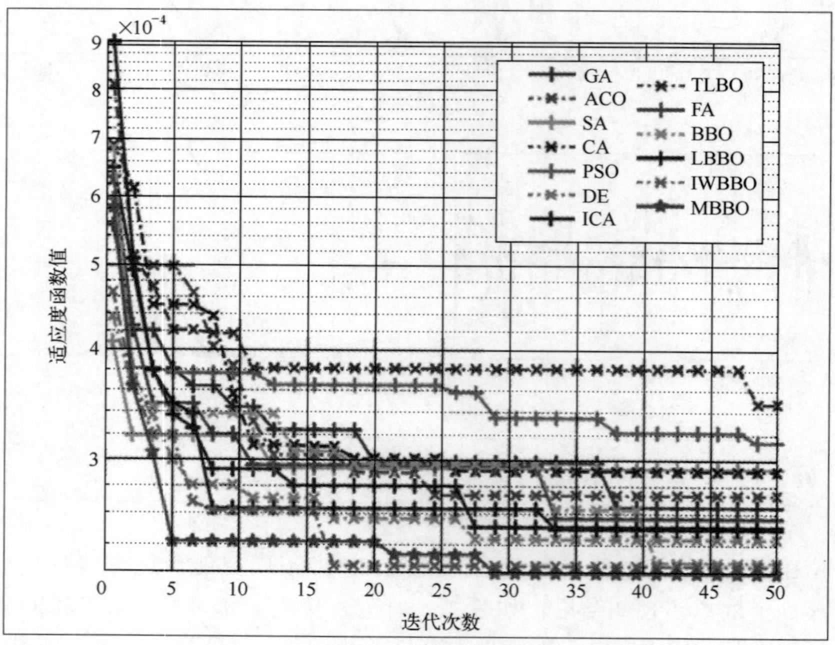

图 4.9　不同智能优化方法的适应度曲线

迭代次数的增加适应度曲线都是收敛的，预测精度在不断提高。相比其他优化方法，MBBO方法的总体收敛速度最快并且可收敛到最低的适应度函数值，也就是 MBBO-ESN 模型能够获得最准确的模型参数。

综上可知，MBBO-ESN 模型在 Lorenz 混沌时间序列上可很好地完成预测任务，并且获得较高的预测精度。并且，MBBO 算法能够有效地对 ESN 模型参数进行寻优，以获得最好的模型参数。

4.4 基于多目标差分进化的回声状态网络

上节介绍的改进生物地理学优化回声状态网络将特征的选取和超参数的优化整合为一个全局的单目标优化问题，以便自适应地选择输入特征最优子集和优化模型参数。但该方法采用的单目标优化方法往往只能得到一个最优解且不能反映多个目标之间的制约关系，可能无法完全描述问题，导致求解结果不够准确。为解决这一问题，本节结合多目标优化方法和差分进化方法，介绍一种改进多目标差分进化回声状态网络（Improved Multi-objective Differential Evolution Echo State Network，IMODE-ESN）方法。该方法不仅很好地考虑模型优化问题的多样性和复杂性，提供更丰富的决策方案供决策者选择，而且具有良好的收敛性能。在本节末尾处，通过仿真实验验证该方法的有效性。

4.4.1 多目标优化方法

在多目标优化问题中，各个目标函数的优化方向可能是相互冲突的，有的目标函数的优化方向是最大化，有的目标函数的优化方向是最小化，最大化问题和最小化问题通常能够相互转化，一般把各个目标函数统一转化为最小化问题[104]。

多目标优化问题一般描述为单目标函数 $J_i(\cdot)$ 的组合，问题的解可通过最小化目标函数 $J(\cdot)$ 得到，具体表示为：

$$\min J(x)=[J_1(x) \quad J_2(x) \quad \cdots \quad J_i(x) \quad \cdots \quad J_{N_F}(x)]^{T} \tag{4.63}$$

式中，$i=1, \cdots, N_F$；N_F 是单目标函数的数量；$x=\{x_1, x_2, \cdots, x_{Q_p}\}$ 表示决策变量且满足：

$$x \in X \subseteq \mathbf{R}^n \tag{4.64}$$

式中，Q_p 为决策变量的维度；X 是决策变量的可行域。多目标优化问题通常需要满足一些约束条件，这些约束条件可用不等式和等式的形式表示，即：

$$\begin{cases} g_i(x) \leqslant 0, \ i=1, 2, \cdots, P \\ h_j(x)=0, \ j=1, 2, \cdots, Q \end{cases} \tag{4.65}$$

式中，$g_i(x)$ 为不等式约束条件；$h_j(x)$ 为等式约束条件；P 为不等式约束条件的数量；Q 为等式约束条件的数量。在式（4.63）所示的多目标优化问题中，最终目标是找到一组可行解 $x^*=\{x_1^*, x_2^*, \cdots, x_{Q_p}^*\}$，使得这组解在满足式（4.65）中所有的约束条件下，所有单目标函数都能够达到最优值。所有的可行解组成的集合为可行解集。

在多目标优化问题中，一个可行解可支配另一个可行解。假设存在两个可行解 x_a^* 和 x_b^*，如果对于所有的单目标函数 $J_i(\cdot)$ $(i=1, \cdots, N_F)$，都有 $J_i(x_a^*)\leqslant J_i(x_b^*)$，并且至少存在一个单目标函数 $J_i(\cdot)$，使得 $J_i(x_a^*)<J_i(x_b^*)$，那么可行解 x_a^* 受到可行解 x_b^* 支配，记为 $x_a^* \mathrm{p} x_b^*$。如果一个可行解 x^* 不受可行解集里的任意可行解支配，则称 x^* 为 Pareto 最优解或者叫作非支配解。Pareto 最优解集是所有非支配解的集合，其中，每个解都是在所有可行解中最优的，这个集合也叫 Pareto 前沿面。单目标函数之间可能存在相互矛盾的关系，导致难以找到全局最优解，因此需要在 Pareto 前沿面中进行选择。

Pareto 前沿面中的解相互之间无法再进行支配，它们代表多目标优化问题中多个优化目标之间的折中关系。在处理多目标优化问题时，需要不断地使用智能优化方法搜索 Pareto 前沿面，找到最优解集。常用的智能优化方法包括遗传算法、模拟退火算法、粒子群算法和差分进化算法等。这些算法使用不同的搜索策略和更新方法，能够在不同的多目标优化问题上获得良好的效果。

4.4.2 差分进化方法

差分进化（Differential Evolution，DE）[103] 方法是一种常用的智能优化方法，可求解各种优化问题。DE 方法具有多目标优化、全局搜索、算法简单易用和鲁棒性强等优点，可广泛应用于函数优化、参数优化、特征选择等问题中。

DE 方法主要包括以下四个部分：

① 初始化：随机生成一个包含固定数量的个体的初始种群，并计算每个个体的适应度。在多目标优化问题中，每个个体是一个由决策变量组成的向量。

② 变异策略：对于每个个体，生成一个变异个体作为试验个体。变异策略本质上是随机地选择个体并对它们进行线性插值或基于高斯分布的扰动，以生成变异个体。

③ 交叉策略：试验个体和原始个体通过交叉策略生成下一代个体。在差分进化算法中，常用的交叉操作是二元交叉，它通过比较试验个体和原始个体之间的差异以确定变异个体中的哪些元素需要从原始个体中继承。

④ 选择策略：通过适应度函数计算试验个体和原始个体的适应度，然后判断是否将试验个体和原始个体传递到下一代。常用的选择策略包括确定性策略、随机策略等。

DE 方法主要由以上四个部分组成，其核心是变异策略，通过变异策略产生新的解，增加种群的多样性，并保持算法的全局搜索能力。不同的变异策略可对算法的性能产生不同的影响，需要根据实际问题选择合适的变异策略。交叉和选择这两个策略可优化解的质量，从而逐步接近全局最优解。DE 方法的流程图如图 4.10 所示。

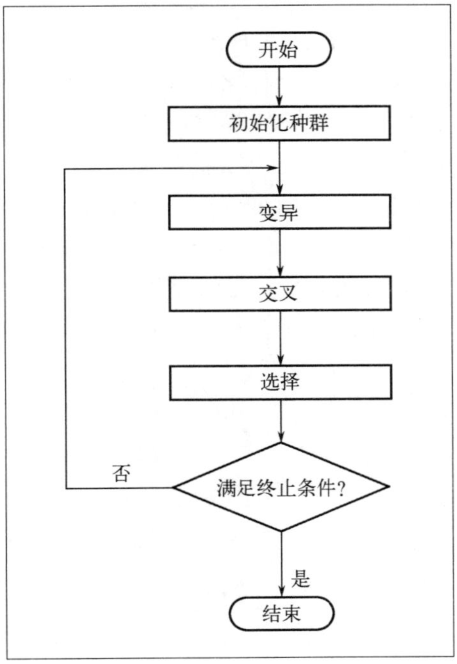

图 4.10 DE 方法流程图

初始化种群后，DE 方法通过反复进行变异、交叉和选择以寻找适应度更高的解，能够逐渐收敛到 Pareto 前沿面，最终得到最优解或者一组最优解。DE 算法是一种简单但有效的优化算法，适用于各种类型的问题，具有广泛的应用价值。综上，DE 方法的步骤如下。

步骤 1：初始化种群，设定种群个体数量 N_{P}，总迭代次数 K，第 k 次迭代时的种群 $\boldsymbol{X}_{\mathrm{P}}^{k}$ 记为：

$$\boldsymbol{X}_{\mathrm{P}}^{k}=[\boldsymbol{X}_{\mathrm{P}}^{1,k} \quad \boldsymbol{X}_{\mathrm{P}}^{2,k} \quad \cdots \quad \boldsymbol{X}_{\mathrm{P}}^{n,k} \quad \cdots \quad \boldsymbol{X}_{\mathrm{P}}^{N_{\mathrm{P}},k}] \tag{4.66}$$

式中，$n=1, 2, \cdots, N_{\mathrm{P}}$；$\boldsymbol{X}_{\mathrm{P}}^{n,k}$ 是第 k 次迭代时第 n 个种群个体（决策变量），可表示为下式：

$$\boldsymbol{X}_{\mathrm{P}}^{n,k}=[x_{n,k}^{1} \quad x_{n,k}^{2} \quad \cdots \quad x_{n,k}^{j} \quad \cdots \quad x_{n,k}^{Q_{\mathrm{p}}}] \tag{4.67}$$

式中，$j=1, 2, \cdots, Q_{\mathrm{p}}$；$Q_{\mathrm{p}}$ 为决策变量的维度，即待优化问题的维数。种群的随机初始化方法可表示为：

$$\boldsymbol{X}_{\mathrm{P}}=(\boldsymbol{X}_{\mathrm{P}}^{\max}-\boldsymbol{X}_{\mathrm{P}}^{\min})\mathrm{rand}(N_{\mathrm{P}}, Q_{\mathrm{p}})+\boldsymbol{X}_{\mathrm{P}}^{\min} \tag{4.68}$$

式中，$\boldsymbol{X}_{\mathrm{P}}^{\max}$ 和 $\boldsymbol{X}_{\mathrm{P}}^{\min}$ 分别为种群个体范围的上限和下限；rand(·，·) 函数表示在 (0，1) 范围内生成的随机数。

步骤 2：通过变异策略产生变异个体。变异策略是通过改变原始种群中个体的值来产生新个体的重要步骤，其常用方法包括：

① 随机选取三个个体，用其中两个之差乘以变异缩放因子后加上第三个个体，得到变异个体，其计算公式如下：

$$\boldsymbol{V}_{\mathrm{P}}^{n,k}=\boldsymbol{X}_{\mathrm{P}}^{r1,k}+F_{n}(\boldsymbol{X}_{\mathrm{P}}^{r2,k}-\boldsymbol{X}_{\mathrm{P}}^{r3,k}) \tag{4.69}$$

② 随机选取五个个体，用其中四个个体之差乘以变异缩放因子后加上第五个个体，得到变异个体，其计算公式如下：

$$\boldsymbol{V}_{\mathrm{P}}^{n,k}=\boldsymbol{X}_{\mathrm{P}}^{r1,k}+F_{n}(\boldsymbol{X}_{\mathrm{P}}^{r2,k}-\boldsymbol{X}_{\mathrm{P}}^{r3,k})+F_{n}(\boldsymbol{X}_{\mathrm{P}}^{r4,k}-\boldsymbol{X}_{\mathrm{P}}^{r5,k}) \tag{4.70}$$

③ 选取最优个体和两个随机个体，用最优个体和其中一个随机个体之差乘以变异缩放因子后加上另一个随机个体，得到变异个体，其计算公式如下：

$$\boldsymbol{V}_{\mathrm{P}}^{n,k}=\boldsymbol{X}_{\mathrm{P}}^{r1,k}+F_{n}(\boldsymbol{X}_{\mathrm{P}}^{\mathrm{best},k}-\boldsymbol{X}_{\mathrm{P}}^{r2,k}) \tag{4.71}$$

④ 选取最优个体和四个随机个体，用其中四个随机个体之差乘以变异缩放因子后加上最优个体，得到变异个体，其计算公式如下：

$$\boldsymbol{V}_{\mathrm{P}}^{n,k}=\boldsymbol{X}_{\mathrm{P}}^{\mathrm{best},k}+F_{n}(\boldsymbol{X}_{\mathrm{P}}^{r1,k}-\boldsymbol{X}_{\mathrm{P}}^{r2,k})+F_{n}(\boldsymbol{X}_{\mathrm{P}}^{r3,k}-\boldsymbol{X}_{\mathrm{P}}^{r4,k}) \tag{4.72}$$

式中，$n=1, 2, \cdots, N_{\mathrm{P}}$；$N_{\mathrm{P}}$ 为种群中个体的数量；F_{n} 为第 n 个个体的变异缩放因子，控制每个种群个体的变异尺度；$\boldsymbol{V}_{\mathrm{P}}^{n,k}$ 是第 k 次迭代时第 n 个变异个体；$\boldsymbol{X}_{\mathrm{P}}^{\mathrm{best},k}$ 代表当前种群中适应度最好的个体；$\boldsymbol{X}_{\mathrm{P}}^{r1,k}$、$\boldsymbol{X}_{\mathrm{P}}^{r2,k}$、$\boldsymbol{X}_{\mathrm{P}}^{r3,k}$、$\boldsymbol{X}_{\mathrm{P}}^{r4,k}$、$\boldsymbol{X}_{\mathrm{P}}^{r5,k}$ 为随机选择的个体。

通过上述变异策略产生变异个体，从而得到变异种群 $\boldsymbol{V}_{\mathrm{P}}^{k}$，可表示为：

$$\boldsymbol{V}_{\mathrm{P}}^{k}=[\boldsymbol{V}_{\mathrm{P}}^{1,k} \quad \boldsymbol{V}_{\mathrm{P}}^{2,k} \quad \cdots \quad \boldsymbol{V}_{\mathrm{P}}^{n,k} \quad \cdots \quad \boldsymbol{V}_{\mathrm{P}}^{N_{\mathrm{P}},k}] \tag{4.73}$$

式中，$\boldsymbol{V}_{\mathrm{P}}^{n,k}=[v_{n,k}^{1} \quad v_{n,k}^{2} \quad \cdots \quad v_{n,k}^{j} \quad \cdots \quad v_{n,k}^{Q_{\mathrm{p}}}]$ 为变异个体，$j=1, 2, \cdots, Q_{\mathrm{p}}$，$Q_{\mathrm{p}}$ 为决策变量的维度。

步骤 3：通过交叉策略生成试验个体 $\boldsymbol{U}_{\mathrm{P}}^{n,k}$ 中的每个元素 $u_{\mathrm{P}}^{n,k}(j)$，确定试验个体中的哪些元素从原始个体或变异个体继承，其表达公式如下：

$$u_{\mathrm{P}}^{n,k}(j)=\begin{cases} v_{n,k}^{j}, & \mathrm{rand}(0, 1)\leqslant CR \\ x_{n,k}^{j}, & \mathrm{rand}(0, 1)>CR \end{cases} \tag{4.74}$$

式中，$n=1, 2, \cdots, N_{\mathrm{P}}$；$j=1, 2, \cdots, Q_{\mathrm{p}}$；$CR$ 为交叉概率因子，生成的试验个体种群可表示为：

$$\boldsymbol{U}_{\mathrm{P}}^{k}=[\boldsymbol{U}_{\mathrm{P}}^{1,k} \quad \boldsymbol{U}_{\mathrm{P}}^{2,k} \quad \cdots \quad \boldsymbol{U}_{\mathrm{P}}^{n,k} \quad \cdots \quad \boldsymbol{U}_{\mathrm{P}}^{N_{\mathrm{P}},k}] \tag{4.75}$$

式中，$\boldsymbol{U}_{\mathrm{P}}^{n,k}=[u_{\mathrm{P}}^{n,k}(1) \quad u_{\mathrm{P}}^{n,k}(2) \quad \cdots \quad u_{\mathrm{P}}^{n,k}(j) \quad \cdots \quad u_{\mathrm{P}}^{n,k}(Q_{\mathrm{P}})]$。

步骤 4：采用选择策略对原始个体和试验个体进行淘汰，比较这些个体的适应度，适应度好的个体顺利进入下一代，淘汰适应度差的个体，以此获得适应度较好的种群。具体如下：

$$\boldsymbol{X}_{\mathrm{P}}^{n,k+1}=\begin{cases} \boldsymbol{X}_{\mathrm{P}}^{n,k}, & F(\boldsymbol{X}_{\mathrm{P}}^{n,k})\leqslant F(\boldsymbol{U}_{\mathrm{P}}^{n,k}) \\ \boldsymbol{U}_{\mathrm{P}}^{n,k}, & F(\boldsymbol{X}_{\mathrm{P}}^{n,k})>F(\boldsymbol{U}_{\mathrm{P}}^{n,k}) \end{cases} \tag{4.76}$$

式中，$\boldsymbol{X}_{\mathrm{P}}^{n,k}$ 为第 k 次迭代中的第 n 个原始个体；$\boldsymbol{U}_{\mathrm{P}}^{n,k}$ 是第 k 次迭代中的第 n 个试验个体；$\boldsymbol{X}_{\mathrm{P}}^{n,k+1}$ 表示第 $k+1$ 次迭代中的第 n 个个体。如果原始个体的适应度比新的个体的适应度好，则原始个体进行下一次迭代，成为新种群的原始个体；反之，试验个体进入下一次迭代，成为新种群的原始个体。

4.4.3 改进的多目标差分进化方法

在第4.4.1节中已经介绍，单目标优化可使预测值的绝对误差最小，但不能保证预测效果的稳定性。相比单目标优化，多目标优化方法能够反映多个优化目标之间的折中关系，最终寻找一组能够同时优化多个目标的解决方案，即Pareto前沿面。

在第4.4.2节中，介绍的DE方法是一种基于种群的全局优化算法，通过模拟生物进化过程中的变异和选择策略，逐步优化种群中的个体，从而获得更优的解决方案。DE方法具有结构简单、易于实现、鲁棒性强、全局搜索能力强等优点，非常适用于寻找Pareto前沿面。

本节结合多目标优化方法和DE方法，引入种群分解策略和自适应参数调整策略，介绍一种可同时优化两个适应度函数的改进多目标差分进化方法。该方法的优化目标表示为最小化适应度函数$F(\cdot)$，具体表示为：

$$\min F(x)=\begin{cases}F_1(x)=\sum_{n=1}^{N}|\hat{y}(n)-y(n)|\\F_2(x)=\sum_{n=1}^{N}\mathrm{Var}(\hat{y}(n)-y(n))\end{cases} \tag{4.77}$$

式中，x为目标函数的解；$y(n)$为真实值；$\hat{y}(n)$为模型的输出值，即预测值；N为样本数；$F_1(\cdot)$表示最小化绝对误差的目标函数，以确保预测准确性；$F_2(\cdot)$是最小化误差方差的目标函数，以保证预测的稳定性。改进多目标差分进化方法的具体改进内容如下。

(1) 种群分解策略

DE方法在迭代时生成的试验个体组成的试验种群和当代种群形成混合种群，利用一组随机均匀分布的参考向量$\boldsymbol{L}_{\mathrm{R}}=\{\boldsymbol{l}_1, \boldsymbol{l}_2, \cdots, \boldsymbol{l}_{N_{\mathrm{R}}}\}$，将混合种群分解成$N_{\mathrm{R}}$个子种群[105]，如图4.11所示。计算混合种群中每个个体x_n与N_{R}个参考向量之间的夹角，找到每个个体对应的最小夹角$\alpha_n^{\min}$，可表示为：

$$\alpha_n^{\min}=\underset{k=1,2,\cdots,N_{\mathrm{R}}}{\operatorname{argmin}}(\cos(x_n, \boldsymbol{l}_k)) \tag{4.78}$$

式中，$k=1, 2, \cdots, N_{\mathrm{R}}$；$n=1, 2, \cdots, N_{\mathrm{P}}$；$N_{\mathrm{R}}$为参考向量的数量，也是子种群的数量；$N_{\mathrm{P}}$为种群中个体数量。将该种群个体划分到参考向量$\boldsymbol{l}_k$对应的子种群Subpop$\{k\}$中。将种群个体在参考向量上的投影距离记作$d_1(\cdot)$，垂直距离记作$d_2(\cdot)$，$d_1(\cdot)$和$d_2(\cdot)$分别能体现出种群个体的收敛性和多样性，其计算方法如下所示：

$$d_1(x_n)=\boldsymbol{l}_k^{\mathrm{T}}F^*(\boldsymbol{x}_n) \tag{4.79}$$

$$d_2(\boldsymbol{x}_n)=\sqrt{\|F^*(\boldsymbol{x}_n)\|_2^2-(\boldsymbol{l}_k^{\mathrm{T}}F^*(\boldsymbol{x}_n))^2} \tag{4.80}$$

式中，$F^*(\boldsymbol{x}_n)=F(\boldsymbol{x}_n)-F(\boldsymbol{x}_n)_{\min}$，$F(\boldsymbol{x}_n)_{\min}=\min\{F_1(\boldsymbol{x}_n), F_2(\boldsymbol{x}_n)\}$是一个理想点。PF是优化目标的Pareto前沿面。

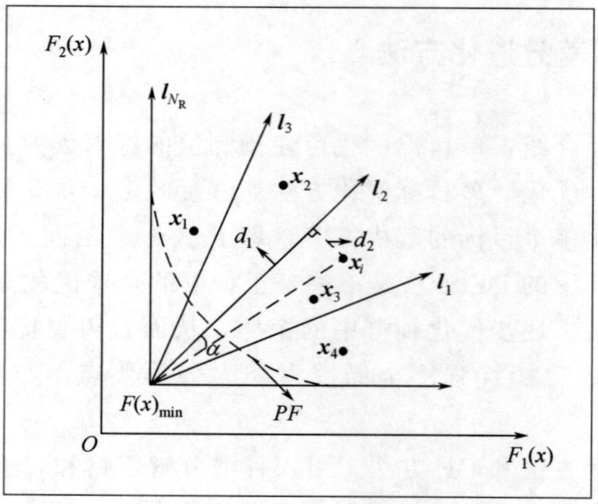

图 4.11　种群分解示意图

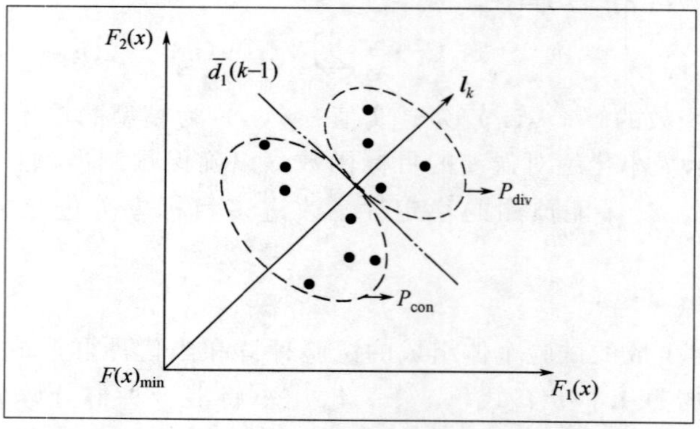

图 4.12　子种群分解示意图

如图 4.12 所示，为得到一个良好的 Pareto 前沿面，使算法具有更好的平衡收敛性和多样性，将每个子种群 Subpop$\{k\}$ 根据 $\bar{d}_1(k-1)$ 划分为 P_{con} 和 P_{div} 两个子集，其中，$\bar{d}_1(k-1)$ 为第 $k-1$ 次迭代时所有个体的投影距离的平均值。如果种群个体对应的投影距离小于 $\bar{d}_1(k-1)$，则种群个体进入子集 P_{con} 中。否则，将其放在子集 P_{div} 里。然后，根据子集 P_{con} 和 P_{div}，得到下一代子种群，具体分为以下三种情况。

情况 1：当 $|P_{con}|>N_P/N_R$ 时，计算 P_{con} 中个体的 $\vartheta(\cdot)$，具体如下式：

$$\vartheta(\boldsymbol{x}_n)=d_1(\boldsymbol{x}_n)+\theta_P d_2(\boldsymbol{x}_n) \tag{4.81}$$

式中，θ_P 为惩罚项。按照 $\vartheta(\cdot)$ 的值升序排列子集 P_{con}，并选取排列后的子集前 N_P/N_R 个个体，组成下一代子种群。

情况 2：当$|P_{con}|=N_P/N_R$时，将子集P_{con}中的个体作为下一代子种群。

情况 3：当$|P_{con}|<N_P/N_R$时，子集P_{con}中的个体全部进入下一代子种群，并将子集P_{div}按照子集内个体的投影距离进行升序排列，在子集P_{div}中选取前$N_P/N_R-|P_{con}|$个个体进入下一代子种群。

(2) 自适应参数调整策略

差分算法中的核心参数包括变异缩放因子和交叉概率因子[106]。变异缩放因子主要影响算法的全局寻优能力：变异缩放因子越小时，算法对局部的搜索能力越好；变异缩放因子越大时，算法越能跳出局部极小值点，但是收敛速度会变慢。相比变异缩放因子，交叉概率因子主要反映的是在交叉的过程中，子代与父代、中间变异个体之间信息量的交换程度，交叉概率因子越大时，信息量交换的程度越大；交叉概率因子越小时，种群的多样性程度越低，不利于算法的全局寻优。为提高算法的全局寻优能力与收敛速度，本节针对变异缩放因子和交叉概率因子，介绍一种自适应参数调整策略，可表示为：

$$F_n=\begin{cases}F_b-F_b^{max}\left(1-\dfrac{d_1(\boldsymbol{x}_n)-d_1^{min}}{d_1^{max}-d_1^{min}}\right), & \boldsymbol{x}_n\in P_{con}\\ F_b+F_b^{max}\left(\dfrac{d_2(\boldsymbol{x}_n)-d_2^{min}}{d_2^{max}-d_2^{min}}\right), & \boldsymbol{x}_n\in P_{div}\end{cases} \tag{4.82}$$

$$CR_n=\begin{cases}CR_b+CR_b^{max}\left(1-\dfrac{d_1(\boldsymbol{x}_n)-d_1^{min}}{d_1^{max}-d_1^{min}}\right), & \boldsymbol{x}_n\in P_{con}\\ CR_b-CR_b^{max}\left(\dfrac{d_2(\boldsymbol{x}_n)-d_2^{min}}{d_2^{max}-d_2^{min}}\right), & \boldsymbol{x}_n\in P_{div}\end{cases} \tag{4.83}$$

式中，$n=1, 2, \cdots, N_P$，N_P为种群中个体的数量；F_n和CR_n分别是种群中第n个个体的变异缩放因子和交叉概率因子；F_b和CR_b分别代表变异缩放因子和交叉概率因子的基准值，是指在没有先验知识的情况下，根据经验或者默认值所设定的一个初始值，然后根据实际问题的特点进行适当调整；F_b^{max}和CR_b^{max}分别为F_b和CR_b微调的最大调整值，一般情况下取值为 0.1；d_1^{min}和d_1^{max}描述当代种群个体的投影距离的最大值和最小值；d_2^{min}和d_2^{max}表示当代种群个体的垂直距离的最小值和最大值。

对式 (4.82) 和式 (4.83) 进一步分析可得，由于投影距离是衡量种群个体收敛性的指标，垂直距离是衡量种群个体多样性的指标，因此可分为以下两种情况：

情况 1：当个体属于子集P_{con}时，该个体是高度收敛的，需要较小的变异缩放因子和较大的交叉概率因子来生成试验个体。

情况 2：当个体属于子集P_{div}时，该个体需要较大的变异缩放因子和较小的交叉概率因子来生成试验个体。

总之，在迭代中平衡种群个体的收敛性和多样性是有益的，可使根据种群中个体得到的前沿面最大近似于 Pareto 前沿面。

4.4.4 改进多目标差分进化回声状态网络

在优化回声状态网络（Echo State Network，ESN）时，单目标优化方法无法反映参数之间的折中关系，且难以寻找到一组最优的网络参数。为解决这一问题，本节采用上节介绍的改进多目标差分进化方法对储备池规模、稀疏度、谱半径和输入变换因子这四个 ESN 参数进行寻优，其具体步骤如下。

步骤 1：随机初始化种群，设定种群中个体数量 N_P、当前迭代次数 k 和最大迭代次数 K。其中，种群个体的每一维元素代表 ESN 的一个参数。

步骤 2：用 $\boldsymbol{x}_n$ 表示种群中的个体，其中，$n=1, 2, \cdots, N_P$。将个体 $\boldsymbol{x}_n$ 中的每个元素分别赋值给 ESN 中对应的参数。将时间序列样本划分为训练集和测试集。将训练集的样本输入 ESN 中得到模型输出值，并通过适应度函数 $F(\cdot)$ 进行个体的适应度评价。对种群中的个体依次进行适应度评价。

步骤 3：如果当前迭代次数大于设定的最大迭代次数，则停止迭代，执行步骤 8；如果当前迭代次数不大于设定的最大迭代次数，执行步骤 4。

步骤 4：采用基于自适应参数调整方法的变异策略与交叉策略更新种群，且种群内个体的变异缩放因子 F_n 和交叉概率因子 CR_n 的计算方法分别为式（4.82）和式（4.83）。

步骤 5：采用种群分解策略得到子种群，利用一组随机均匀分布的参考向量将混合种群分解成 N_R 个子种群。种群分解原则是为混合种群中每个个体找到离其本身最近的参考向量，并将每个个体划入离它最近的参考向量所对应的子种群中。种群个体在参考向量上的投影距离和垂直距离分别记作 $d_1(\cdot)$ 和 $d_2(\cdot)$，可分别表明种群个体的收敛性和多样性。

步骤 6：根据 $\bar{d}_1(k-1)$，将每个子种群划分为 P_{con} 和 P_{div} 两个子集，其中，$\bar{d}_1(k-1)$ 为上一次迭代（第 $k-1$ 次迭代）时所有个体 $d_1(\cdot)$ 的平均值。如果种群个体对应的 $d_1(\cdot)$ 小于 $\bar{d}_1(k-1)$，则种群个体进入子集 P_{con} 中；否则，将其放在子集 P_{div} 中。

步骤 7：所有更新完的子种群成为下一代的新种群，同时更新迭代次数——$k=k+1$，执行步骤 3 至步骤 7。

步骤 8：当前迭代次数达到最大迭代次数时，得到最终种群，从最终的种群中随机选出一个个体作为最优个体，并将该最优个体的每个元素分别赋值给 ESN 参数。

步骤 9：计算输出，将测试集样本输入参数优化后的 ESN 中计算得到模型输出值，即预测值。

4.4.5 仿真实验[106]

为验证 IMODE-ESN 方法的有效性，本节在某市气温时间序列上进行仿真实验。本节选取的时间序列包括 2018 年 2 月 1 日 0 点至 2018 年 3 月 31 日 23 点的风速、压力、湿度和温度。通过相空间重构方法处理选取的气温时间序列，将压力、湿度、风速作为特征变量，并将温度作为预测目标。为消除初始暂态的影响，丢弃前 50 个样本，然后划分时间序列样本进行训练和测试。仿真数据集的参数设置如表 4.5 所示。

表 4.5 仿真数据集参数设置

延迟时间				嵌入维数				样本数	
风速	压力	湿度	温度	风速	压力	湿度	温度	训练集	测试集
1	1	1	1	5	5	5	5	1105	370

此外，选择四种智能优化方法优化的回声状态网络（Echo State Network，ESN）作为对比模型，四种智能优化方法分别是人工鱼群算法（Artificial Fish Swarm Algorithm，AFSA）、粒子群优化（Particle Swarm Optimization，PSO）方法、教与学优化（Teaching-learning-based Optimization，TLBO）方法和基于指标的进化算法（Indicator-based Evolutionary Algorithm，IBEA）。选择均方根误差（Root Mean Square Error，RMSE）、对称平均绝对百分比误差（Symmetric Mean Absolute Percentage Error，SMAPE）和归一化均方根误差（Normalized Root Mean Square Error，NRMSE）作为预测精度的评价指标，选择测试时间作为预测效率的评价指标。

为检验 IMODE-ESN 方法的预测效果，采用 IMODE-ESN 方法在气温时间序列上进行单步预测并整理为图 4.13。图 4.13（a）为 IMODE-ESN 方法的预测曲线和其局部放大图，图 4.13（b）为 IMODE-ESN 方法的误差曲线和局部放大图。从图 4.13 中可看出，IMODE-ESN 方法能较好地拟合真实值曲线，预测误差控制在［－5，5］范围内且在 0 值附近波动。

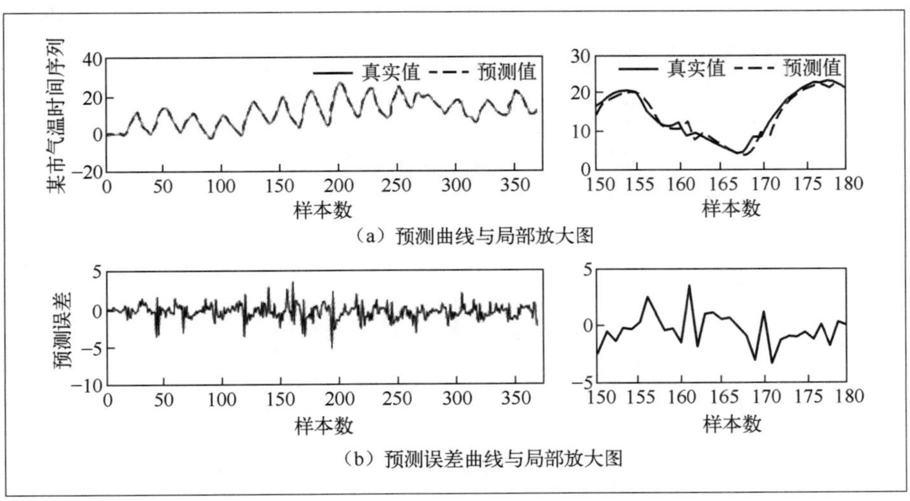

图 4.13 IMODE-ESN 方法的单步预测结果和误差曲线

为进一步检验 IMODE-ESN 方法的有效性，采用不同方法进行单步预测，具体结果如

表 4.6 所示。在表 4.6 中对比不同方法的预测精度可发现，IMODE-ESN 方法的 RMSE、SMAPE 和 NRMSE 最低，预测精度最优。TLBO-ESN 方法的 RMSE 和 NRMSE 最高，预测精度最差。对比不同方法的预测时间可发现，PSO-ESN 方法的预测时间最短，AFSA-ESN 方法的预测时间最长。IMODE-ESN 方法的预测时间与 TLBO-ESN 方法和 IBEA-ESN 方法相差不大，不过明显大于 PSO-ESN 方法。尽管 PSO-ESN 方法的预测时间最短、预测效率最高，但其预测精度仅高于表现最差的 TLBO-ESN 方法，远低于 IMODE-ESN 方法。因此，综合对比预测精度和预测效率，IMODE-ESN 方法平衡二者的能力更好，综合预测性能最好。

表 4.6　不同方法的单步预测仿真结果

方法	RMSE	SMAPE	NRMSE	时间/s
AFSA-ESN	1.3148	0.0895	0.2120	2461.2
PSO-ESN	1.3753	0.0906	0.2266	**50.6**
TLBO-ESN	1.4304	0.0868	0.2377	164.7
IBEA-ESN	1.2881	0.0812	0.1875	125.5
IMODE-ESN	**1.0681**	**0.0596**	**0.1648**	168.2

为说明 IMODE-ESN 方法的稳定性，记录不同方法在气温时间序列上进行 30 次单步预测得到的 RMSE，并整理为图 4.14 所示的箱型图。从图 4.14 可看出，TLBO-ESN 方法的箱型图较长，RMSE 值比较分散，说明该方法的预测性能不稳定。AFSA-ESN、PSO-ESN 和 IBEA-ESN 方法的箱型图相差不大，说明它们的预测稳定性相近。IMODE-ESN 方法的箱型图最短，RMSE 值小于其他对比方法，但存在三个异常值，一个异常值大于箱型图的上限，两个异常值小于下限，但总体上 IMODE-ESN 方法的预测精度高且相对稳定。综合对比不同方法的箱型图结果发现，IMODE-ESN 方法在箱型图中表现最好，其不仅具有较高的预测精度，而且在五种方法中的预测稳定性也是最好的。

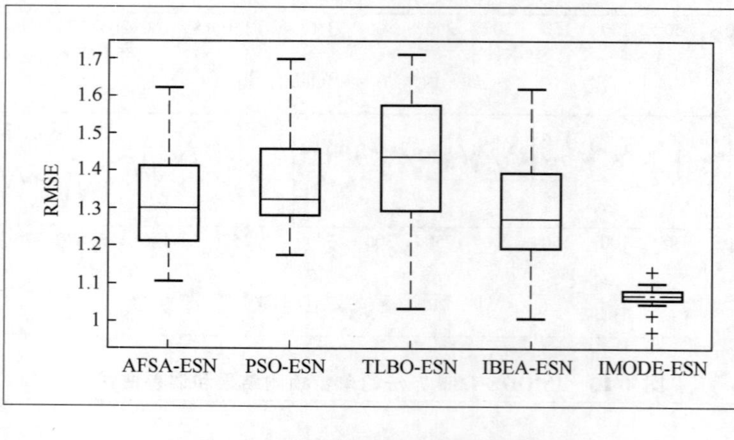

图 4.14　不同方法的 RMSE 箱型图

综上可知，IMODE-ESN 方法在该市气温时间序列上的预测结果表现出色，其在预测精度和预测稳定性上具有最好的结果，预测效率相对较好，可用于时间序列上的离线预测任务。

4.5 小结

在前面两章中介绍的改进型核自适应滤波器虽然在混沌时间序列预测中的在线性能好，但是其不适用于预测模型的性能评估和参数调优。本章从智能优化方法的角度出发，介绍四种适用于时间序列离线预测的改进型回声状态网络。改进粒子群优化回声状态网络（IPSO-ESN）模型将预测模型的训练过程视作非线性优化问题，在训练模型过程中通过正则化方法约束输出权值矩阵的幅值，避免输出权值矩阵出现病态解，提升模型整体的泛化性能与预测精度。针对回声状态网络难以自适应地选择输入特征最优子集和设置模型最优参数的问题，所介绍的改进生物地理学优化回声状态网络（MBBO-ESN）将特征选择和超参数优化这两个独立的优化问题整合为一个全局的优化问题，并根据混合评价标准对特征进行加权处理，在不增加特征维数的基础上提高时间序列的预测精度。为平衡模型预测的准确性和稳定性，改进多目标差分进化回声状态网络（IMODE-ESN）模型基于绝对误差函数和误差方差函数这两个单目标优化函数建立多目标优化函数，并结合种群分解策略和自适应参数调整策略，使模型不仅具有良好的预测精度，还保持很好的预测稳定性。这些回声状态网络的改进方法能通过参数寻优有效提高模型的预测性能，提升模型在混沌时间序列中的离线预测精度和效率。

第5章

基于层次化回声状态网络的混沌时间序列预测

第 4 章已介绍了基于智能优化方法的回声状态网络（Echo State Network，ESN），并在混沌时间序列中进行了仿真验证。针对 ESN 存在结构简单、鲁棒性弱、处理大规模数据能力弱和预测精度低等问题，本章从层次化策略的角度出发，介绍四种层次化回声状态网络：稀疏学习层次化回声状态网络（Hierarchical Echo State Network with Sparse Learning，HESN-SL）、增强随机特征层次化回声状态网络（Hierarchical Echo State Network with Augmented Random Features，HESN-ARF）、层次化可塑性回声状态网络（Hierarchical Plasticity Echo State Network，HPESN）和物理信息层次化回声状态网络（Physics-informed Hierarchical Echo State Network，Pi-HESN）。在每节结尾处，通过对标杆数据集进行仿真实验说明四种层次化回声状态网络在混沌时间序列离线预测任务中的有效性。

5.1 层次化回声状态网络的基本原理

ESN 因单储备池结构而具有简洁高效的优点，但随着数据规模和维度的不断增大，ESN 在分析和处理具有复杂多尺度动态特性的时间序列时面临着严峻的挑战。相比 ESN，层次化回声状态网络（Hierarchical Echo State Network，HESN）因为侧重于提高学习复杂和抽象特征的能力而受到学者们的广泛关注[75]。HESN 是一种基于 ESN 的层次化结构，本质上是将多个 ESN 按照层次化结构进行组合，实现对输入信号的高效处理和表示。HESN 的基本原理包括以下内容。

① 层次化结构：HESN 由多个 ESN 组成，每个 ESN 称为一个层，层与层之间形成层次化结构。每一层接收上一层的输出作为输入，进行处理后输出给下一层。

② 输入信号分解：HESN 将输入信号分为多个子信号，每个子信号由一个 ESN 进行处理。因为每个 ESN 只需要处理部分输入信号，所以可有效减少计算量和降低计算复杂度。

③ 储备池状态更新：每个 ESN 在处理输入信号时，会更新当前的储备池状态，该状态会根据输入信号和上一时刻的储备池状态进行更新。储备池状态的更新过程可使用 ESN 的方法进行，即通过非线性激活函数将输入信号和上一时刻的储备池状态进行加权求和，得到新的储备池状态。第 i 层 ESN 的储备池状态 $\boldsymbol{s}_{\mathrm{res}}^{i}(n)$ 更新方法可表示为：

$$\boldsymbol{s}_{\mathrm{res}}^{i}(n)=f(\boldsymbol{W}_{\mathrm{in}}^{i}\boldsymbol{s}_{\mathrm{in}}^{i}(n)+\boldsymbol{W}_{\mathrm{res}}^{i}\boldsymbol{s}_{\mathrm{res}}^{i}(n-1)) \tag{5.1}$$

式中，$i=1,2,\cdots,m$；$n=1,2,\cdots,N$，N 为样本数；m 为 HESN 中 ESN 的数量，即网络层数；n 是当前时刻；$\boldsymbol{W}_{\mathrm{in}}^{i}$ 表示第 i 层 ESN 的输入权值矩阵；$\boldsymbol{W}_{\mathrm{res}}^{i}$ 为第 i 层 ESN 的回声状态权值矩阵；$f(\cdot)$ 是非线性激活函数；$\boldsymbol{s}_{\mathrm{in}}^{i}(n)$ 为第 i 层 ESN 的储备池输入，可通过下式得到：

$$\begin{cases}\boldsymbol{s}_{\mathrm{in}}^{i}(n)=\boldsymbol{x}(n) & ,i=1\\ \boldsymbol{s}_{\mathrm{in}}^{i}(n)=\boldsymbol{s}_{\mathrm{res}}^{i-1}(n) & ,i>1\end{cases} \tag{5.2}$$

式中，$\boldsymbol{x}(n)$ 为样本输入向量。由式（5.2）发现，第一层 ESN 的储备池输入是原始输入信号，后面每层 ESN 的储备池输入为前一层 ESN 的储备池状态。

④ 每层输出计算：每个 ESN 都有一个输出层，用于将 ESN 的当前储备池状态输出为下一层 ESN 的输入信号。输出层的计算可使用非线性激活函数进行，具体函数根据任务需求进行选择。

⑤ 整体输出计算：最后一层 ESN 的输出作为 HESN 的输出。因为每个 ESN 都只处理部分输入信号，所以 HESN 能够高效处理大规模的输入数据。HESN-SL 的输出信号 $\hat{\boldsymbol{Y}}$ 可表示为：

$$\hat{\boldsymbol{Y}}=\boldsymbol{W}_{\mathrm{out}}\boldsymbol{S} \tag{5.3}$$

式中，$\boldsymbol{W}_{\mathrm{out}}$ 为输出权值矩阵；$\boldsymbol{S}$ 为总的储备池状态收集矩阵，其表达式如下：

$$\boldsymbol{S}=[\boldsymbol{S}(1)\quad \boldsymbol{S}(2)\quad \cdots\quad \boldsymbol{S}(n)\quad \cdots\quad \boldsymbol{S}(N)] \tag{5.4}$$

式中，$n=1,2,\cdots,N$；N 为样本数；$\boldsymbol{S}(n)$ 是第 n 时刻的储备池状态收集矩阵，其计算方法为：

$$\boldsymbol{S}(n)=[\boldsymbol{x}(n);\ \boldsymbol{s}_{\mathrm{res}}^{1}(n);\ \boldsymbol{s}_{\mathrm{res}}^{2}(n);\ \cdots;\ \boldsymbol{s}_{\mathrm{res}}^{i}(n);\ \cdots;\ \boldsymbol{s}_{\mathrm{res}}^{m}(n)] \tag{5.5}$$

式中，$i=1,2,\cdots,m$，m 为网络层数；$\boldsymbol{x}(n)$ 为样本输入向量；$\boldsymbol{s}_{\mathrm{res}}^{i}(n)$ 是第 i 层 ESN 的储备池状态；$[\cdot;\ \cdot]$ 表示矩阵的垂直连接。

相比传统的深度神经网络（DNN）和循环神经网络（RNN）等模型，HESN 具有以下优点。

① 大规模数据处理能力强：HESN 具有层次化结构和分层处理的特点，可高效地处理大规模数据。因为每层只需处理部分输入信号，所以 HESN 可避免由于模型规模增大而带来的计算成本过高和存储空间过大的问题。

② 鲁棒性强：HESN 使用 ESN 的储备池更新方法更新每层的储备池状态，具有很好的鲁棒性。即使输入信号受到较大的扰动，模型也可自适应地更新内部状态，从而保持输出结

果的稳定性。

③ 可解释性好：HESN 的层次化结构使得它的内部状态可分层进行解释，可解释性相对较好。对于一些需要可解释性的任务，如异常检测、时间序列预测等，HESN 具有明显的优势。

④ 构建简单：相比 DNN 和 RNN 等模型，HESN 的构建过程比较简单。只需要按照层次化结构组合多个 ESN，因此，HESN 在实际应用中具有较好的可操作性和灵活性。

综上所述，HESN 是一种通过层次化结构组合多个 ESN 进行信号处理的神经网络模型，具有高效处理大规模数据、鲁棒性强、可解释性好和构建简单等优点。在某些需要分层处理的任务中，HESN 表现出较好的性能，可应用于预测、分类、控制等任务中。

5.2 基于稀疏学习的层次化回声状态网络

上节已经介绍了层次化回声状态网络的基本原理，并说明层次化回声状态网络可对输入信号进行高效处理和表示。层次化回声状态网络虽然可高效处理大规模混沌时间序列，但是其对样本信息的筛选能力弱，易受到冗余信息的干扰。为解决这一问题，本节结合稀疏学习方法，引入单调加速迫近梯度法，介绍一种稀疏学习层次化回声状态网络（HESN-SL）方法。该方法通过逐层堆叠的回声状态网络挖掘并捕获隐藏在动态系统中的潜在演化模式，具有良好的信息筛选能力。并且，通过标杆数据集上的仿真实验验证该方法的有效性。

5.2.1 稀疏学习方法

在 HESN 中，基于权值范数约束$\|\boldsymbol{W}_{\text{out}}\|_{\text{p}}$，建立成本函数 $J(\cdot)$ 如下：

$$\min J(\boldsymbol{W}_{\text{out}})=\|\boldsymbol{Y}-\boldsymbol{W}_{\text{out}}\boldsymbol{S}\|_2^2+\lambda_{\text{R}}\|\boldsymbol{W}_{\text{out}}\|_p \tag{5.6}$$

式中，$\lambda_{\text{R}}>0$ 是平衡两个目标项的正则化约束参数；$\boldsymbol{W}_{\text{out}}$ 为输出权值矩阵；$\boldsymbol{Y}$ 为真实的样本输出；$\boldsymbol{S}$ 代表总的储备池状态收集矩阵；$\|\cdot\|_p$ 表示 p 范数，可进行以下讨论：

① 当 $p=0$ 时，求解得到的输出权值矩阵具有最稳定的高度稀疏性，能最大程度地去除样本信息中的冗余成分，提高泛化能力。

② 当 $p\leqslant 1$ 时，求解式（5.6）所示成本函数的方法统称为桥回归，求解得到的输出权值矩阵均具有稀疏性。

③ 当 $p=2$ 时，求解式（5.6）所示成本函数的方法称为岭回归。

因此，为保证最大程度剔除样本中的冗余信息，提高模型的信息筛选能力和泛化性能，令 $p=0$，构造以 L_0 范数稀疏为约束项的成本函数对输出权值矩阵进行训练，具体如下：

$$\min J(\boldsymbol{W}_{\text{out}})=\|\boldsymbol{Y}-\boldsymbol{W}_{\text{out}}\boldsymbol{S}\|_2^2+\lambda_{\text{R}}\|\boldsymbol{W}_{\text{out}}\|_0 \tag{5.7}$$

式（5.7）所示的 L_0 稀疏约束问题是一个 NP 难问题，因此通常采用近似方法求解，例如正交匹配法（Orthogonal Matching Pursuit，OMP）或加速迫近梯度法（Accelerated Proximal Gradient，APG）。OMP 方法是一种常用的用于求解稀疏表示问题的算法，通过不断地选择最相关的特征进行迭代，逐步构建稀疏解。OMP 方法是一种贪心算法，每次迭代都选择最相关的特征，因此，并不能保证得到全局最优解。在某些情况下，OMP 方法可能会陷入局部最优，从而导致精度下降。OMP 方法的优点是简单、快速，并且能够得到较好的近似解，但是存在稳定性较差、难以处理重复特征、迭代次数较多和依赖先验知识的缺点。

APG 方法是一种基于近端算子的优化方法，相比 OMP 方法，具有以下优点。

① 更加稳定：APG 方法基于凸优化理论，对数据噪声和异常值的抗扰性好，能够得到更具鲁棒性的稀疏表示。

② 可处理重复特征：加速迫近梯度法可很好地处理特征重复的情况，能够自适应地选择多个相关特征，并为不同特征分配权值。

③ 计算速度快：相对于 OMP 方法，APG 方法的计算速度更快，尤其对于大规模高维数据，APG 方法的优势更为明显。

④ 不需先验知识：APG 方法不需先验知识确定稀疏度，能够自适应地确定稀疏度，并得到最优的稀疏表示。

单调加速迫近梯度法（Monotone Accelerated Proximal Gradient，MAPG）是一种基于 APG 的算法，它通过引入单调性的限制，进一步提高算法性能。相比 APG 算法，MAPG 算法在每一次迭代中保持解的单调性，即使算法在迭代过程中发生振荡，也能够保证解的单调性，并最终收敛到全局最优解。这种单调性的限制能够避免 APG 算法在收敛过程中发生振荡，从而使算法更加稳定和可靠。MAPG 算法的实现方法类似于 APG 算法，每次迭代时，先进行一次梯度下降，然后再进行一个近端算子的操作，并对解的单调性进行限制。当算法达到收敛时，此时的解就是原始问题的最优解。

因此，MAPG 算法是一种高效稳定的求解凸优化问题的方法，能够有效避免 APG 算法在迭代过程中发生振荡的现象，并能够快速地收敛到全局最优解。在处理高维大规模数据时，MAPG 算法具有广泛的应用前景。本节使用计算效率更高的 MAPG 算法对 L_0 稀疏约束问题进行求解。

求解式（5.7）所描述的成本函数就是著名的 L_0 稀疏约束最小二乘问题，可通过 MAPG 算法得到问题的最优解。将 L_0 稀疏约束最小二乘问题转化为以下形式：

$$\begin{aligned}\min J(\boldsymbol{W}_{\text{out}}) &= \|\boldsymbol{Y}-\boldsymbol{W}_{\text{out}}\boldsymbol{S}\|_2^2+\lambda_{\text{R}}\|\boldsymbol{W}_{\text{out}}\|_0 \\ &= f_1(\boldsymbol{W}_{\text{out}})+f_2(\boldsymbol{W}_{\text{out}})\end{aligned} \tag{5.8}$$

式中，$f_1(\cdot)$ 为可微的凸函数；$f_2(\cdot)$ 是非凸不平滑的函数。定义与函数 $f_1(\cdot)$ 相关的迫近映射 $\text{prox}(\cdot)$，表示为：

$$\text{prox}_{\alpha f_2}(\boldsymbol{x})=\underset{u}{\arg\min} f_2(\boldsymbol{u})+\frac{1}{2\alpha}\|\boldsymbol{x}-\boldsymbol{u}\|_2^2 \tag{5.9}$$

式中，$\alpha>0$ 是步长。基于 MAPG 的更新规则如下所示：

$$\boldsymbol{Y}^k=\boldsymbol{W}_{\text{out}}^k+\frac{t^{k-1}}{t^k}(\boldsymbol{z}^k-\boldsymbol{W}_{\text{out}}^k)+\frac{t^{k-1}}{t^k}(\boldsymbol{W}_{\text{out}}^k-\boldsymbol{W}_{\text{out}}^{k-1}) \tag{5.10}$$

$$\boldsymbol{z}^{k+1}=\text{prox}_{\alpha_{\text{p}} f_2}(\boldsymbol{Y}^k-\alpha_{\text{p}}\nabla f_1(\boldsymbol{Y}^k)) \tag{5.11}$$

$$v^{k+1}=\mathrm{prox}_{\alpha_q f_2}(\boldsymbol{W}_{\mathrm{out}}^k-\alpha_q\boldsymbol{\nabla}f_1(\boldsymbol{W}_{\mathrm{out}}^k)) \tag{5.12}$$

$$t^{k+1}=\frac{1+\sqrt{4(t^k)^2+1}}{2} \tag{5.13}$$

$$\boldsymbol{W}_{\mathrm{out}}^{k+1}=\begin{cases}\boldsymbol{z}^{k+1}, & J(\boldsymbol{z}^{k+1})\leqslant J(\boldsymbol{v}^{k+1})\\ \boldsymbol{v}^{k+1}, & J(\boldsymbol{z}^{k+1})>J(\boldsymbol{v}^{k+1})\end{cases} \tag{5.14}$$

式中，k 是当前迭代次数；$\boldsymbol{Y}^k$，$\boldsymbol{z}^k$，$\boldsymbol{v}^k$ 和 t^k 均为中间变量；α_p 和 α_q 是步长且 $\alpha_p<1/\beta$，$\alpha_q<1/\beta$，$\beta>0$，为梯度 $\boldsymbol{\nabla}f(\cdot)$ 的 Lipschitz 常数。

5.2.2 稀疏学习层次化回声状态网络

本节结合第 5.2.1 节阐述的基于 MAPG 算法的稀疏学习策略，介绍 HESN-SL 模型，其结构示意图如图 5.1 所示。在图 5.1 中，HESN-SL 模型由多个顺序连接的 ESN 构成。

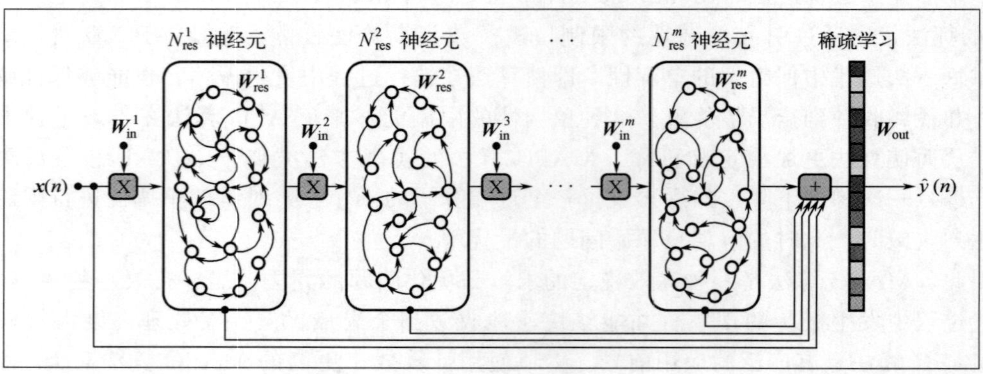

图 5.1 HESN-SL 模型结构示意图

HESN-SL 的储备池状态更新方程可表示为：

$$\boldsymbol{s}_{\mathrm{res}}^i(n)=f(\boldsymbol{W}_{\mathrm{in}}^i\boldsymbol{s}_{\mathrm{in}}^i(n)+\boldsymbol{W}_{\mathrm{res}}^i\boldsymbol{s}_{\mathrm{res}}^i(n-1)) \tag{5.15}$$

式中，$i=1, 2, \cdots, m$，m 为 HESN-SL 模型中 ESN 的数量，即网络层数；n 为当前时刻；$\boldsymbol{s}_{\mathrm{res}}^i(n)\in\mathbf{R}^{N_{\mathrm{res}}^i}$ 表示当前时刻下第 i 层 ESN 的储备池状态；$\boldsymbol{s}_{\mathrm{res}}^i(n-1)\in\mathbf{R}^{N_{\mathrm{res}}^i}$ 表示上一时刻第 i 层 ESN 的储备池状态；$\boldsymbol{W}_{\mathrm{in}}^i\in\mathbf{R}^{N_{\mathrm{res}}^i\times N_{\mathrm{res}}^{i-1}}$ 是第 i 层 ESN 的输入权值矩阵；$\boldsymbol{W}_{\mathrm{res}}^i\in\mathbf{R}^{N_{\mathrm{res}}^i\times N_{\mathrm{res}}^i}$ 为第 i 层 ESN 的回声状态权值矩阵；N_{res}^i 是第 i 层 ESN 的储备池神经元数量；$f(\cdot)$ 是非线性激活函数；$\boldsymbol{s}_{\mathrm{in}}^i(n)$ 表示第 i 层 ESN 的储备池输入，可通过下式得到：

$$\begin{cases}\boldsymbol{s}_{\mathrm{in}}^i(n)=\boldsymbol{x}(n) & ,i=1\\ \boldsymbol{s}_{\mathrm{in}}^i(n)=\boldsymbol{s}_{\mathrm{res}}^{i-1}(n) & ,i>1\end{cases} \tag{5.16}$$

式中，$\boldsymbol{x}(n)\in\mathbf{R}^{D_x}$ 为样本的输入变量向量，D_x 是输入变量的维度。为区分预测目标和特征变量的重要程度，在进行随机投影时对输入变量中的预测目标分配最大权值。在第 1 层 ESN 的输入权值矩阵 $\boldsymbol{W}_{\text{in}}^1$ 中，预测目标对应的第 j 列元素取值方法具体如下：

$$\boldsymbol{W}_{\text{in}}^1(:,j)\in\{-1,1\} \tag{5.17}$$

逐层计算所有 ESN 的储备池状态，并整合各层 ESN 的储备池状态信息，得到当前时刻的储备池状态收集矩阵 $\boldsymbol{S}(n)$，其表达式为：

$$\boldsymbol{S}(n)=[\boldsymbol{x}(n);\ \boldsymbol{s}_{\text{res}}^1(n);\ \boldsymbol{s}_{\text{res}}^2(n);\ \cdots;\ \boldsymbol{s}_{\text{res}}^m(n)] \tag{5.18}$$

式中，[·；·] 表示矩阵的垂直连接。整合所有时刻的储备池状态收集矩阵，可得到 HESN-SL 模型的总储备池状态收集矩阵 $\boldsymbol{S}$：

$$\boldsymbol{S}=[\boldsymbol{S}(1)\quad \boldsymbol{S}(2)\quad \cdots\quad \boldsymbol{S}(n)\quad \cdots\quad \boldsymbol{S}(N)] \tag{5.19}$$

式中，$n=1,2,\cdots,N$；$\boldsymbol{S}\in\mathbf{R}^{(D_x+\sum_{i=1}^{m}N_{\text{res}}^i)N}$；$N$ 为样本数。HESN-SL 模型的输出 $\hat{\boldsymbol{Y}}=[\hat{y}(1)\quad \hat{y}(2)\quad \cdots\quad \hat{y}(N)]\in\mathbf{R}^{1\times N}$ 可通过下式计算：

$$\hat{\boldsymbol{Y}}=\boldsymbol{W}_{\text{out}}\boldsymbol{S} \tag{5.20}$$

然后，基于 MAPG 算法的稀疏学习策略，建立成本函数 $J(\cdot)$ 如下：

$$\min J(\boldsymbol{W}_{\text{out}})=\|\boldsymbol{Y}-\boldsymbol{W}_{\text{out}}\boldsymbol{S}\|_2^2+\lambda_{\text{R}}\|\boldsymbol{W}_{\text{out}}\|_0 \tag{5.21}$$

式中，$\lambda_{\text{R}}>0$ 是正则化约束参数；$\boldsymbol{W}_{\text{out}}$ 为需要求解的输出权值矩阵；$\|\cdot\|_0$ 表示 L_0 范数；$\boldsymbol{Y}$ 为真实的样本输出，其表达式为：

$$\boldsymbol{Y}=[y(1)\quad y(2)\quad \cdots\quad y(N)] \tag{5.22}$$

最后，基于 MAPG 算法求解稀疏问题，按照式（5.10）～式（5.14）迭代求解式（5.21）所示成本函数，得到最优的输出权值矩阵。综上，HESN-SL 方法步骤如下。

步骤 1：初始化参数，设定 HESN-SL 模型的网络层数 m，设定每层 ESN 的储备池神经元数量 N_{res}^i、输入权值矩阵 $\boldsymbol{W}_{\text{in}}^i$、回声状态权值矩阵 $\boldsymbol{W}_{\text{res}}^i$，设定正则化约束参数 λ_{R} 和 MAPG 算法的总迭代次数 K。

步骤 2：输入样本，加载 $\{(\boldsymbol{x}(n),y(n)),n=1,\cdots,N\}$，$N$ 为样本数。

步骤 3：根据每层的输入权值矩阵和回声状态权值矩阵，按式（5.15）和式（5.18）分别更新每层 ESN 的储备池状态和当前时刻的储备池状态收集矩阵。然后整合所有时刻的储备池状态收集矩阵，得到 HESN-SL 模型的储备池状态收集矩阵式（5.19）。

步骤 4：构建成本函数，如式（5.21）所示，并采用 MAPG 算法迭代求解输出权值矩阵 $\boldsymbol{W}_{\text{out}}$，具体如式（5.10）～式（5.14）所示。

步骤 5：当 MAPG 算法的当前迭代次数为总迭代次数时，输出求解得到的最优输出权值矩阵。

步骤 6：计算输出，通过式（5.20）计算得到 HESN-SL 模型输出。

5.2.3 收敛性分析

回声状态性质（Echo State Property，ESP）是指 ESN 的储备池状态能够随着时间的推移淬火掉网络的初始状态，最终与输入序列的回声达到一种稳定的关系。ESP 是构建稳定的 ESN 的关键要求，可保证储备池状态可以在网络训练的过程中自然演化出适合处理任务的表示，从而有效提取和学习信息。满足 ESP 才能保证算法的稳定性和收敛性。

ESP 要求储备池状态 $\boldsymbol{s}(n)$ 是关于第 n 时刻和之前时刻输入的回声，在网络运行一段时间后，储备池状态只与当前和历史输入有关，而与初始状态 $\boldsymbol{s}(0)$ 无关。由于 ESN 中储备池初始状态是随机确定的，在开始运行的一段时间内储备池状态无法完全反映系统的特性，故在训练样本中舍弃一部分初始样本，以消除初始暂态的影响。为确保 ESN 的全局渐近稳定性，定理 1 给出充分条件。

定理 1[108]：假设 ESN 的储备池有一个确定的回声状态权值矩阵 $\boldsymbol{W}_{\text{res}}$，且储备池的非线性激活函数为 $f(\cdot)=\tanh(\cdot)$ 满足 Lipschitz 条件，即存在常数 $L>0$，使得对于任意两个状态变量 s_1 和 s_2，有：

$$\|f(s_1)-f(s_2)\|\leqslant L\|s_1-s_2\| \tag{5.23}$$

给定第 n 时刻的两个不同的储备池状态 $\boldsymbol{s}(n)$ 和 $\tilde{\boldsymbol{s}}(n)$，如果储备池内的回声状态权值矩阵的最大奇异值满足：

$$\bar{\sigma}(\boldsymbol{W}_{\text{res}})<1 \tag{5.24}$$

式中，$\bar{\sigma}(\cdot)$ 为矩阵的最大奇异值；$\boldsymbol{W}_{\text{res}}$ 是回声状态矩阵。因此，若满足式（5.23）和式（5.24），则说明 ESN 具有 ESP 性质。

根据定理 1，当储备池内回声状态权值矩阵的最大奇异值小于 1 时，ESN 具有 ESP 性质，从而能够保证局部稳定性。但对于 ESN 的全局渐近稳定性，需要更严格的条件。

对于一个回声状态权值矩阵 $\boldsymbol{W}_{\text{res}}$，其欧几里得范数与最大奇异值相等，即：

$$\|\boldsymbol{W}_{\text{res}}\|_2=\bar{\sigma}(\boldsymbol{W}_{\text{res}}) \tag{5.25}$$

根据上述性质，在定理 1 的基础上，可继续推导出 HESN-SL 模型全局渐近稳定性的充分条件，具体如定理 2 所示。

定理 2：假设给定的 HESN-SL 具有 m 个 ESN，每层 ESN 中储备池具有固定的输入权值矩阵 $\boldsymbol{W}_{\text{in}}^i$ 和回声状态权值矩阵 $\boldsymbol{W}_{\text{res}}^i$，其中，$i=1, 2, \cdots, m$。每个储备池的非线性激活函数均为 $f(\cdot)=\tanh(\cdot)$ 且满足 Lipschitz 条件，即存在常数 $L>0$，使得对于任意两个状态变量 s_1 和 s_2，有：

$$\|f(s_1)-f(s_2)\|\leqslant L\|s_1-s_2\| \tag{5.26}$$

给定第 n 时刻的两个不同的储备池状态 $\boldsymbol{s}(n)$ 和 $\tilde{\boldsymbol{s}}(n)$，如果满足下式：

$$r(\boldsymbol{W}_{\text{res}}^i)<1 \tag{5.27}$$

式中，$r(\cdot)$ 为矩阵的谱半径；$i=1, 2, \cdots, m$。则说明 HESN-SL 模型具有 ESP 性质。以下对定理 2 进行证明。

证明：当 $n=1$ 时，储备池输入 $\boldsymbol{s}_{\text{in}}^i(n)$ 就是原始输入信号 $\boldsymbol{x}(n)$，两个不同的储备池状态 $\boldsymbol{s}_{\text{res}}^1(n)$ 和 $\tilde{\boldsymbol{s}}_{\text{res}}^1(n)$ 的差值 $\Delta\boldsymbol{s}_{\text{res}}^1(t)$ 可通过下式计算：

$$
\begin{aligned}
\|\Delta \boldsymbol{s}_{\mathrm{res}}^{1}(n)\|_2 &= \|\boldsymbol{s}_{\mathrm{res}}^{1}(n)-\tilde{\boldsymbol{s}}_{\mathrm{res}}^{1}(n)\|_2 \\
&= \|\tanh(\boldsymbol{W}_{\mathrm{in}}^{1}\boldsymbol{x}(n)+\boldsymbol{W}_{\mathrm{res}}^{1}\boldsymbol{s}_{\mathrm{res}}^{1}(n-1))-\tanh(\boldsymbol{W}_{\mathrm{in}}^{1}\boldsymbol{x}(n)+\boldsymbol{W}_{\mathrm{res}}^{1}\tilde{\boldsymbol{s}}_{\mathrm{res}}^{1}(n-1))\|_2 \\
&\leqslant \|(\boldsymbol{W}_{\mathrm{in}}^{1}\boldsymbol{x}(n)+\boldsymbol{W}_{\mathrm{res}}^{1}\boldsymbol{s}_{\mathrm{res}}^{1}(n-1))-(\boldsymbol{W}_{\mathrm{in}}^{1}\boldsymbol{x}(n)+\boldsymbol{W}_{\mathrm{res}}^{1}\tilde{\boldsymbol{s}}_{\mathrm{res}}^{1}(n-1))\|_2 \\
&= \|\boldsymbol{W}_{\mathrm{res}}^{1}\boldsymbol{s}_{\mathrm{res}}^{1}(n-1)-\boldsymbol{W}_{\mathrm{res}}^{1}\tilde{\boldsymbol{s}}_{\mathrm{res}}^{1}(n-1)\|_2 \\
&\leqslant \|\boldsymbol{W}_{\mathrm{res}}^{1}\|_2\|\Delta \boldsymbol{s}_{\mathrm{res}}^{1}(n-1)\|_2 \\
&= \bar{\sigma}(\boldsymbol{W}_{\mathrm{res}}^{1})\|\Delta \boldsymbol{s}_{\mathrm{res}}^{1}(n-1)\|_2
\end{aligned}
\tag{5.28}
$$

式中，$\bar{\sigma}(\boldsymbol{W}_{\mathrm{res}}^{i})$ 为第 i 层回声状态权值矩阵的最大奇异值。当满足 $\bar{\sigma}(\boldsymbol{W}_{\mathrm{res}}^{1})<1$ 时，都有下式成立：

$$
\lim_{n\to\infty}\|\Delta \boldsymbol{s}_{\mathrm{res}}^{1}(n)\|\to 0 \tag{5.29}
$$

上式所述结果与拥有单一储备池的 ESN 结果一致，进一步推导第 i 个 ESN 的储备池状态差值 $\Delta \boldsymbol{s}_{\mathrm{res}}^{i}(n)$ 为：

$$
\begin{aligned}
\|\Delta \boldsymbol{s}_{\mathrm{res}}^{i}(n)\|_2 &= \|\boldsymbol{s}_{\mathrm{res}}^{i}(n)-\tilde{\boldsymbol{s}}_{\mathrm{res}}^{i}(n)\|_2 \\
&= \|\tanh(\boldsymbol{W}_{\mathrm{res}}^{i}\boldsymbol{s}_{\mathrm{res}}^{i}(n-1)+\boldsymbol{W}_{\mathrm{in}}^{i}\boldsymbol{s}_{\mathrm{in}}^{i}(n))-\tanh(\boldsymbol{W}_{\mathrm{res}}^{i}\tilde{\boldsymbol{s}}_{\mathrm{res}}^{i}(n-1)+\boldsymbol{W}_{\mathrm{in}}^{i}\tilde{\boldsymbol{s}}_{\mathrm{res}}^{i}(n))\|_2 \\
&\leqslant \|(\boldsymbol{W}_{\mathrm{res}}^{i}\boldsymbol{s}_{\mathrm{res}}^{i}(n-1)+\boldsymbol{W}_{\mathrm{in}}^{i}\boldsymbol{s}_{\mathrm{in}}^{i}(n))-(\boldsymbol{W}_{\mathrm{res}}^{i}\tilde{\boldsymbol{s}}_{\mathrm{res}}^{i}(n-1)+\boldsymbol{W}_{\mathrm{in}}^{i}\tilde{\boldsymbol{s}}_{\mathrm{in}}^{i}(n))\|_2 \\
&\leqslant \|\boldsymbol{W}_{\mathrm{res}}^{i}\|_2\|\boldsymbol{s}_{\mathrm{res}}^{i}(n-1)-\tilde{\boldsymbol{s}}_{\mathrm{res}}^{i}(n-1)\|_2+\|\boldsymbol{W}_{\mathrm{in}}^{i}\|_2\|(\boldsymbol{s}_{\mathrm{in}}^{i}(n)-\tilde{\boldsymbol{s}}_{\mathrm{in}}^{i}(n))\|_2 \\
&= \|\boldsymbol{W}_{\mathrm{res}}^{i}\|_2\|\boldsymbol{s}_{\mathrm{res}}^{i}(n-1)-\tilde{\boldsymbol{s}}_{\mathrm{res}}^{i}(n-1)\|_2+\|\boldsymbol{W}_{\mathrm{in}}^{i}\|_2\|(\boldsymbol{s}_{\mathrm{res}}^{i}(n)-\tilde{\boldsymbol{s}}_{\mathrm{in}}^{i}(n))\|_2 \\
&\leqslant \|\boldsymbol{W}_{\mathrm{res}}^{i}\|_2\|\boldsymbol{s}_{\mathrm{res}}^{i}(n-1)-\tilde{\boldsymbol{s}}_{\mathrm{res}}^{i}(n-1)\|_2+r^{i-1}\|\boldsymbol{W}_{\mathrm{in}}^{i}\|_2\|(\boldsymbol{s}_{\mathrm{res}}^{i-1}(n-1)-\tilde{\boldsymbol{s}}_{\mathrm{res}}^{i-1}(n-1))\|_2 \\
&= \bar{\sigma}(\boldsymbol{W}_{\mathrm{res}}^{i})\|\Delta \boldsymbol{s}_{\mathrm{res}}^{i}(n-1)\|_2+r^{i-1}\bar{\sigma}(\boldsymbol{W}_{\mathrm{in}}^{i})\|\Delta \boldsymbol{s}_{\mathrm{res}}^{i-1}(n-1)\|_2
\end{aligned}
\tag{5.30}
$$

结合式（5.29）和式（5.30），可得到：

$$
r^{i}=\begin{cases}\bar{\sigma}(\boldsymbol{W}_{\mathrm{res}}^{1}) & ,\ i=1 \\ r^{i-1}\bar{\sigma}(\boldsymbol{W}_{\mathrm{in}}^{i})+\bar{\sigma}(\boldsymbol{W}_{\mathrm{res}}^{1}) & ,\ i=2,\cdots,m\end{cases} \tag{5.31}
$$

因此，对于 $i=1,2,\cdots,m$，如果满足 $r(\boldsymbol{W}_{\mathrm{res}}^{i})<1$，则 HESN-SL 模型具有 ESP 性质，即说明该模型具有稳定性和收敛性。

5.2.4 仿真实验[109]

本节选用 Lorenz-96 混沌系统以验证 HESN-SL 模型的有效性，Lorenz-96 系统[110] 是 Edward Lorenz 于 1996 年在研究流体有限振幅对流时提出的一个动力学系统。Lorenz-96 比 Lorenz 具有更强的非线性演化模式，其表达式为：

$$
\frac{\mathrm{d}x_i}{\mathrm{d}t}=(x_{i+1}-x_{i-2})x_{i-1}-x_i+a \tag{5.32}
$$

式中，$i=1, 2, \cdots, b$；a 表示强迫常数；x_i 表示第 i 个变量的系统状态；b 表示状态变量的数量。同时设定 $x_{-1}=x_{b-1}$，$x_0=x_b$，$x_1=x_{b+1}$。当 $b=40$，$a=8$ 时，系统呈现混沌特性。通过式（5.32）生成 Lorenz-96 混沌时间序列，并以第 1 维变量为预测目标，具体仿真数据集的参数设置如表 5.1 所示。

表 5.1　仿真数据集参数设置

Lorenz-96 方程参数		样本维度		样本数	
变量维度	强迫常数	输入变量	输出变量	训练集	测试集
40	8	40	1	3750	1250

此外，选择 ESN 方法、φ-ESN、随机静态投影储备池（Reservoir with Random Static Projections，R^2SP）方法、深度回声状态网络（Deep Echo State Network，DeepESN）方法、异步深度储备池计算（Asynchronous Deep Reservoir Computing，ADRC）方法、深度投影编码回声状态网络（Deep Projection-encoding Echo State Network，DeePr-ESN）方法作为对比方法。其中，φ-ESN 方法和 R^2SP 方法的特点在于将动态储备池层和静态层相结合，DeepESN 方法、ADRC 方法、DeePr-ESN 方法和本节所介绍的 HESN-SL 方法均为具有多层 ESN 结构的方法。为比较不同方法的预测性能，选择归一化均方根误差（Normalized Root Mean Square Error，NRMSE）和对称平均绝对百分比误差（Symmetric Mean Absolute Percentage Error，SMAPE）作为预测精度的评价指标。

表 5.2 是不同方法在 Lorenz-96 时间序列上进行多步预测后的结果对比。由表 5.2 可得，HESN-SL 方法在 1 步、5 步和 10 步预测中表现出最小的 NRMSE 和 SMAPE。其中，Naïve 方法是基准线方法，使用已知时刻的真实值直接作为未来时刻的预测值。预测误差大于 Naïve 的方法，可判定为无效方法。在表 5.2 中，所有方法的预测误差明显小于 Naïve 方法，因此可初步判断基于 ESN 的机器学习模型能从复杂的历史数据中提取并学习到对预测任务有价值的信息。

表 5.2　不同方法的多步预测性能对比

模型	NRMSE/10^{-2}			SMAPE/10^{-2}		
	1 步	5 步	10 步	1 步	5 步	10 步
Naïve	10.185	30.177	53.575	21.854	47.412	68.912
ESN	0.965	7.748	23.245	4.175	20.563	46.046
φ-ESN	0.971	7.854	23.162	3.966	21.455	45.161
R^2SP	0.836	6.979	22.426	3.791	19.472	44.448
DeepESN	0.629	5.375	19.163	2.778	16.272	40.485
ADRC	0.539	5.253	21.957	2.378	14.851	41.810
DeePr-ESN	0.651	4.820	16.687	2.993	14.921	37.786
HESN-SL	0.210	1.883	9.008	1.144	7.731	24.517

为进一步检验 HESN-SL 方法在 Lorenz-96 时间序列上预测的有效性，将不同方法从 1 步预测到 12 步的预测误差变化整理为图 5.2。由图 5.2 可知，在处理相对简单的单步预测任务时，HESN-SL 方法相对于其他方法的优势并不明显。随着预测步长的增大，建立输入与输出的映射关系会变得更加困难，这种情况下对预测模型的特征提取与非线性拟合提出更高的要求。并且，多步预测中微小的干扰就可能造成很大的偏差，而 HESN-SL 方法能有效剔除样本中的冗余信息，在多步预测中的预测误差明显小于其他对比方法。另外，注意到具有多层 ESN 结构的 DeepESN、ADRC 和 DeePr-ESN 方法的预测性能普遍优于单层 ESN 结构的 ESN、φ-ESN 和 R^2SP 方法，这表明 ESN 的层次化策略在 Lorenz-96 时间序列预测任务中具有有效性。

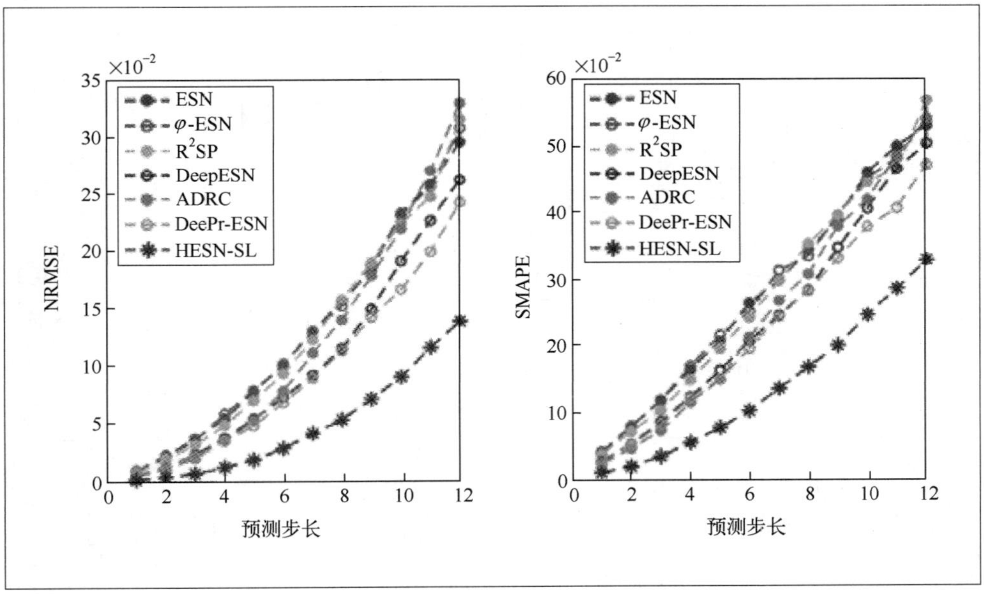

图 5.2　不同方法的多步预测误差

为检验不同方法的预测稳定性，采用不同方法进行 10 次重复实验并绘制箱型图，如图 5.3 所示。由图 5.3 可看出，HESN-SL 方法不仅具有良好的预测性能，而且该方法的稳定性也优于其他方法。相比单层 ESN 方法，HESN-SL 方法中的层次化策略能使原始数据在高维空间中得到更充分的表达。相比多层 ESN 方法，HESN-SL 方法通过稀疏学习方法能剔除样本中的冗余成分，有效减少建模过程中的不稳定性因素。

综上所述，HESN-SL 方法在 Lorenz-96 时间序列上可很好地进行离线预测，并且取得较高的预测精度和较好的预测稳定性。这说明 HESN-SL 方法适用于混沌时间序列的离线预测任务。

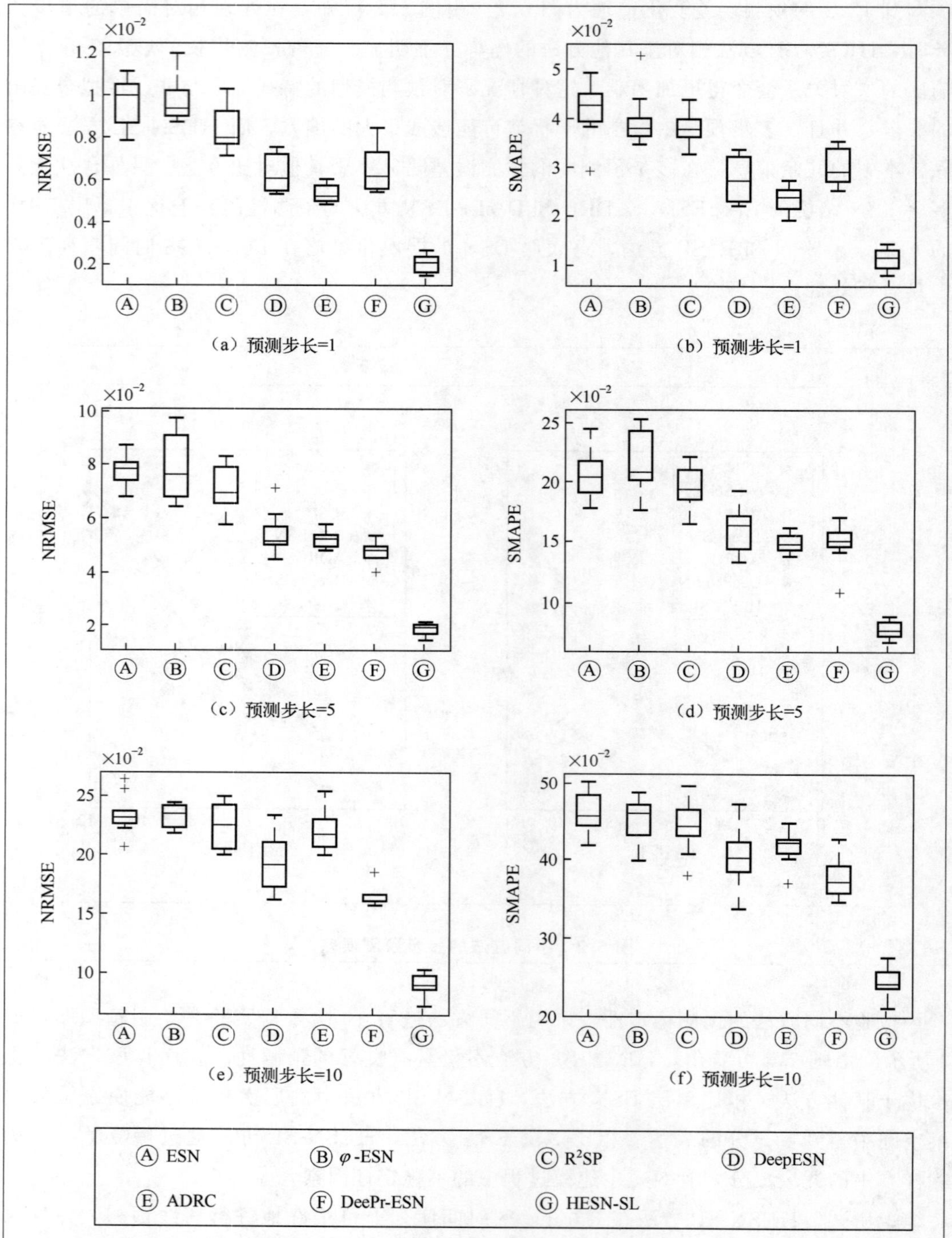

图 5.3　不同方法单步预测和多步预测的箱型图

5.3 基于高维增强随机特征的层次化回声状态网络

在上节介绍的稀疏学习层次化回声状态网络中，虽然通过稀疏学习方法可有效减少时间序列中的冗余信息，但不能很好地平衡网络的记忆能力与非线性映射能力。为解决这一问题，本节采用高维增强随机特征方法，介绍一种增强随机特征层次化回声状态网络（HESN-ARF）方法。该方法不仅可更加充分地表达数据中的线性特性和非线性特性，还能够降低模型的计算成本。在保证 HESN 的非线性映射能力的同时，该方法还尽可能保留回声状态网络高效建模的优势。并且，通过标杆数据集上的仿真实验验证该方法的有效性。

5.3.1 高维增强随机特征方法

从低维时域空间中采集得到的时间序列往往不能对特征进行充分表达，本节使用线性随机投影和非线性随机变换的方式将数据从原始空间映射到高维空间中，并将此高维空间称为增强随机空间。

增强随机空间中的线性随机投影 $\phi(\cdot)$ 可表示为：

$$\phi(\boldsymbol{x})=\boldsymbol{W}_{\phi}\boldsymbol{x} \tag{5.33}$$

式中，$\boldsymbol{W}_{\phi}$ 为随机矩阵。式（5.33）说明可通过随机矩阵将数据从原始空间 $X\subset\mathbf{R}^{D_x}$ 线性随机投影到高维空间 $S_{\phi}\subset\mathbf{R}^{D_{\mathrm{HL}}}$ 中，即 ϕ：$X\mapsto S_{\phi}$，以此挖掘原始数据中的线性特性，其中，D_{HL} 为高维线性空间的维度。

为增强原始数据的非线性表达和节约计算成本，使用经典的低秩核近似方法即随机傅里叶特征（Random Fourier Features，RFF）[111]，在随机特征空间中使用有限维内积以近似核函数，提取数据中的非线性特征。RFF 可将核函数 $\kappa(\cdot,\cdot)$ 近似表示为：

$$p(\boldsymbol{\omega})=\frac{1}{(2\pi)^{Q}}\int_{\mathbf{R}^{Q}}\kappa(\boldsymbol{x}-\boldsymbol{x}')\exp(-\mathrm{j}\boldsymbol{\omega}^{\mathrm{T}}(\boldsymbol{x}-\boldsymbol{x}'))\mathrm{d}(\boldsymbol{x}-\boldsymbol{x}') \tag{5.34}$$

式中，j 为虚数单位；$p(\boldsymbol{\omega})$ 为核函数 $\kappa(\cdot,\cdot)$ 对应的谱密度函数；$\boldsymbol{\omega}$ 是从谱密度函数 $p(\boldsymbol{\omega})$ 中采样的随机频率向量；Q 表示输入数据的维度；$\boldsymbol{x}$ 和 $\boldsymbol{x}'$ 是原始空间中的输入向量。通过式（5.34）能将隐式高维核计算转化为显式低维线性操作。当 $\boldsymbol{x}, \boldsymbol{x}'\in\mathbf{R}^{D_x}$ 时，$\kappa(\boldsymbol{x},\boldsymbol{x}')=\kappa(\boldsymbol{x}-\boldsymbol{x}')$，基于 Bochner 定理[111] 可对 $\kappa(\boldsymbol{x},\boldsymbol{x}')$ 进行求解，具体如下：

$$\kappa(\boldsymbol{x},\boldsymbol{x}')=\int_{\mathbf{R}^{D_x}}p(\boldsymbol{\omega})\mathrm{e}^{\mathrm{j}\boldsymbol{\omega}^{\mathrm{T}}(x-x')}\mathrm{d}\omega=\mathrm{E}[\hat{\varphi}_{\boldsymbol{\omega}^{\mathrm{T}}}(\boldsymbol{x})\hat{\varphi}_{\boldsymbol{\omega}}(\boldsymbol{x}')] \tag{5.35}$$

式中，j 为虚数单位；$\hat{\varphi}_{\boldsymbol{\omega}}(\boldsymbol{x})=\sqrt{2}\cos(\boldsymbol{\omega}^{\mathrm{T}}\boldsymbol{x}+b)$，$\boldsymbol{\omega}$ 服从概率密度函数 $p(\boldsymbol{\omega})$，即 $\omega\sim p(\boldsymbol{\omega})$，$b$ 服从区间 $[0, 2\pi]$ 上的均匀分布，即 $b\sim U[0, 2\pi]$。因为核函数一般选择高斯核

函数，故 $p(\boldsymbol{\omega})$ 可表示为：

$$p(\boldsymbol{\omega})=(2\pi)^{-D_{\mathrm{HN}}/2}\mathrm{e}^{-\|\boldsymbol{\omega}\|_2^2/2} \tag{5.36}$$

基于式（5.35）和式（5.36），可得：

$$\begin{aligned}\kappa(\boldsymbol{x},\boldsymbol{x}')&\approx\frac{1}{D_{\mathrm{HN}}}\sum_{q=1}^{D_{\mathrm{HN}}}\hat{\varphi}_{\boldsymbol{\omega}_q}^{\mathrm{T}}(\boldsymbol{x})\hat{\varphi}_{\boldsymbol{\omega}_q}(\boldsymbol{x}')\\&=\hat{\varphi}^{\mathrm{T}}(\boldsymbol{x})\hat{\varphi}(\boldsymbol{x}')\end{aligned} \tag{5.37}$$

式中，$q=1, 2, \cdots, D_{\mathrm{HN}}$；$\boldsymbol{\omega}_q\sim p(\boldsymbol{\omega})$。原始输入数据经过非线性随机变换 $\hat{\varphi}(\cdot)$ 后可表示为：

$$\hat{\varphi}(\boldsymbol{x})=\sqrt{\frac{2}{D_{\mathrm{HN}}}}\left[\cos(\boldsymbol{\omega}_1^{\mathrm{T}}\boldsymbol{x}+b_1)\quad\cdots\quad\cos(\boldsymbol{\omega}_{D_{\mathrm{HN}}}^{\mathrm{T}}\boldsymbol{x}+b_{D_{\mathrm{HN}}})\right]^{\mathrm{T}} \tag{5.38}$$

式中，$b_q\sim U[0, 2\pi]$。定义输入样本数量为 N，相比核方法，RFF 方法可降低计算复杂度和存储成本，其时间复杂度从核方法的 $O(N^3)$ 降低为 $O(ND_{\mathrm{HN}}^2)$，空间复杂度从 $O(N^2)$ 降低为 $O(ND_{\mathrm{HN}})$，对于数据规模较大的数据集，通常情况下 $N\gg D_{\mathrm{HN}}$，因此，RFF 方法的时间复杂度和空间复杂度均远低于核方法。

5.3.2 增强随机特征层次化回声状态网络

本节结合第 5.3.1 节阐述的高维增强随机特征方法，介绍 HESN-ARF 模型，其结构示意图如图 5.4 所示。在图 5.4 中，HESN-ARF 模型由两部分组成，具体包括高维增强随机特征的构造与层次化回声状态网络结构的建模。HESN-ARF 模型在传统线性随机投影的基础上进一步使用非线性核映射方法构建高维增强随机空间，在高维空间中所得到的增强随机特征能使数据的线性特性和非线性特性得到更为充分的表达。层次化回声状态网络结构可使模型具备回声状态网络（ESN）建模高效和预测稳定的优点。下面将对 HESN-ARF 模型的两个核心部分进行详细介绍。

HESN-ARF 的回声状态权值矩阵可通过下式生成：

$$\boldsymbol{W}_{\mathrm{res}}^i=\rho_i\frac{\boldsymbol{W}_{\mathrm{ran}}^i}{\max(|\mathrm{eig}(\boldsymbol{W}_{\mathrm{ran}}^i)|)} \tag{5.39}$$

式中，$i=1, 2, \cdots, m$，m 为 HESN-ARF 模型中 ESN 的数量，即网络层数；$\boldsymbol{W}_{\mathrm{res}}^i\in\mathbf{R}^{N_{\mathrm{res}}^i\times N_{\mathrm{res}}^i}$ 为第 i 层 ESN 的回声状态权值矩阵；N_{res}^i 为第 i 层 ESN 的储备池神经元数量；$\boldsymbol{W}_{\mathrm{ran}}^i$ 是在第 i 层 ESN 中使用高斯分布或均匀分布等随机分布方法在［−1，1］范围内生成的稠密矩阵；ρ_i 是第 i 层 ESN 的调节因子，用于控制回声状态权值矩阵的谱半径，即矩阵的最大特征值的模；$|\mathrm{eig}(\cdot)|$ 表示矩阵的特征值的模。

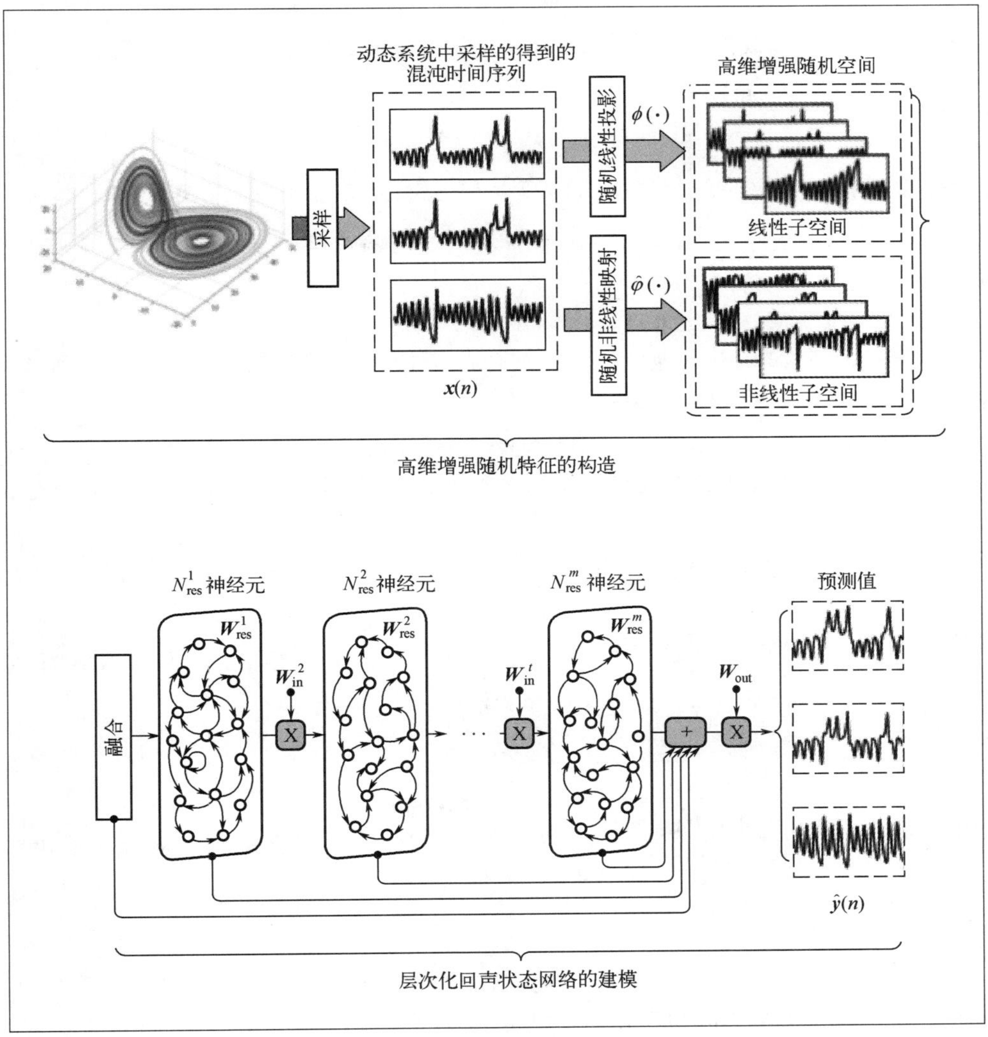

图 5.4　HESN-ARF 模型结构示意图

基于式（5.39），通过谱半径和稀疏度，可生成所需的回声状态权值矩阵。当 $i=1$ 时，HESN-ARF 中第 1 层 ESN 的储备池状态 $\boldsymbol{s}^1_{\text{res}}(n)$ 可以表示为：

$$\boldsymbol{s}^1_{\text{res}}(n)=f([\phi(\boldsymbol{x}(n));\hat{\varphi}(\boldsymbol{x}(n))]+\boldsymbol{W}^1_{\text{res}}\boldsymbol{s}^1_{\text{res}}(n-1)) \tag{5.40}$$

式中，n 为当前时刻；$\boldsymbol{s}^1_{\text{res}}(n-1)\in\mathbf{R}^{N^i_{\text{res}}}$ 表示上一时刻（第 $n-1$ 时刻）时第 1 层 ESN 的储备池状态；$\hat{\varphi}(\cdot)$ 是非线性随机变换；$\phi(\cdot)$ 是线性随机投影；$\boldsymbol{x}(n)\in\mathbf{R}^{D_x}$ 为样本的输入向量，D_x 是输入变量的维度；$f(\cdot)$ 是非线性激活函数；$[\cdot;\cdot]$ 表示矩阵的垂直连接。值得注意的是，$[\phi(\boldsymbol{x}(n));\hat{\varphi}(\boldsymbol{x}(n))]\in\mathbf{R}^{D_{\text{HN}}+D_{\text{HL}}}$ 构成高维增强随机空间，其包含丰

富的线性和非线性特征表达，并且可得到以下等式：

$$D_{\boldsymbol{x}}=D_{\mathrm{HN}}+D_{\mathrm{HL}} \tag{5.41}$$

式中，D_{HL} 是高维线性空间的维度；D_{HN} 为高维非线性空间的维度。当 $i=1, 2, \cdots, m$ 时，第 i 层 ESN 的储备池状态 $\boldsymbol{s}_{\mathrm{res}}^{i}(n)$ 可表示为：

$$\boldsymbol{s}_{\mathrm{res}}^{i}(n)=f(\boldsymbol{W}_{\mathrm{in}}^{i}\boldsymbol{s}_{\mathrm{in}}^{i}(n)+\boldsymbol{W}_{\mathrm{res}}^{i}\boldsymbol{s}_{\mathrm{res}}^{i}(n-1)) \tag{5.42}$$

式中，$\boldsymbol{s}_{\mathrm{res}}^{i}(n)\in\mathbf{R}^{N_{\mathrm{res}}^{i}}$ 表示当前时刻下第 i 层 ESN 的储备池状态；$\boldsymbol{W}_{\mathrm{in}}^{i}\in\mathbf{R}^{N_{\mathrm{res}}^{i}\times N_{\mathrm{res}}^{i-1}}$ 是第 i 层 ESN 的输入权值矩阵；$\boldsymbol{s}_{\mathrm{in}}^{i}(n)$ 表示第 i 层 ESN 的储备池输入。当前储备池输入为前一个储备池的输出，即：

$$\boldsymbol{s}_{\mathrm{in}}^{i}(n)=\boldsymbol{s}_{\mathrm{res}}^{i-1}(n) \tag{5.43}$$

逐层计算所有 ESN 的储备池状态，并整合各层 ESN 的储备池状态信息，得到当前时刻的储备池状态收集矩阵 $\boldsymbol{S}(n)$，其表达式为：

$$\boldsymbol{S}(n)=[\phi(\boldsymbol{x}(n));\ \hat{\varphi}(\boldsymbol{x}(n));\ \boldsymbol{s}_{\mathrm{res}}^{1}(n);\ \boldsymbol{s}_{\mathrm{res}}^{2}(n);\ \cdots;\ \boldsymbol{s}_{\mathrm{res}}^{m}(n)] \tag{5.44}$$

整合所有时刻的储备池状态收集矩阵，可得 HESN-ARF 模型的总的储备池状态收集矩阵 $\boldsymbol{S}$：

$$\boldsymbol{S}=[\boldsymbol{S}(1)\quad \boldsymbol{S}(2)\quad \cdots\quad \boldsymbol{S}(n)\quad \cdots\quad \boldsymbol{S}(N)] \tag{5.45}$$

式中，$n=1, 2, \cdots, N$；$\boldsymbol{S}\in\mathbf{R}^{(D_{\mathrm{HN}}+D_{\mathrm{HL}}+\sum_{i=1}^{m}N_{\mathrm{res}}^{i})\times N}$；$N$ 为样本数。HESN-ARF 模型的输出 $\hat{\boldsymbol{Y}}=[\hat{\boldsymbol{y}}(1)\quad \hat{\boldsymbol{y}}(2)\quad \cdots\quad \hat{\boldsymbol{y}}(N)]\in\mathbf{R}^{D_{y}\times N}$ 可通过下式计算：

$$\hat{\boldsymbol{Y}}=\boldsymbol{W}_{\mathrm{out}}\boldsymbol{S} \tag{5.46}$$

式中，D_{y} 为输出变量维度；$\boldsymbol{W}_{\mathrm{out}}\in\mathbf{R}^{D_{y}\times(D_{\mathrm{HN}}+D_{\mathrm{HL}}+\sum_{i=1}^{m}N_{\mathrm{res}}^{i})}$ 即为需要求解的输出权值矩阵。假设真实的样本输出矩阵为 $\boldsymbol{Y}=[\boldsymbol{y}(1)\quad \boldsymbol{y}(2)\quad \cdots\quad \boldsymbol{y}(N)]\in\mathbf{R}^{D_{y}\times N}$，建立成本函数 $J(\cdot)$ 如下：

$$\min J(\boldsymbol{W}_{\mathrm{out}})=\|\boldsymbol{Y}-\boldsymbol{W}_{\mathrm{out}}\boldsymbol{S}\|_2^2+\lambda_{\mathrm{R}}\|\boldsymbol{W}_{\mathrm{out}}\|_2^2 \tag{5.47}$$

式中，λ_{R} 是 L_2 正则化的约束参数；$\boldsymbol{W}_{\mathrm{out}}$ 为需要求解的输出权值矩阵；$\|\cdot\|_2$ 表示 L_2 范数。利用岭回归方法对式（5.47）所示的成本函数进行求解，得到最优输出权值矩阵如下：

$$\hat{\boldsymbol{W}}_{\mathrm{out}}=\boldsymbol{Y}\boldsymbol{S}^{\dagger}=\boldsymbol{Y}\boldsymbol{S}^{\mathrm{T}}(\boldsymbol{S}\boldsymbol{S}^{\mathrm{T}}+\lambda_{\mathrm{R}}\boldsymbol{I})^{-1} \tag{5.48}$$

式中，$\boldsymbol{S}^{\dagger}$ 和 $\boldsymbol{S}^{\mathrm{T}}$ 分别是总的储备池收集矩阵 $\boldsymbol{S}$ 的伪逆和转置；$\boldsymbol{I}$ 表示单位矩阵。综上，HESN-ARF 方法的步骤如下。

步骤 1：初始化参数，设定高维线性空间维度 D_{HL} 和高维非线性空间维度 D_{HN}，设定 HESN-ARF 模型的网络层数 m，设定每层 ESN 的储备池神经元数量 N_{res}^{i}、输入权值矩阵 $\boldsymbol{W}_{\mathrm{in}}^{i}$、回声状态权值矩阵 $\boldsymbol{W}_{\mathrm{res}}^{i}$，设定正则化约束参数 λ_{R}。

步骤 2：输入样本，加载 $\{(\boldsymbol{x}(n), \boldsymbol{y}(n)), n=1, \cdots, N\}$，$N$ 为样本数。

步骤 3：根据每层的输入权值矩阵和回声状态权值矩阵，按式（5.40）～式（5.44）分别更新每层 ESN 的储备池状态和当前时刻的储备池状态收集矩阵。然后整合所有时刻的储备池状态收集矩阵，得到 HESN-ARF 模型的储备池状态收集矩阵，如式（5.45）所示。

步骤 4：构建成本函数，如式（5.47）所示，并采用岭回归算法求解最优输出权值矩阵 $\hat{\boldsymbol{W}}_{\text{out}}$，具体如式（5.48）。

步骤 5：计算输出，通过式（5.46）计算得到 HESN-SL 模型输出。

5.3.3 计算复杂度分析

假设 HESN-ARF 模型中包含 m 层 ESN，每个储备池的规模固定为 N_{res}。输入长度为 N、维度为 $D_{\boldsymbol{x}}$ 的时间序列，HESN-ARF 模型中式（5.40）和式（5.42）的计算复杂度 C_{res}^{i} 可表示为：

$$C_{\text{res}}^{i}=\begin{cases}O(ND_{\text{HL}}D_{\boldsymbol{x}}+ND_{\text{HN}}^{2}+\eta NN_{\text{res}}^{2}), & i=1\\ O(NN_{\text{res}}^{2}+\eta NN_{\text{res}}^{2}), & i=2,3,\cdots,m\end{cases} \tag{5.49}$$

式中，储备池中神经元的稀疏度 $\eta\in[0,1]$；D_{HL}，D_{HN} 分别表示增强随机空间中线性特征和非线性特征的维度，且 $D_{\boldsymbol{x}}=D_{\text{HN}}+D_{\text{HL}}$。在所有层的 ESN 更新结束后，可得到总的储备池状态收集矩阵 $\boldsymbol{S}\in\mathbf{R}^{(D_{\text{HN}}+D_{\text{HL}}+mN_{\text{res}})\times N}$，然后式（5.48）所示的岭回归的计算复杂度 C_{reg} 为：

$$C_{\text{reg}}=O(D_{\boldsymbol{y}}NR+NR^{2}+D_{\boldsymbol{y}}R^{2}+R^{3}) \tag{5.50}$$

式中，$R=(m+1)N_{\text{res}}$，$N_{\text{res}}\gg D_{\boldsymbol{x}}$ 且 $N_{\text{res}}\gg D_{\boldsymbol{y}}$。因此 C_{reg} 可近似改写为：

$$\begin{aligned}C_{\text{reg}}&\approx O((N+R)R^{2})\\&\approx O(m^{2}NN_{\text{res}}^{2}+m^{3}N_{\text{res}}^{3})\end{aligned} \tag{5.51}$$

整个 HESN-ARF 模型的计算复杂度可表示为：

$$\begin{aligned}C_{\text{HESN-ARF}}&=\sum_{i=1}^{m}C_{\text{res}}^{i}+C_{\text{reg}}\\&\approx O(ND_{\text{HL}}D_{\boldsymbol{x}}+ND_{\text{HN}}^{2}+\eta NN_{\text{res}}^{2}+(m-1)(NN_{\text{res}}^{2}+\eta NN_{\text{res}}^{2}))\\&\quad+O(m^{2}NN_{\text{res}}^{2}+m^{3}N_{\text{res}}^{3})\\&\approx m^{3}N_{\text{res}}^{3}+m^{2}NN_{\text{res}}^{2}\end{aligned} \tag{5.52}$$

从式（5.52）中可得到，HESN-ARF 模型的计算复杂度 $C_{\text{HESN-ARF}}$ 与 ESN 层数以及储备池规模成三次方关系，仅与数据长度成线性关系。因此，在使用层次化策略提升模型表征能力与预测性能的同时，适当地控制 ESN 层数和储备池规模是一种节约计算成本的有效途径。

5.3.4 仿真实验[112]

本节使用 Lorenz 和 Rossler 两个经典混沌系统验证 HESN-ARF 模型在混沌时间序列上

的有效性。Lorenz 系统在前面已进行详细介绍，此处不再赘述。Rossler 系统是经典的混沌系统之一，该系统的微分方程为：

$$\begin{cases}\dfrac{\mathrm{d}x}{\mathrm{d}t}=-y-z\\[2mm]\dfrac{\mathrm{d}y}{\mathrm{d}t}=x-ay\\[2mm]\dfrac{\mathrm{d}z}{\mathrm{d}t}=b+xz-cz\end{cases}\tag{5.53}$$

分别通过前面所述的 Lorenz 方程和式（5.53）所示的 Rossler 系统方程生成 Lorenz 时间序列和 Rossler 时间序列，再进行相空间重构。设定 Lorenz-$x(t)$ 和 Rossler-$x(t)$ 为预测目标，并划分样本进行训练和测试，具体仿真数据集的参数设置如表 5.3 所示。

表 5.3　Lorenz 和 Rossler 数据集参数设置

方程参数				延迟时间			嵌入维数			样本数	
方程	a	b	c	x	y	z	x	y	z	训练集	测试集
Lorenz	10	28	8/3	1	1	1	5	5	5	8000	2000
Rossler	0.2	0.2	5.7	1	1	1	5	5	5	8000	2000

此外，选用 ESN、φ-ESN、随机静态投影储备池（Reservoir with Random Static Projections，R^2SP）、深度信念回声状态网络（Deep Belief Echo state Network，DBEN）、深度回声状态网络（Deep Echo State Network，DeepESN）、异步深度储备池计算（Asynchronous Deep Reservoir Computing，ADRC）和深度投影编码回声状态网络（Deep Projection-encoding Echo State Network，DeePr-ESN）作为对比模型。选用归一化均方根误差（Normalized Root Mean Square Error，NRMSE）作为预测精度的评价指标。

为检验 HESN-ARF 模型的有效性，分别整理 9 种不同模型在 Lorenz 和 Rossler 时间序列上的多步预测结果，如表 5.4 和表 5.5。从表 5.4 和表 5.5 中可看出，HESN-ARF 模型在两个数据集中的单步预测和多步预测中均表现出最佳的预测性能。所有模型的预测误差远远小于 Naïve 模型误差，可初步判断基于 ESN 的机器学习模型能从历史数据中提取并学习到有价值的信息并实现对未来数据的预测。

表 5.4　不同模型在 Lorenz 时间序列上预测的 NRMSE

模型	1 步/10^{-4}	6 步/10^{-4}	12 步/10^{-4}	18 步/10^{-4}
Naïve	554.000	3266.000	6177.000	8524.000
ESN	0.671	3.175	5.698	22.357
φ-ESN	0.659	3.024	5.279	18.420
R^2SP	0.551	2.615	4.722	8.699
DBEN	0.683	2.431	4.185	13.068
DeepESN	0.561	2.481	4.414	8.642
ADRC	0.572	2.161	3.531	18.205

续表

模型	1 步/10^{-4}	6 步/10^{-4}	12 步/10^{-4}	18 步/10^{-4}
DeePr-ESN	0.588	2.456	4.682	12.030
HESN-ARF	**0.460**	**1.757**	**3.129**	**3.884**

表 5.5 不同模型在 Rossler 时间序列上预测的 NRMSE

模型	1 步/10^{-4}	6 步/10^{-4}	12 步/10^{-4}	18 步/10^{-4}
Naïve	117.000	703.000	1406.000	2104.000
ESN	0.472	1.505	2.800	4.058
φ-ESN	0.263	0.977	1.703	2.674
R^2SP	0.196	0.851	1.748	2.553
DBEN	0.692	1.064	1.764	2.720
DeepESN	0.404	1.303	2.590	3.482
ADRC	0.410	0.803	1.288	2.263
DeePr-ESN	0.274	0.827	1.655	2.964
HESN-ARF	**0.131**	**0.514**	**0.902**	**1.255**

为进一步检验 HESN-ARF 模型的有效性，绘制在 Lorenz 和 Rossler 数据集中不同模型从 1 步预测到 18 步预测的误差变化曲线，如图 5.5 所示。从图 5.5 中能够看出，在解决难度较小的单步预测时，各个模型的预测误差相差不大，HESN-ARF 模型优势并不明显。随着预测步长的增大，建立输入与输出的复杂映射关系变得愈加困难，这种情况下对数据中非线性特性的挖掘尤为重要。HESN-ARF 构建的增强随机空间可充分挖掘非线性特征，使得 HESN-ARF 在多步预测任务中的优势逐步扩大。值得注意的是，当 Lorenz 数据集中的预测步长大于 15 时，对比模型的预测误差不同程度地出现陡然增长的情况，其原因可能是对比模型中非线性特征表达不充分。而对比模型在 Rossler 中的预测误差变化趋势基本呈现线性变化，原因是 Rossler 时间序列的非线性程度较弱，对非线性特征的依赖性较弱。同时，由于模型容量小，ESN 模型的预测效果不理想，这也表明回声状态网络的层次化策略在 Lorenz 和 Rossler 时间序列预测任务中具有有效性。

为验证 HESN-ARF 模型的预测稳定性，记录不同模型的 10 次重复实验结果，并绘制预测误差箱型图，如图 5.6 所示。由图 5.6 可以看出，HESN-ARF 模型不仅具有良好的预测性能，而且预测的稳定性也优于其他模型。相比单层回声状态网络，HESN-ARF 模型中的层次化策略能增强模型的动态记忆能力，并通过逐层特征提取的方式挖掘数据中的潜在演化信息。相比多层回声状态网络，HESN-ARF 模型构建得到的高维增强随机特征能够很好地权衡模型的记忆能力和非线性映射能力，使模型在多步预测任务中充分表达非线性特性。

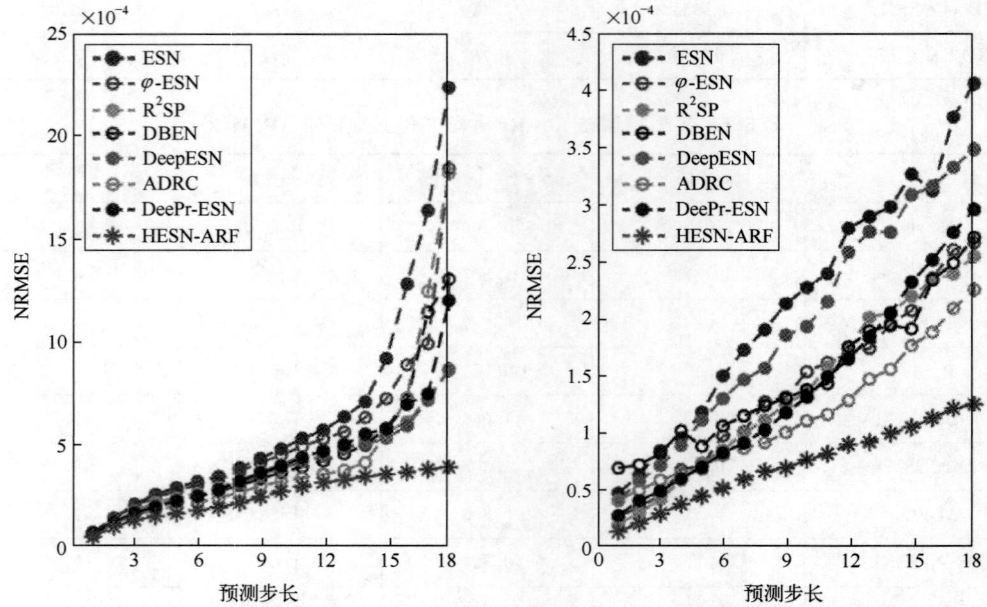

（a）Lorenz-$x(t)$的NRMSE　　（b）Rossler-$x(t)$的NRMSE

图 5.5　不同模型的多步预测误差

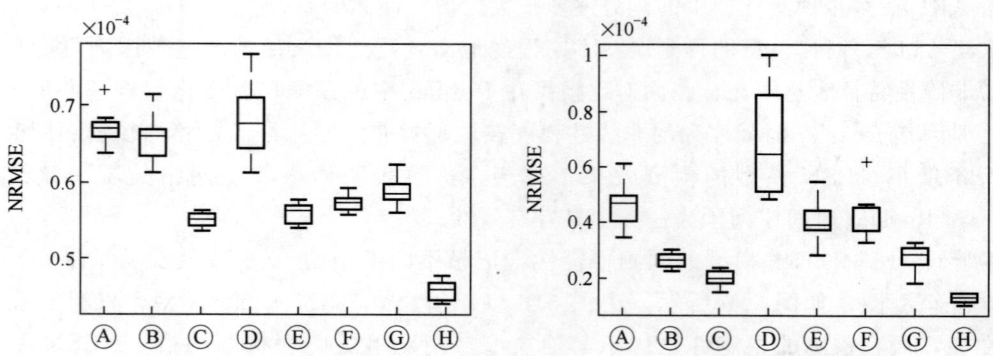

（a）Lorenz-$x(t)$：预测步长=1　　（b）Rossler-$x(t)$：预测步长=1

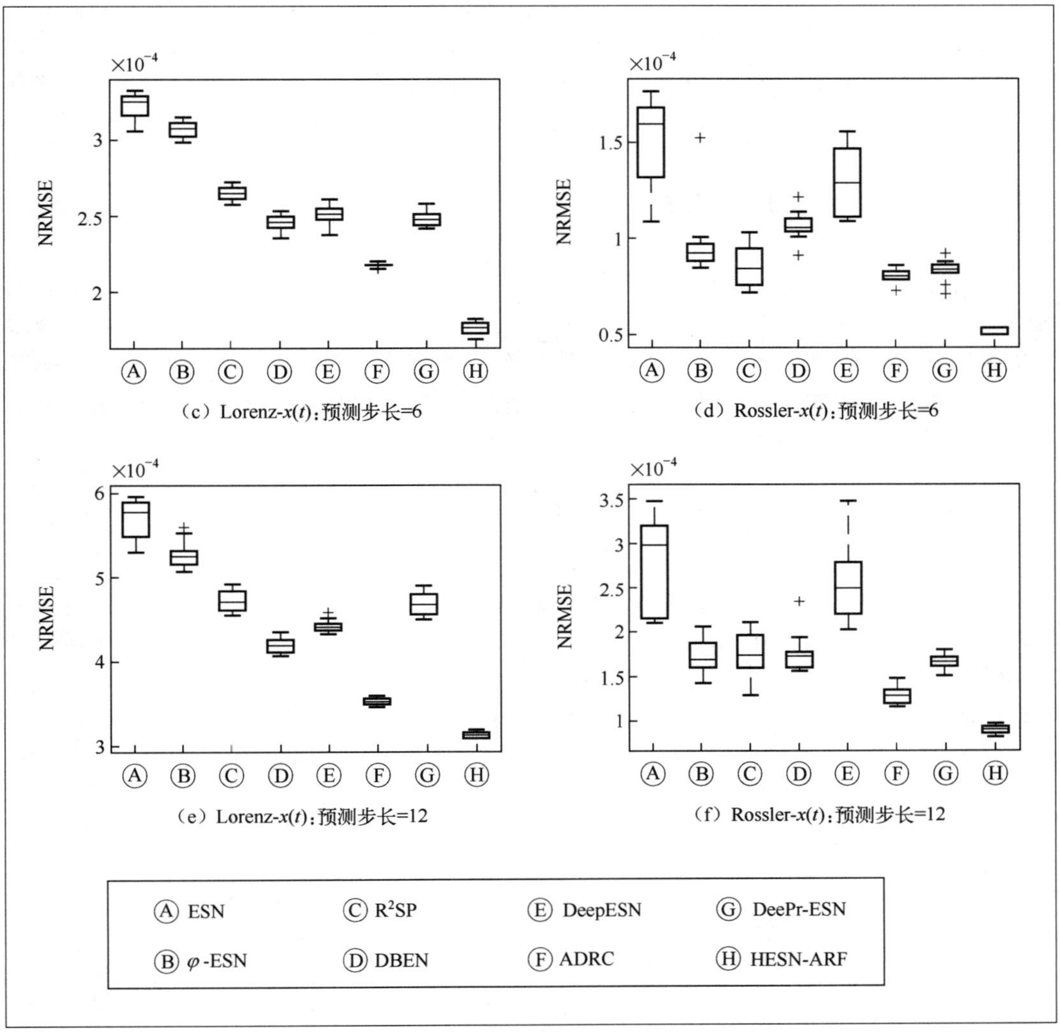

图 5.6 不同模型单步预测和多步预测的箱型图

综上所述，HESN-ARF 方法在 Lorenz 和 Rossler 时间序列上可很好地进行离线预测，并且取得较高的预测精度和较好的预测稳定性。这说明 HESN-ARF 方法适用于混沌时间序列的离线预测任务。

5.4 基于神经内在可塑性学习的层次化回声状态网络

上节介绍的增强随机特征层次化回声状态网络可很好地平衡网络的记忆能力和非线性映

射的能力，能更充分地表达时间序列的线性特征和非线性特征。但该网络在通过神经元传递信息的过程中，并没有考虑真实生物神经元的放电率分布，导致信息传递效率比较低。为解决这一问题，本节结合神经元的内在可塑性学习机制，介绍一种层次化可塑性回声状态网络（HPESN）方法。该方法不仅能够最大化神经元的信息传递，还可降低随机投影所带来的不稳定性。在本节末尾处，通过标杆数据集上的仿真实验验证该方法的有效性。

5.4.1 生物神经元的放电率分布

一般情况下，生物神经元的放电率分布通常采用指数分布或高斯分布进行描述，但有研究表明，带有垂头的指数分布可最大限度地传递信息，与真实生物元的放电率分布匹配度更高。从概率分布的角度看，带有垂头的指数分布能够使用 Weibull 分布近似表示。Weibull 分布是由瑞典科学家 Waloddi Weibull 于 20 世纪中叶前后提出的一种连续性的概率分布函数。Weibull 分布的概率密度函数 $p(\cdot)$ 可表示为：

$$p(x)=\begin{cases}\dfrac{\alpha_W}{\beta_W}\left(\dfrac{x}{\beta_W}\right)^{\alpha_W-1}e^{-\left(\frac{x}{\beta_W}\right)^{\alpha_W}}, & x\geqslant 0\\ 0, & x<0\end{cases} \tag{5.54}$$

式中，x 表示随机变量；α_W 为 Weibull 分布的形状参数，控制 Weibull 分布概率密度函数曲线的基本形状 $\alpha_W>0$；β_W 是 Weibull 分布的尺度参数，控制 Weibull 分布概率密度函数曲线的缩放程度，$\beta_W>0$。该分布的特点是在 $x=0$ 时具有垂头形状，在 $x>0$ 时呈现出指数分布的形态。形状参数和尺度参数对 Weibull 分布概率密度函数曲线的影响规律如图 5.7 所示。

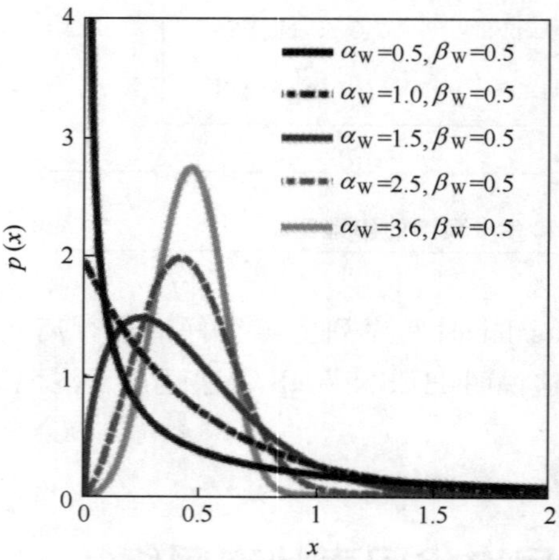

(a) 形状参数 α_W 对概率密度函数曲线的影响

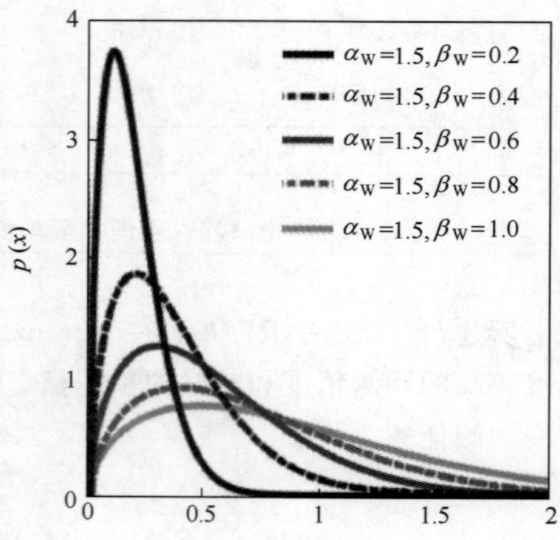

(b) 尺度参数 β_W 对概率密度函数曲线的影响

图 5.7 不同参数对 Weibull 分布概率密度函数曲线的影响

从图 5.7（a）中可看出，在尺度参数保持不变的情况下，Weibull 分布概率密度函数曲线的形状会受形状参数的控制。当 $0<\alpha_W\leqslant 1$ 时，Weibull 分布近似于指数分布；当 $1<\alpha_W<3.6$ 时，Weibull 分布近似于一个带有垂头的指数分布，正是这种带有垂头的指数分布更适合描述真实生物元的放电率分布。观察图 5.7（b）发现，尺度参数不影响 Weibull 分布概率密度函数曲线的基本形状，即当形状参数保持不变时，随着尺度参数的增大或减小，Weibull 分布概率密度函数曲线仅会随着横坐标的变化扩张或收缩。

5.4.2 神经元的内在可塑性学习

神经元的内在可塑性学习是一种受生物启发的无监督学习规则，不仅能够使单个神经元的活动水平维持在一定的稳态范围，而且最大程度地将信息向下游传递，最大化信息传递效率。神经元的内在可塑性学习旨在通过稳态特性和最大化信息传递优化神经元的响应性能，以适应突触输入的变化和环境的变化。具体而言，稳态特性可使神经元保持在一定的活动范围内，避免过度激活或抑制，从而维持系统稳定的代谢消耗。而最大化信息传递能够最大化神经元输入和输出之间的互信息，即突触输入和神经元响应之间的相关性，从而使神经元能够更好地适应输入分布的变化，提高其响应准确性和可靠性。通过这种方式，神经元能适应不同的输入模式和环境条件，并实现更高效可靠的信息处理和传递。基于信息最大化理论，通过最小化实际输出分布和 Weibull 分布之间的 Kullback-Leibler（KL）散度可推导这种内在可塑性规则。

假设神经元的激活函数 $f(\cdot)$ 为 Sigmoid 函数，其中，激活函数的斜率和偏置分别表示为 a 和 b，神经元的输入和输出分别为 x 和 y。若神经元的输入服从分布 $p_x(x)$，即：

$$x\sim p_x(x) \tag{5.55}$$

则输出服从分布 $p_y(y)$，即：

$$y\sim p_y(y)=p_x(x)\frac{\partial x}{\partial y} \tag{5.56}$$

对神经元的激活函数求偏导后得到：

$$\begin{cases}\dfrac{\partial y}{\partial x}=ay(1-y)\\[2ex]\dfrac{\partial y}{\partial a}=xy(1-y)\\[2ex]\dfrac{\partial y}{\partial b}=y(1-y)\end{cases} \tag{5.57}$$

通过最小化实际输出分布 p_y 与期望输出分布 p_{Weibull} 的 KL 散度推导可塑性规则，其计算过程如下：

$$
\begin{aligned}
D_{KL} &= d_{KL}(p_y \| p_{Weibull}) \\
&= \int p_y(y)\log\left(\frac{p_y(y)}{p_{Weibull}(y)}\right)dy \\
&= \int p_y(y)\log(p_y(y))dy - \log\left(\frac{\alpha_W}{\beta_W^{\alpha_W}}\right) \\
&\quad -(\alpha_W - 1)\int p_y(y)\log(y)dy + \frac{1}{\beta_W^{\alpha_W}}\int p_y(y)\, y^{\alpha_W}dy \\
&= -V(y) + \frac{1}{\beta_W^{\alpha_W}}E[y^{\alpha_W}] - (\alpha_W - 1)E[\log(y)] - \log\left(\frac{\alpha_W}{\beta_W^{\alpha_W}}\right)
\end{aligned}
\tag{5.58}
$$

式中，$E[\cdot]$ 表示数学期望；$V(\cdot)$ 为熵，用于衡量一个随机事件的不确定性；d_{KL} 是 KL 散度，衡量两个概率分布的差异；α_W 为 Weibull 分布的形状参数；β_W 是 Weibull 分布的尺度参数。通过最小化 KL 散度 D_{KL}，可得到最大信息量。将 $V(y)$ 进行如下转化：

$$
\begin{aligned}
V(y) &= -\int p_y(y)\log(p_y(y))dy \\
&= E\left[\log\frac{\partial y}{\partial x}\right] - E[\log p_x(x)]
\end{aligned}
\tag{5.59}
$$

KL 散度 D_{KL} 对激活函数的斜率 a 求偏导数，其计算过程为：

$$
\begin{aligned}
\frac{\partial D_{KL}}{\partial a} &= \frac{\partial D_{KL}}{\partial y}\frac{\partial y}{\partial a} \\
&= -\frac{1}{a} + E\left[\left(-\frac{1}{y} + \frac{1}{1-y} + \frac{\alpha_W y^{\alpha_W - 1}}{\beta_W^{\alpha_W}} - \frac{\alpha_W - 1}{y}\right)\frac{\partial y}{\partial a}\right] \\
&= -\frac{1}{a} + E\left[\left(\frac{1}{1-y} + \frac{\alpha_W y^{\alpha_W - 1}}{\beta_W^{\alpha_W}} - \frac{\alpha_W}{y}\right)xy(1-y)\right] \\
&= -\frac{1}{a} + E\left[xy + \frac{\alpha_W x y^{\alpha_W}(1-y)}{\beta_W^{\alpha_W}} - \alpha_W x(1-y)\right] \\
&= -\frac{1}{a} + E\left[\frac{\alpha_W x y^{\alpha_W}(1-y)}{\beta_W^{\alpha_W}} - \alpha_W x + (\alpha_W + 1)xy\right]
\end{aligned}
\tag{5.60}
$$

KL 散度 D_{KL} 对激活函数偏置 b 求偏导，其计算过程具体如下：

$$
\begin{aligned}
\frac{\partial D_{\mathrm{KL}}}{\partial b} &= \frac{\partial D_{\mathrm{KL}}}{\partial y}\frac{\partial y}{\partial b} \\
&= E\left[\left(\frac{1}{1-y} + \frac{\alpha_{\mathrm{W}} y^{\alpha_{\mathrm{W}}-1}}{\beta_{\mathrm{W}}^{\alpha_{\mathrm{W}}}} - \frac{\alpha_{\mathrm{W}}}{y}\right)\frac{\partial y}{\partial b}\right] \\
&= E\left[\left(\frac{1}{1-y} + \frac{\alpha_{\mathrm{W}} y^{\alpha_{\mathrm{W}}-1}}{\beta_{\mathrm{W}}^{\alpha_{\mathrm{W}}}} - \frac{\alpha_{\mathrm{W}}}{y}\right)y(1-y)\right] \\
&= E\left[y + \frac{\alpha_{\mathrm{W}} y^{\alpha_{\mathrm{W}}}(1-y)}{\beta_{\mathrm{W}}^{\alpha_{\mathrm{W}}}} - \alpha_{\mathrm{W}}(1-y)\right]
\end{aligned} \tag{5.61}
$$

根据式（5.60）和式（5.61），获得内在可塑性学习规则的表达式如下所示：

$$
\begin{aligned}
a &= a + \Delta a = a + \eta_a\left(-\frac{\partial D_{\mathrm{KL}}}{\partial a}\right) \\
&= a + \eta_a E\left[\frac{1}{a} + \alpha_{\mathrm{W}} x - (\alpha_{\mathrm{W}}+1)xy - \frac{\alpha_{\mathrm{W}} x y^{\alpha_{\mathrm{W}}}(1-y)}{\beta_{\mathrm{W}}^{\alpha_{\mathrm{W}}}}\right]
\end{aligned} \tag{5.62}
$$

$$
\begin{aligned}
b &= b + \Delta b = b + \eta_b\left(-\frac{\partial D_{\mathrm{KL}}}{\partial b}\right) \\
&= b + \eta_b\left(-y + \alpha_{\mathrm{W}}(1-y) - \frac{\alpha_{\mathrm{W}} y^{\alpha_{\mathrm{W}}}(1-y)}{\beta_{\mathrm{W}}^{\alpha_{\mathrm{W}}}}\right)
\end{aligned} \tag{5.63}
$$

式中，η_a 和 η_b 分别表示内在可塑性规则下激活函数的斜率和偏置的学习率。通过以上描述的无监督内在可塑性学习规则对回声状态网络（ESN）的储备池进行预训练，即可得到具有可塑性特性的储备池结构。

5.4.3 层次化可塑性回声状态网络

本节结合第 5.4.2 节阐述的无监督内在可塑性学习规则，介绍 HPESN 模型，其结构示意图如图 5.8 所示。在图 5.8 中，HPESN 模型由多个顺序连接的可塑性 ESN 储备池构成。

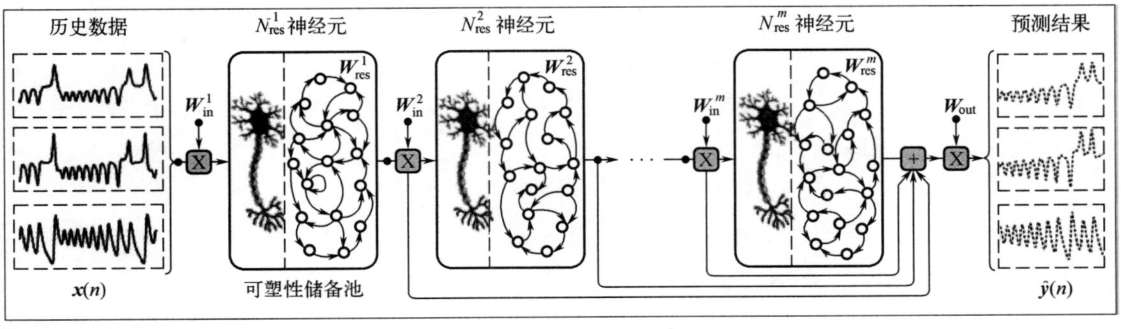

图 5.8 HPESN 结构示意图

HPESN 的储备池状态更新方程可表示为：

$$s_{\text{res}}^{i}(n)=f(\boldsymbol{W}_{\text{in}}^{i}s_{\text{in}}^{i}(n)+\boldsymbol{W}_{\text{res}}^{i}s_{\text{res}}^{i}(n-1)) \tag{5.64}$$

式中，$i=1$，2，…，m，m 为 HPESN 模型中 ESN 的数量，即网络层数；n 为当前时刻；$s_{\text{res}}^{i}(n)\in\mathbf{R}^{N_{\text{res}}^{i}}$ 表示当前时刻下第 i 层 ESN 的储备池状态；$s_{\text{res}}^{i}(n-1)\in\mathbf{R}^{N_{\text{res}}^{i}}$ 表示上一时刻第 i 层 ESN 的储备池状态；$\boldsymbol{W}_{\text{in}}^{i}\in\mathbf{R}^{N_{\text{res}}^{i}\times N_{\text{res}}^{i-1}}$ 是第 i 层 ESN 的输入权值矩阵；$\boldsymbol{W}_{\text{res}}^{i}\in\mathbf{R}^{N_{\text{res}}^{i}\times N_{\text{res}}^{i}}$ 为第 i 层 ESN 的回声状态权值矩阵，使用上节所介绍的神经内在可塑性机制进行预训练得到，N_{res}^{i} 是第 i 层 ESN 的储备池神经元数量；$f(\cdot)$ 是非线性激活函数；$s_{\text{in}}^{i}(n)$ 表示第 i 层 ESN 的储备池输入，可通过下式得到：

$$\begin{cases}s_{\text{in}}^{i}(n)=\boldsymbol{x}(n) & ,i=1\\ s_{\text{in}}^{i}(n)=s_{\text{res}}^{i-1}(n) & ,i>1\end{cases} \tag{5.65}$$

式中，$\boldsymbol{x}(n)\in\mathbf{R}^{D_x}$ 为样本的输入向量；D_x 是输入变量的维度。

逐层计算所有 ESN 的储备池状态，并整合各层 ESN 的储备池状态信息，得到当前时刻的储备池状态收集矩阵 $\boldsymbol{S}(n)$，其表达式为：

$$\boldsymbol{S}(n)=[\boldsymbol{x}(n);s_{\text{res}}^{1}(n);s_{\text{res}}^{2}(n);\cdots;s_{\text{res}}^{m}(n)] \tag{5.66}$$

式中，$[\cdot;\cdot]$ 表示矩阵的垂直连接。整合所有时刻的储备池状态收集矩阵，可得到 HPESN 模型的储备池状态收集矩阵 $\boldsymbol{S}$：

$$\boldsymbol{S}=[\boldsymbol{S}(1)\quad \boldsymbol{S}(2)\quad \cdots\quad \boldsymbol{S}(n)\quad \cdots\quad \boldsymbol{S}(N)] \tag{5.67}$$

式中，$n=1$，2，…，N；$\boldsymbol{S}\in\mathbf{R}^{(D_x+\sum_{i=1}^{m}N_{\text{res}}^{i})\times N}$；$N$ 为样本数。HPESN 模型的输出 $\hat{\boldsymbol{Y}}=[\hat{\boldsymbol{y}}(1)\quad \hat{\boldsymbol{y}}(2)\quad \cdots\quad \hat{\boldsymbol{y}}(N)]\in\mathbf{R}^{D_y\times N}$ 可通过下式计算：

$$\hat{\boldsymbol{Y}}=\boldsymbol{W}_{\text{out}}\boldsymbol{S} \tag{5.68}$$

式中，D_y 为输出变量维度；$\boldsymbol{W}_{\text{out}}\in\mathbf{R}^{D_y\times(D_x+\sum_{i=1}^{m}N_{\text{res}}^{i})}$ 即为需要求解的输出权值矩阵。假设真实的样本输出矩阵为 $\boldsymbol{Y}=[\boldsymbol{y}(1)\quad \boldsymbol{y}(2)\quad \cdots\quad \boldsymbol{y}(N)]\in\mathbf{R}^{D_y\times N}$，建立成本函数 $J(\cdot)$ 如下：

$$\min J(\boldsymbol{W}_{\text{out}})=\|\boldsymbol{Y}-\boldsymbol{W}_{\text{out}}\boldsymbol{S}\|_2^2+\lambda_{\text{R}}\|\boldsymbol{W}_{\text{out}}\|_2^2 \tag{5.69}$$

式中，λ_{R} 是 L_2 正则化的约束参数，一般取值为很小的正数；$\boldsymbol{W}_{\text{out}}$ 为需要求解的输出权值矩阵；$\|\cdot\|_2$ 表示 L_2 范数。利用岭回归方法对式（5.69）所示的成本函数进行求解，得到最优输出权值矩阵如下：

$$\hat{\boldsymbol{W}}_{\text{out}}=\boldsymbol{Y}\boldsymbol{S}^{\dagger}=\boldsymbol{Y}\boldsymbol{S}^{\text{T}}(\boldsymbol{S}\boldsymbol{S}^{\text{T}}+\lambda_{\text{R}}\boldsymbol{I})^{-1} \tag{5.70}$$

式中，$\boldsymbol{S}^{\dagger}$ 和 $\boldsymbol{S}^{\text{T}}$ 分别是总储备池收集矩阵 $\boldsymbol{S}$ 的伪逆和转置；$\boldsymbol{I}$ 表示单位矩阵。

综上所述，HPESN 模型的步骤如下。

步骤 1：初始化参数，设定 HPESN 模型的网络层数 m，设定每层 ESN 的储备池神经元数量 N_{res}^{i}、输入权值矩阵 $\boldsymbol{W}_{\text{in}}^{i}$ 和回声状态权值矩阵 $\boldsymbol{W}_{\text{res}}^{i}$，设定正则化约束参数 λ_{R}。

步骤 2：输入样本，加载 $\{(\boldsymbol{x}(n), \boldsymbol{y}(n)), n=1, \cdots, N\}$，$N$ 为样本数。

步骤 3：根据每层的输入权值矩阵和回声状态权值矩阵，按式（5.64）～式（5.66）分别更新每层 ESN 的储备池状态和当前时刻的储备池状态收集矩阵。然后整合所有时刻的储备池状态收集矩阵，得到 HPESN 模型的储备池状态收集矩阵，如式（5.67）所示。

步骤 4：构建神经可塑性储备池，根据式（5.62）、式（5.63），采用神经内在可塑性学习方法预训练每层 ESN 中储备池神经元的激活函数的斜率和偏置，并更新储备池状态收集矩阵。

步骤 5：构建成本函数，如式（5.69）所示，采用岭回归算法求解最优输出权值矩阵 $\hat{\boldsymbol{W}}_{\text{out}}$，具体如式（5.70）所示。

步骤 6：计算输出，通过式（5.68）计算得到 HPESN 模型输出。

5.4.4 仿真实验[113]

为验证 HPESN 方法的有效性，本节在 Lorenz 混沌时间序列上进行仿真验证。通过 Lorenz 方程生成 Lorenz 时间序列样本，并采用相空间重构方法处理时间序列。选择 Lorenz-$x(t)$、Lorenz-$y(t)$ 和 Lorenz-$z(t)$ 作为预测目标，划分样本分别进行训练和测试，具体仿真数据集参数设置如表 5.6 所示。

表 5.6 仿真数据集参数设置

Lorenz 方程参数			延迟时间			嵌入维数			样本数	
a	b	c	x	y	z	x	y	z	训练集	测试集
10	28	8/3	1	1	1	10	10	10	8000	2000

此外，选择 8 种方法作为对比方法，具体包括 ESN、漏积分回声状态网络（Leaky Integrator Echo State Network，LIESN）、简单环形储备池（Simple Cycle Reservoir，SCR）、跳跃式环形储备池（Cycle Reservoir with Jumps，CRJ）、小世界回声状态网络（Small World Echo State Network，SWESN）、深度回声状态网络（Deep Echo State Network，DeepESN）、异步深度储备池（Asynchronous Deep Reservoir Computing，ADRC）和深度投影编码回声状态网络（Deep Projection-encoding Echo State Network，DeePr-ESN）方法。选择均方根误差（Root Mean Square Error，RMSE）作为预测精度的评价指标。

表 5.7 是不同方法在测试集中的多步预测结果。由表 5.7 可得，HPESN 方法在 1 步、5 步和 10 步预测中均表现出最好的预测性能。

表 5.7 不同方法的多步预测 RMSE 结果

方法	1 步预测/10^{-3}			5 步预测/10^{-3}			10 步预测/10^{-3}		
	$x(t)$	$y(t)$	$z(t)$	$x(t)$	$y(t)$	$z(t)$	$x(t)$	$y(t)$	$z(t)$
ESN	0.449	0.942	0.902	2.021	5.071	5.061	3.379	7.794	8.366
LIESN	0.507	1.107	1.048	1.923	5.288	5.053	3.734	10.128	10.587

续表

方法	1 步预测/10^{-3}			5 步预测/10^{-3}			10 步预测/10^{-3}		
	$x(t)$	$y(t)$	$z(t)$	$x(t)$	$y(t)$	$z(t)$	$x(t)$	$y(t)$	$z(t)$
SCR	0.401	0.819	0.801	1.687	4.802	4.255	3.369	7.514	7.311
CRJ	0.398	0.815	0.801	1.711	4.824	4.352	3.338	7.511	7.097
SW-ESN	0.401	0.819	0.812	1.757	4.745	4.337	3.268	7.227	6.921
DeepESN	0.452	0.933	0.898	1.801	4.836	4.429	3.216	6.823	6.872
ADRC	0.453	0.813	0.791	1.596	4.138	3.226	2.711	4.993	3.867
DeePr-ESN	0.417	0.826	0.838	1.651	4.253	3.892	3.019	5.651	5.117
HPESN	**0.382**	**0.756**	**0.779**	**1.450**	**3.850**	**3.024**	**2.561**	**4.882**	**3.757**

为验证 HPESN 方法预测性能的优越性，整理不同方法在预测步长从 1 到 16 后的 RMSE 结果，如图 5.9 所示。由图 5.9 可知，随着预测步长的增加，所有方法的预测误差均在逐步增大。以 Lorenz-$x(t)$ 序列为例，如图 5.9（a）所示，当预测步长大于 12 时，ESN、LIESN、SCR、CRJ 和 SWESN 等单层 ESN 方法的预测误差会出现一个陡然的上升。因为随着预测步长的增加，对预测模型的非线性特征提取能力要求更高，尽管单层 ESN 的节点个数更多，但挖掘混沌系统中潜在演化模式的能力变弱，而 DeepESN、ADRC、DeePr-ESN 和 HPESN 方法均具备层次化 ESN 结构，相对于其他方法表现出较好的预测性能。由此可见，层次化策略能有效提高模型的非线性拟合能力。另外，神经元的内在可塑性学习规则的应用也进一步提高了 HPESN 模型在 Lorenz 时间序列中的多步预测性能。

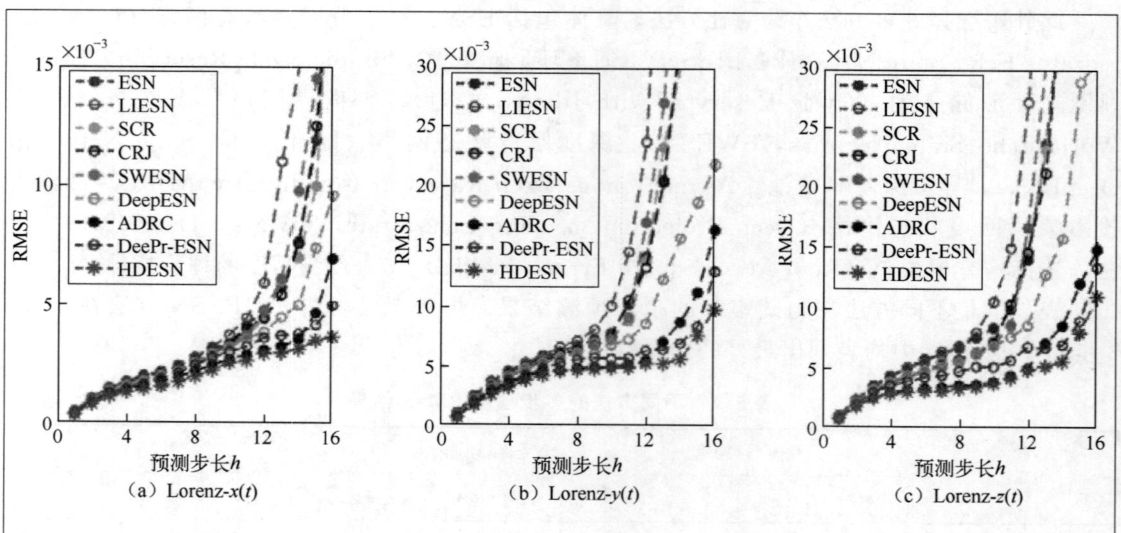

图 5.9 不同方法的多步预测误差曲线

为验证 HPESN 方法的预测稳定性，选择 Lorenz-$x(t)$ 序列作为预测目标，并分别进行 5 步预测和 10 步预测，重复实验 10 次，整理箱型图，如图 5.10 所示。值得注意的是，SCR 和 CRJ 方法中储备池的拓扑结构具有确定性，而其他对比方法的储备池是随机生成的，所以 SCR 和 CRJ 方法不参与此次比较。根据图 5.10 显示，相比其他对比方法，本节所介绍的 HPESN 方法表现出最好的预测稳定性。

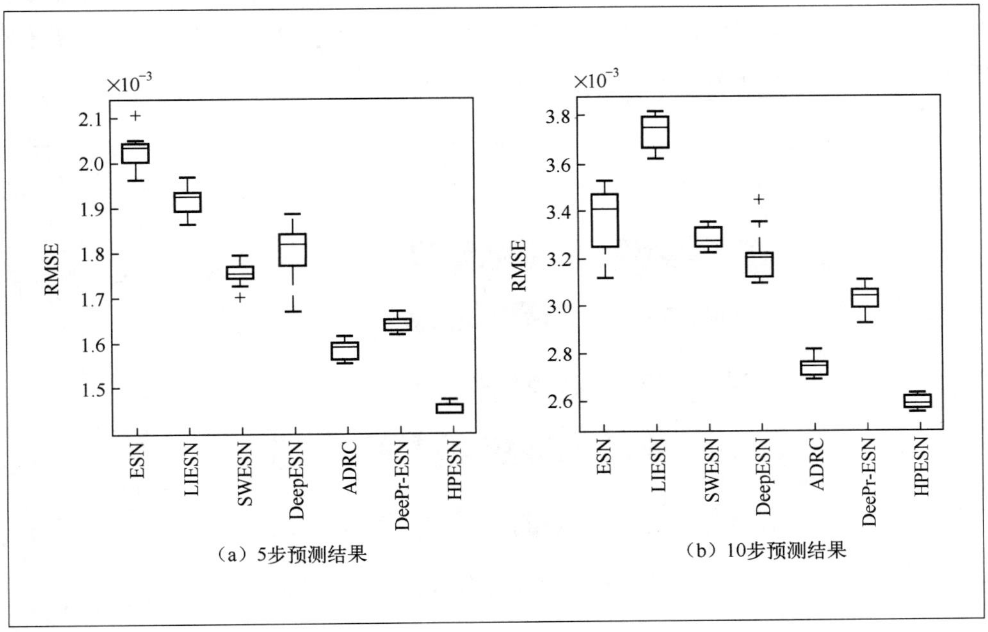

图 5.10　Lorenz-$x(t)$：不同方法 5 步预测和 10 步预测的箱型图

综上所述，HPESN 方法在 Lorenz 时间序列上可很好地进行离线预测，并且取得较高的预测精度和较好的预测稳定性。这说明 HPESN 方法适用于混沌时间序列的离线预测任务。

5.5　基于物理信息的层次化回声状态网络

前三节介绍的三种改进型层次化回声状态网络方法，能够有效提高对时间序列的特征提取能力和预测能力。然而，在时间序列样本数量不足或样本数据质量差的情况下，上述三种基于数据驱动的方法面临着因模型过拟合所带来的预测精度低的问题。为解决这个问题，本节结合物理信息学习，介绍一种物理信息层次化回声状态网络（Pi-HESN）方法。该方法不仅能够以统一的方式无缝集成数据和支配物理定律，生成尊重基本物理原理的预测，还能够有效结合数据驱动与知识驱动，提高模型的泛化性能。并且，通过标杆数据集上的仿真实验验证该方法的有效性。

5.5.1 物理信息学习基本原理

近年来，物理信息学习是一种结合物理学原理和机器学习方法的新兴领域[114]。具体而言，物理知识是对自然规律的抽象和总结，而物理信息学习指的是将物理学的先验知识与数据驱动的机器学习模型相结合，利用物理知识改善机器学习算法的性能，并提供更丰富的解释和理解。图 5.11 展示了数据驱动和知识驱动的建模场景[115]。

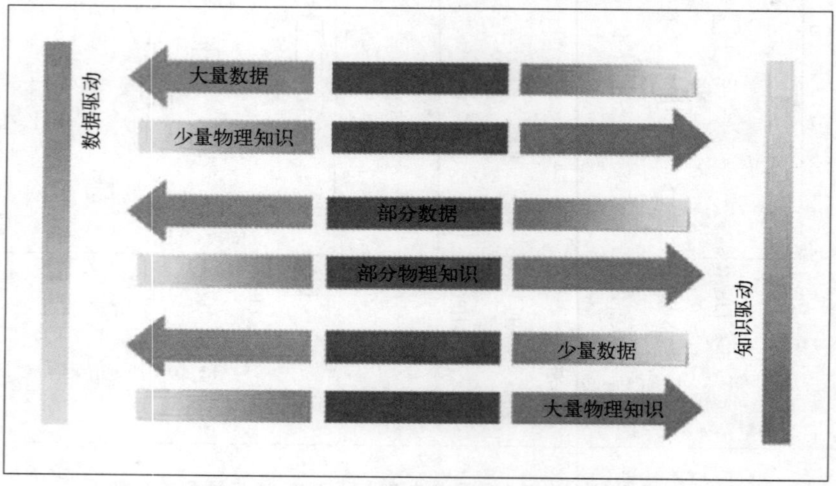

图 5.11　数据驱动和知识驱动的建模场景

在数据量充足的大数据场景，人们可能对任何物理知识都不了解，但通过数据驱动的方式就能够得到令人满意的结果。然而，在数据量不充足的场景下，训练数据较少不足以支撑模型的学习和泛化能力，但不可避免地需要在掌握部分数据信息的情况下得出结论和做出决策。此时，引入物理先验知识可填补数据缺失的空白，提供额外的信息和约束条件，从而在分析与建模过程中提高模型的准确性和鲁棒性[116]。如果适当地使用物理先验知识，可提供有限训练数据中不存在或难以提取的丰富信息，并有助于提高数据利用率、模型的泛化能力和合理性。在不同的场景下，选择不同的建模方法，以充分利用数据和物理知识，是非常重要的。这种结合物理先验知识的建模方法就是物理信息学习，其基本原理包括以下几个部分。

① 物理学模型构建：根据研究问题的物理学原理和方程式构建一个数学模型。这个模型可以是一组偏微分方程式、动力学方程式或者其他物理学方程式，用于描述研究问题的物

理学规律。

② 数据收集：收集与研究问题相关的数据。这些数据可能是实验数据、仿真数据或者其他来源的数据。

③ 物理信息融合：将物理学模型与机器学习模型进行融合，即在机器学习模型中嵌入物理学模型或在物理学模型中嵌入机器学习模型。这样模型就可利用物理学的先验知识以约束数据学习过程，从而提高模型的精度和泛化能力。

④ 模型训练：对模型进行训练和测试。在训练过程中，模型会同时考虑物理学模型和数据，并在此基础上学习如何进行预测和解释。

⑤ 模型测试：在训练完成后，使用另外的数据对模型进行测试。测试过程中，模型将利用先前学习到的知识进行预测和解释，从而验证模型的泛化能力和准确性。

⑥ 模型优化：在测试过程中，发现模型的表现不佳时，可对模型进行优化。优化的方法包括调整模型的结构和参数、收集更多的数据、使用不同的训练算法等。

因此，物理信息学习的模型实现包括物理学模型构建、数据收集、物理信息融合、模型训练、模型测试和模型优化等步骤。这些步骤有助于提高模型的准确性、可解释性和泛化能力。物理信息学习能够以统一的方式无缝集成数据和支配物理定律，生成尊重基本物理原理的预测。物理信息学习模型已成功应用于生物医学、水文学、气象学和海洋科学等领域。

5.5.2 基于物理信息的损失函数

在第 5.5.1 节介绍的物理信息学习中，建立基于物理信息的损失函数，并利用机器学习的技术进行训练和优化是物理信息学习的重要步骤。基于物理信息的损失函数是一种将物理信息嵌入机器学习模型中的技术，用于指导模型的训练和预测。它将物理知识和基本方程式嵌入损失函数中，以强制模型满足物理约束条件和物理先验知识。这样可有效提高模型的准确性、鲁棒性和可解释性。在回声状态网络（ESN）中，基于数据驱动使用岭回归方法构造的损失函数 $L_{\mathrm{d}}(\cdot)$ 可表示为：

$$L_{\mathrm{d}}(\boldsymbol{W}_{\mathrm{out}})=\frac{1}{D_{\boldsymbol{y}}}\sum_{i=1}^{D_{\boldsymbol{y}}}\frac{1}{N_1}\sum_{n=1}^{N_1}((\hat{\boldsymbol{y}}_i(n)-\boldsymbol{y}_i(n))^2+\lambda_{\mathrm{R}}\|\boldsymbol{w}_i\|_2^2) \tag{5.71}$$

式中，$i=1, 2, \cdots, D_{\boldsymbol{y}}$，$D_{\boldsymbol{y}}$ 是输出变量的维度；N_1 表示训练样本数；$\boldsymbol{y}_i(n)$ 和 $\hat{\boldsymbol{y}}_i(n)$ 分别为第 i 维样本输出变量和模型输出变量；λ_{R} 是 L_2 正则化的约束参数；$\boldsymbol{W}_{\mathrm{out}}$ 为需要求解的输出权值矩阵；$\boldsymbol{w}_i$ 是输出权值矩阵的第 i 行，且满足下式：

$$\hat{y}_i(n)=\boldsymbol{w}_i^{\mathrm{T}}\boldsymbol{s}(n) \tag{5.72}$$

式中，$\boldsymbol{s}(n)$ 为储备池状态。基于物理信息的损失函数通常包含两部分：数据驱动的损失项和物理驱动的损失项。式（5.71）所示的损失函数就是数据驱动的损失项，下面将具体介绍物理驱动的损失项以及求解方法。

(1) 基于物理信息的损失函数的建立

为提高模型的泛化性能并确保模型输出结果的物理合理性，需要在损失函数中构建物理驱动的损失项。考虑某一实际系统，满足如下结构的一阶线性常微分方程：

$$\frac{\mathrm{d}y(t)}{\mathrm{d}t}+p(t)y(t)+q(t)=0 \tag{5.73}$$

式中，t 为连续信号的当前时间；$y(t)$、$p(t)$ 和 $q(t)$ 是关于时间的函数。采样过程是利用具有时间间隔的数字信号替代模拟信号，最终将时间域上的连续信号转换成离散信号。因此，在采样间隔很小的情况下，可用有限差分来近似微分，得到如下差分方程 F：

$$F=\frac{y(n+1)-y(n)}{\mathrm{d}n}+p(n)y(n)+q(n)=0 \tag{5.74}$$

式中，n 为离散信号的当前时刻。

在对时间序列样本预测的过程中，将第 n 时刻的第 i 维预测值 $\hat{y}_i(n)$ 作为下一时刻的输入 $x(n+1)$，即 $x(n+1)=\hat{y}_i(n)$。通过预测模型输出预测值 $\hat{y}_i(n+1)$。循环上述步骤，可得到预测值序列 $\{\hat{y}_i(N_1+1),\hat{y}_i(N_1+2),\cdots,\hat{y}_i(N_1+N_2+1)\}$（$N_1$ 为训练样本数，N_2 为测试样本数）。然而，将预测值作为下一时刻输入代入式 (5.72) 中，会产生如下误差：

$$F(\hat{y}_i(n+1))=\frac{\hat{y}_i(n+1)-\hat{y}_i(n)}{\mathrm{d}n}+p(n)\hat{y}_i(n)+q(n) \tag{5.75}$$

式中，$n>N_1$。基于测试样本的第 i 维预测变量的预测误差，可得到基于物理驱动的损失项 $L_{\mathrm{p}}^i(\cdot)$：

$$L_{\mathrm{p}}^i(\boldsymbol{W}_{\mathrm{out}})=\frac{1}{N_2}\sum_{n=2}^{N_2+1}[F_i(\hat{y}_i(N_1+n))]^2 \tag{5.76}$$

基于式 (5.76)，测试样本的基于物理驱动的损失项 $L_{\mathrm{p}}(\cdot)$ 可表示为：

$$\begin{aligned}L_{\mathrm{p}}(\boldsymbol{W}_{\mathrm{out}})&=\frac{1}{D_{\boldsymbol{y}}}\sum_{i=1}^{D_y}L_{\mathrm{p}}^i(\boldsymbol{W}_{\mathrm{out}})\\&=\frac{1}{D_{\boldsymbol{y}}}\sum_{i=1}^{D_y}\frac{1}{N_2}\sum_{n=2}^{N_2+1}\|F_i(\hat{y}_i(N_1+n))\|_2^2\end{aligned} \tag{5.77}$$

因此，式 (5.71) 所示的数据驱动的损失项通过数据挖掘方法学习混沌系统的演化模式，而式 (5.77) 所示的物理驱动的损失项能从系统本质出发对网络的输出进行约束。结合数据驱动的损失项和物理驱动的损失项，可得到基于物理信息的损失函数 $L(\boldsymbol{W}_{\mathrm{out}})$，具体如下：

$$L(\boldsymbol{W}_{\text{out}})=\lambda_{\text{d}}L_{\text{d}}(\boldsymbol{W}_{\text{out}})+\lambda_{\text{p}}L_{\text{p}}(\boldsymbol{W}_{\text{out}})$$
$$=\underbrace{\lambda_{\text{d}}\frac{1}{D_{\boldsymbol{y}}}\sum_{i=1}^{D_{\boldsymbol{y}}}\frac{1}{N_1}\sum_{n=1}^{N_1}((\hat{y}_i(n)-y_i(n))^2+\lambda_{\text{R}}\|\boldsymbol{w}_i\|_2^2)+}_{L_{\text{d}}(\boldsymbol{W}_{\text{out}})}$$
$$\underbrace{\lambda_{\text{p}}\frac{1}{D_{\boldsymbol{y}}}\sum_{i=1}^{D_{\boldsymbol{y}}}\frac{1}{N_2}\sum_{n=2}^{N_2+1}\|F_i(\hat{y}_i(N_1+n))\|_2^2}_{L_{\text{p}}(\boldsymbol{W}_{\text{out}})} \tag{5.78}$$

式中，λ_{d} 和 λ_{p} 分别是用来调整数据驱动损失项和物理驱动损失项比例的参数。

(2) 基于物理信息的损失函数的求解

在前面已经介绍基于物理信息的损失函数的建立过程，下面将具体介绍基于物理信息的损失函数的求解过程。本小节以 Lorenz 系统为例，给出基于物理信息的损失函数的优化过程。Lorenz 系统的微分方程可表示为：

$$\begin{cases}\dfrac{\mathrm{d}x_1}{\mathrm{d}t}=\sigma(x_2-x_1)\\[2mm]\dfrac{\mathrm{d}x_2}{\mathrm{d}t}=\rho x_1-x_2-x_1x_3\\[2mm]\dfrac{\mathrm{d}x_3}{\mathrm{d}t}=x_1x_2-\beta x_3\end{cases} \tag{5.79}$$

当初始值为 [1，1，1] 时，利用四阶龙格-库塔法求解得到的 Lorenz 混沌时间序列作为真实值，ESN 模型的输出值就是预测值。然后，利用显式欧拉法将微分方程差分化，可得到下式：

$$\begin{cases}F_1(\hat{x}_1(n+1))=\dfrac{\hat{x}_1(n+1)-\hat{x}_1(n)}{\mathrm{d}n}+\sigma(\hat{x}_1(n)-\hat{x}_2(n))\\[2mm]F_2(\hat{x}_2(n+1))=\dfrac{\hat{x}_2(n+1)-\hat{x}_2(n)}{\mathrm{d}n}-\rho\hat{x}_1(n)+\hat{x}_2(n)+\hat{x}_1(n)\hat{x}_3(n)\\[2mm]F_3(\hat{x}_3(n+1))=\dfrac{\hat{x}_3(n+1)-\hat{x}_3(n)}{\mathrm{d}n}-\hat{x}_1(n)\hat{x}_2(n)+\beta\hat{x}_3(n)\end{cases} \tag{5.80}$$

式中，$n\geqslant N_1$。当 $D_{\boldsymbol{y}}=3$ 时，式 (5.77) 可进一步改写为：

$$L_{\text{p}}(\boldsymbol{W}_{\text{out}})=\frac{1}{3N_2}\left(\sum_{n=2}^{N_2+1}\|F_1(\hat{x}_1(N_1+n))\|_2^2+\sum_{n=2}^{N_2+1}\|F_2(\hat{x}_2(N_1+n))\|_2^2+\right.$$
$$\left.\sum_{n=2}^{N_2+1}\|F_3(\hat{x}_3(N_1+n))\|_2^2\right) \tag{5.81}$$

式中，N_1 为训练样本数；N_2 为测试样本数。令 $\hat{\boldsymbol{x}}_{i,0}=[\hat{x}_i(N_1+1)\quad \hat{x}_i(N_1+2)\quad \cdots\quad \hat{x}_i(N_1+N_2)]^{\text{T}}$，$\hat{\boldsymbol{x}}_{i,1}=[\hat{x}_i(N_1+2)\quad \hat{x}_i(N_1+3)\quad \cdots\quad \hat{x}_i(N_1+N_2+1)]^{\text{T}}$，$i=1，2，3$，可得到：

$$\begin{cases} F_1=\dfrac{1}{N_2}\sum\limits_{n=2}^{N_2+1}\|F_1(\hat{x}_1(N_1+n))\|_2^2 \\ \quad=\dfrac{1}{N_2}\left[\dfrac{\hat{\boldsymbol{x}}_{1,1}-\hat{\boldsymbol{x}}_{1,0}}{\mathrm{d}n}+\sigma(\hat{\boldsymbol{x}}_{1,0}-\hat{\boldsymbol{x}}_{2,0})\right]^{\mathrm{T}}\left[\dfrac{\hat{\boldsymbol{x}}_{1,1}-\hat{\boldsymbol{x}}_{1,0}}{\mathrm{d}n}+\sigma(\hat{\boldsymbol{x}}_{1,0}-\hat{\boldsymbol{x}}_{2,0})\right] \\ F_2=\dfrac{1}{N_2}\sum\limits_{n=2}^{N_2+1}\|F_2(\hat{x}_2(N_1+n))\|_2^2 \\ \quad=\dfrac{1}{N_2}\left[\dfrac{\hat{\boldsymbol{x}}_{2,1}-\hat{\boldsymbol{x}}_{2,0}}{\mathrm{d}n}-\rho\hat{\boldsymbol{x}}_{1,0}+\hat{\boldsymbol{x}}_{2,0}+\hat{\boldsymbol{x}}_{1,0}\circ\hat{\boldsymbol{x}}_{3,0}\right]^{\mathrm{T}}\left[\dfrac{\hat{\boldsymbol{x}}_{2,1}-\hat{\boldsymbol{x}}_{2,0}}{\mathrm{d}n}-\rho\hat{\boldsymbol{x}}_{1,0}+\hat{\boldsymbol{x}}_{2,0}+\hat{\boldsymbol{x}}_{1,0}\circ\hat{\boldsymbol{x}}_{3,0}\right] \\ F_3=\dfrac{1}{N_2}\sum\limits_{n=2}^{N_2+1}\|F_3(\hat{x}_3(N_1+n))\|_2^2 \\ \quad=\dfrac{1}{N_2}\left[\dfrac{\hat{\boldsymbol{x}}_{3,1}-\hat{\boldsymbol{x}}_{3,0}}{\mathrm{d}n}-\hat{\boldsymbol{x}}_{1,0}\circ\hat{\boldsymbol{x}}_{2,0}+\beta\hat{\boldsymbol{x}}_{3,0}\right]^{\mathrm{T}}\left[\dfrac{\hat{\boldsymbol{x}}_{3,1}-\hat{\boldsymbol{x}}_{3,0}}{\mathrm{d}n}-\hat{\boldsymbol{x}}_{1,0}\circ\hat{\boldsymbol{x}}_{2,0}+\beta\hat{\boldsymbol{x}}_{3,0}\right] \end{cases} \tag{5.82}$$

式中，$\circ$ 表示 Hadamard 积。

基于式（5.82），可得到 $L_{\mathrm{p}}(\boldsymbol{W}_{\mathrm{out}})$：

$$L_{\mathrm{p}}(\boldsymbol{W}_{\mathrm{out}})=\frac{1}{3}(F_1+F_2+F_3) \tag{5.83}$$

基于物理驱动的损失项 $L_{\mathrm{p}}(\boldsymbol{W}_{\mathrm{out}})$ 对 $\boldsymbol{W}_{\mathrm{out}}$ 求导可得：

$$\frac{\partial L_{\mathrm{p}}(\boldsymbol{W}_{\mathrm{out}})}{\partial \boldsymbol{W}_{\mathrm{out}}}=\frac{1}{3}\left(\frac{\partial F_1}{\partial \boldsymbol{w}_1}+\frac{\partial F_2}{\partial \boldsymbol{w}_2}+\frac{\partial F_3}{\partial \boldsymbol{w}_3}\right) \tag{5.84}$$

然后，将 $\hat{x}_i(n)=\boldsymbol{w}_i^{\mathrm{T}}\boldsymbol{s}(n)$ 代入，可得：

$$\begin{aligned}\hat{\boldsymbol{x}}_{i,0}&=[\boldsymbol{w}_i^{\mathrm{T}}\boldsymbol{s}(N_1+1)\quad \boldsymbol{w}_i^{\mathrm{T}}\boldsymbol{s}(N_1+2)\quad \cdots\quad \boldsymbol{w}_i^{\mathrm{T}}\boldsymbol{s}(N_1+N_2)]^{\mathrm{T}} \\ &=[\boldsymbol{s}(N_1+1)\quad \boldsymbol{s}(N_1+2)\quad \cdots\quad \boldsymbol{s}(N_1+N_2)]^{\mathrm{T}}\boldsymbol{w}_i\end{aligned} \tag{5.85}$$

$$\begin{aligned}\hat{\boldsymbol{x}}_{i,1}&=[\boldsymbol{w}_i^{\mathrm{T}}\boldsymbol{s}(N_1+2)\quad \boldsymbol{w}_i^{\mathrm{T}}\boldsymbol{s}(N_1+3)\quad \cdots\quad \boldsymbol{w}_i^{\mathrm{T}}\boldsymbol{s}(N_1+N_2+1)]^{\mathrm{T}} \\ &=[\boldsymbol{s}(N_1+2)\quad \boldsymbol{s}(N_1+3)\quad \cdots\quad \boldsymbol{s}(N_1+N_2+1)]^{\mathrm{T}}\boldsymbol{w}_i\end{aligned} \tag{5.86}$$

式中，$\boldsymbol{s}(n)$ 为储备池状态。令 $\boldsymbol{S}_0=[\boldsymbol{s}(N_1+1)\quad \boldsymbol{s}(N_1+2)\quad \cdots\quad \boldsymbol{s}(N_1+N_2)]^{\mathrm{T}}$，$\boldsymbol{S}_1=[\boldsymbol{s}(N_1+2)\quad \boldsymbol{s}(N_1+3)\quad \cdots\quad \boldsymbol{s}(N_1+N_2+1)]^{\mathrm{T}}$，并将其代入式（5.82）中求偏导数 $\dfrac{\partial F_i}{\partial \boldsymbol{w}_i}$，具体计算过程如下：

① 当 $i=1$ 时，$\dfrac{\partial F_1}{\partial \boldsymbol{w}_1}$ 可通过下式计算：

$$\frac{\partial F_1}{\partial \boldsymbol{w}_1}=\frac{2}{3N_2}\left\{\left(\frac{\boldsymbol{S}_1-\boldsymbol{S}_0}{\mathrm{d}n}+\sigma\boldsymbol{S}_0\right)^{\mathrm{T}}\left[\frac{\hat{\boldsymbol{x}}_{1,1}-\hat{\boldsymbol{x}}_{1,0}}{\mathrm{d}n}+\sigma(\hat{\boldsymbol{x}}_{1,0}-\hat{\boldsymbol{x}}_{2,0})\right]+\right.$$
$$(\mathrm{diag}(\hat{\boldsymbol{x}}_{3,0})\boldsymbol{S}_0-\rho\boldsymbol{S}_0)^{\mathrm{T}}\left(\frac{\hat{\boldsymbol{x}}_{2,1}-\hat{\boldsymbol{x}}_{2,0}}{\mathrm{d}n}-\rho\hat{\boldsymbol{x}}_{1,0}+\hat{\boldsymbol{x}}_{2,0}+\hat{\boldsymbol{x}}_{1,0}\circ\hat{\boldsymbol{x}}_{3,0}\right)+ \tag{5.87}$$
$$\left.(-\mathrm{diag}(\hat{\boldsymbol{x}}_{2,0})\boldsymbol{S}_0)^{\mathrm{T}}\left(\frac{\hat{\boldsymbol{x}}_{3,1}-\hat{\boldsymbol{x}}_{3,0}}{\mathrm{d}n}-\hat{\boldsymbol{x}}_{1,0}\circ\hat{\boldsymbol{x}}_{2,0}+\beta\hat{\boldsymbol{x}}_{3,0}\right)\right\}$$

② 当 $i=2$ 时，$\frac{\partial F_2}{\partial \boldsymbol{w}_2}$可通过下式计算：

$$\frac{\partial F_2}{\partial \boldsymbol{w}_2}=\frac{2}{3N_2}\left\{(-\sigma\boldsymbol{S}_0)^{\mathrm{T}}\left[\frac{\hat{\boldsymbol{x}}_{1,1}-\hat{\boldsymbol{x}}_{1,0}}{\mathrm{d}n}+\sigma(\hat{\boldsymbol{x}}_{1,0}-\hat{\boldsymbol{x}}_{2,0})\right]+\right.$$
$$\left(\frac{\boldsymbol{S}_1-\boldsymbol{S}_0}{\mathrm{d}n}+\boldsymbol{S}_0\right)^{\mathrm{T}}\left(\frac{\hat{\boldsymbol{x}}_{2,1}-\hat{\boldsymbol{x}}_{2,0}}{\mathrm{d}n}-\rho\hat{\boldsymbol{x}}_{1,0}+\hat{\boldsymbol{x}}_{2,0}+\hat{\boldsymbol{x}}_{1,0}\circ\hat{\boldsymbol{x}}_{3,0}\right)+ \tag{5.88}$$
$$\left.(-\mathrm{diag}(\hat{\boldsymbol{x}}_{1,0})\boldsymbol{S}_0)^{\mathrm{T}}\left(\frac{\hat{\boldsymbol{x}}_{3,1}-\hat{\boldsymbol{x}}_{3,0}}{\mathrm{d}n}-\hat{\boldsymbol{x}}_{1,0}\circ\hat{\boldsymbol{x}}_{2,0}+\beta\hat{\boldsymbol{x}}_{3,0}\right)\right\}$$

③ 当 $i=3$ 时，$\frac{\partial F_3}{\partial \boldsymbol{w}_3}$可通过下式计算：

$$\frac{\partial F_3}{\partial \boldsymbol{w}_3}=\frac{2}{3N_2}\left[(\mathrm{diag}(\hat{\boldsymbol{x}}_{1,0})\boldsymbol{S}_0)^{\mathrm{T}}\left(\frac{\hat{\boldsymbol{x}}_{2,1}-\hat{\boldsymbol{x}}_{2,0}}{\mathrm{d}n}-\rho\hat{\boldsymbol{x}}_{1,0}+\hat{\boldsymbol{x}}_{2,0}+\hat{\boldsymbol{x}}_{1,0}\circ\hat{\boldsymbol{x}}_{3,0}\right)+\right. \tag{5.89}$$
$$\left.\left(\frac{\boldsymbol{S}_1-\boldsymbol{S}_0}{\mathrm{d}n}+\beta\boldsymbol{S}_0\right)^{\mathrm{T}}\left(\frac{\hat{\boldsymbol{x}}_{3,1}-\hat{\boldsymbol{x}}_{3,0}}{\mathrm{d}n}-\hat{\boldsymbol{x}}_{1,0}\circ\hat{\boldsymbol{x}}_{2,0}+\beta\hat{\boldsymbol{x}}_{3,0}\right)\right]$$

此外，基于数据驱动的损失项 $L_{\mathrm{d}}(\cdot)$ 可表示为下式：

$$\begin{aligned}L_{\mathrm{d}}(\boldsymbol{W}_{\mathrm{out}})&=\frac{1}{3}\sum_{i=1}^{3}\frac{1}{N_1}\left[\sum_{n=1}^{N_1}((\hat{y}_i(n)-y_i(n))^2+\lambda_{\mathrm{R}}\|\boldsymbol{w}_i\|_2^2)\right]\\&=\frac{1}{3N_1}\sum_{i=1}^{3}(\|\boldsymbol{w}_i^{\mathrm{T}}\boldsymbol{S}-\boldsymbol{Y}_i^{\mathrm{T}}\|_2^2+\lambda_{\mathrm{R}}\|\boldsymbol{w}_i\|_2^2)\\&=\frac{1}{3N_1}\sum_{i=1}^{3}[(\boldsymbol{w}_i^{\mathrm{T}}\boldsymbol{S}-\boldsymbol{Y}_i^{\mathrm{T}})(\boldsymbol{S}^{\mathrm{T}}\boldsymbol{w}_i-\boldsymbol{Y}_i)+\lambda_{\mathrm{R}}\boldsymbol{w}_i^{\mathrm{T}}\boldsymbol{w}_i]\end{aligned} \tag{5.90}$$

式中，$\boldsymbol{Y}$ 为输出矩阵；$\boldsymbol{Y}_i$ 表示第 i 维变量对应的输出矩阵，即 $\boldsymbol{Y}=[\boldsymbol{Y}_1\quad \boldsymbol{Y}_2\quad \boldsymbol{Y}_3]$；$\boldsymbol{S}$ 为总储备池状态收集矩阵。基于式（5.90），可对 $L_{\mathrm{d}}(\cdot)$ 求偏导，具体如下：

$$\frac{\partial L_{\mathrm{d}}(\boldsymbol{W}_{\mathrm{out}})}{\partial \boldsymbol{w}_i}=\frac{2}{3N_1}[\boldsymbol{S}(\boldsymbol{S}^{\mathrm{T}}\boldsymbol{w}_i-\boldsymbol{Y}_i)+\lambda_{\mathrm{R}}\boldsymbol{w}_i] \tag{5.91}$$

式中，$i=1$，2，3。然后，将岭回归方法计算得到的 ESN 输出权值矩阵作为迭代求解的初始值，并利用 L-BFGS-B 算法（带边界约束的有限内存算法）[118] 根据式（5.87）～式（5.89）和式（5.91）所示的损失函数偏导数（梯度）进行迭代求解，最后输出满足物理约束条件的最优输出权值矩阵。

5.5.3 物理信息层次化回声状态网络

本节结合第 5.5.2 节阐述的基于物理信息的损失函数，介绍 Pi-HESN 模型，其结构示意图如图 5.12 所示。在图 5.12 中，Pi-HESN 模型由多个顺序连接的 ESN 储备池构成。该模型不仅通过基于数据驱动的学习方法对输出权值矩阵 $\boldsymbol{W}_{\text{out}}$ 进行学习，而且采用基于物理信息的学习方法对输出权值矩阵的求解结果增加物理约束，以确保预测结果遵从物理原理。

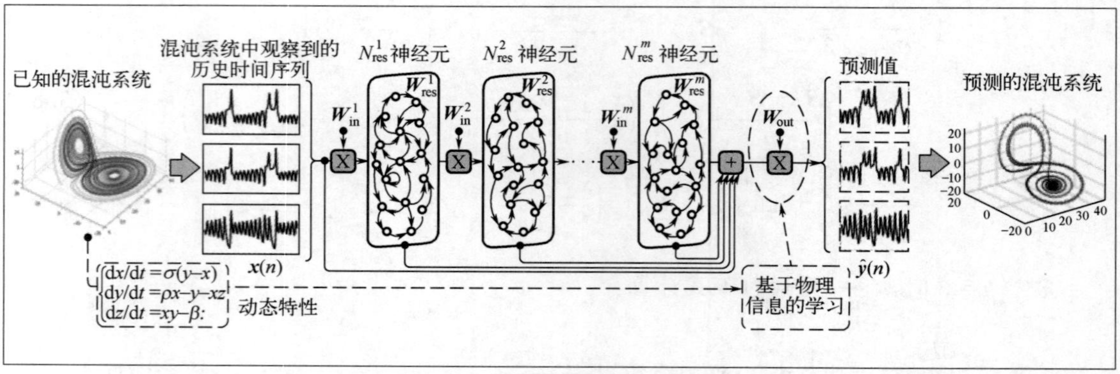

图 5.12 Pi-HESN 模型结构示意图

Pi-HESN 模型中第 1 层 ESN 的储备池状态更新方程可表示为：

$$\boldsymbol{s}_{\text{res}}^1(n)=f\Big(\underbrace{\boldsymbol{W}_{\text{in}}^1\boldsymbol{x}(n)}_{\text{随机投影}}+\underbrace{\boldsymbol{W}_{\text{res}}^1\boldsymbol{s}_{\text{res}}^1(n-1)}_{\text{储备池处理}}\Big) \tag{5.92}$$

式中，n 为当前时刻；$\boldsymbol{x}(n)\in\mathbf{R}^{D_x}$ 为样本的输入向量，D_x 是输入变量的维度；$\boldsymbol{s}_{\text{res}}^1(n)$ 代表当前时刻第 1 层 ESN 的储备池状态；$\boldsymbol{s}_{\text{res}}^1(n-1)$ 表示上一时刻第 1 层 ESN 的储备池状态；$\boldsymbol{W}_{\text{in}}^1$ 是第 1 层 ESN 的输入权值矩阵；$\boldsymbol{W}_{\text{res}}^1$ 为第 1 层 ESN 的回声状态权值矩阵；$f(\cdot)$ 是非线性激活函数。如式（5.92）所示，储备池状态更新方程主要由两部分组成：随机投影与储备池处理。关于储备池处理的部分，储备池内的回声状态权值矩阵本质上是一个大规模随机连接的稀疏矩阵，其生成主要与稀疏度和谱半径有关。稀疏度决定回声状态权值矩阵中非零元素的比例，而回声状态权值矩阵的生成受谱半径的控制，具体可表示为：

$$\boldsymbol{W}_{\text{res}}^i=\rho_i\frac{\boldsymbol{W}_{\text{ran}}^i}{\max(|\text{eig}(\boldsymbol{W}_{\text{ran}}^i)|)} \tag{5.93}$$

式中，$\boldsymbol{W}_{\text{res}}^i\in\mathbf{R}^{N_{\text{res}}^i\times N_{\text{res}}^i}$ 为第 i 层 ESN 的回声状态权值矩阵；N_{res}^i 为第 i 层 ESN 的储备池神经元数量；$\boldsymbol{W}_{\text{ran}}^i$ 是在第 i 层 ESN 中使用高斯分布或均匀分布等随机分布方法在［−1，1］范围内生成的稠密矩阵；ρ_i 是第 i 层 ESN 的调节因子，用于控制回声状态权值矩阵的谱半径，即矩阵的最大特征值的模；$|\text{eig}(\cdot)|$ 表示矩阵的特征值的模。

除储备池处理外，随机投影的主要作用是将输入信号从原始空间映射到高维动态空间中，使网络具有丰富的动态性能、良好的自适应性和自组织性。随机投影的可视化过程如图 5.13 所示。

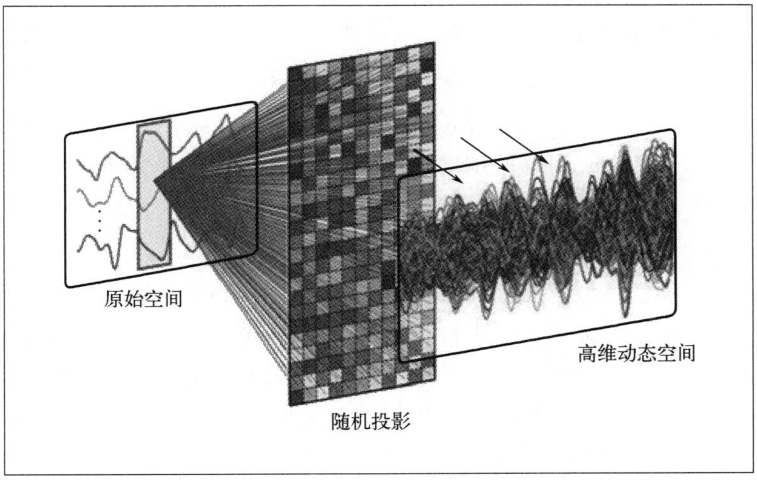

图 5.13　随机投影过程的可视化

当 $i \geqslant 2$ 时，当前 ESN 的储备池输入为前一层 ESN 的储备池输出，即 $\boldsymbol{s}_{\text{in}}^{i}(n)=\boldsymbol{s}_{\text{res}}^{i-1}(n)$，第 i 层 ESN 的储备池状态更新方程可表示为：

$$\boldsymbol{s}_{\text{res}}^{i}(n)=f(\boldsymbol{W}_{\text{in}}^{i}\boldsymbol{s}_{\text{in}}^{i}(n)+\boldsymbol{W}_{\text{res}}^{i}\boldsymbol{s}_{\text{res}}^{i}(n-1)) \tag{5.94}$$

逐层计算所有 ESN 的储备池状态，并整合各层 ESN 的储备池状态信息，得到当前时刻的总的储备池状态收集矩阵 $\boldsymbol{S}(n)$，其表达式为：

$$\boldsymbol{S}(n)=[\boldsymbol{x}(n);\ \boldsymbol{s}_{\text{res}}^{1}(n);\ \boldsymbol{s}_{\text{res}}^{2}(n);\ \cdots;\ \boldsymbol{s}_{\text{res}}^{m}(n)] \tag{5.95}$$

式中，[• ； •] 表示矩阵的垂直连接。整合所有时刻的储备池状态收集矩阵，可得到 Pi-HESN 模型的总的储备池状态收集矩阵 $\boldsymbol{S}$：

$$\boldsymbol{S}=[\boldsymbol{S}(1)\quad \boldsymbol{S}(2)\quad \cdots\quad \boldsymbol{S}(n)\quad \cdots\quad \boldsymbol{S}(N)] \tag{5.96}$$

式中，$n=1,\ 2,\ \cdots,\ N$；$\boldsymbol{S}\in\mathbf{R}^{(D_x+\sum_{i=1}^{m}N_{\text{res}}^{i})\times N}$；$N$ 为样本数。Pi-HESN 模型的输出 $\hat{\boldsymbol{Y}}=[\hat{\boldsymbol{y}}(1)\quad \hat{\boldsymbol{y}}(2)\quad \cdots\quad \hat{\boldsymbol{y}}(N)]\in\mathbf{R}^{D_y\times N}$ 可通过下式计算：

$$\hat{\boldsymbol{Y}}=\boldsymbol{W}_{\text{out}}\boldsymbol{S} \tag{5.97}$$

式中，D_y 为输出变量维度；$\boldsymbol{W}_{\text{out}}\in\mathbf{R}^{D_y\times(D_x+\sum_{i=1}^{m}N_{\text{res}}^{i})}$ 即为需要求解的输出权值矩阵。假

设真实的样本输出矩阵为$\boldsymbol{Y}=[\boldsymbol{y}(1) \quad \boldsymbol{y}(2) \quad \cdots \quad \boldsymbol{y}(N)]\in \mathbf{R}^{D_y\times N}$，基于岭回归方法可构造基于数据驱动的损失项损失函数$L(\cdot)$，具体如下：

$$L(\boldsymbol{W}_{\text{out}})=\frac{1}{D_{\boldsymbol{y}}}\sum_{i=1}^{D_y}\frac{1}{N}\sum_{n=1}^{N}((\hat{\boldsymbol{y}}_i(n)-\boldsymbol{y}_i(n))^2+\lambda_{\text{R}}\|\boldsymbol{w}_i\|_2^2) \tag{5.98}$$

式中，$i=1, 2, \cdots, D_{\boldsymbol{y}}$；$D_{\boldsymbol{y}}$是输出变量的维度；$\boldsymbol{y}_i(n)$和$\hat{\boldsymbol{y}}_i(n)$分别为第$i$维样本输出变量向量和模型输出向量；$\lambda_{\text{R}}$是$L_2$正则化的约束参数；$\boldsymbol{w}_i$表示输出权值矩阵的第$i$行，且满足下式：

$$\hat{\boldsymbol{y}}_i(n)=\boldsymbol{w}_i^{\text{T}}\boldsymbol{s}(n) \tag{5.99}$$

利用岭回归方法对式（5.98）所示的损失函数进行求解，得到最优输出权值矩阵$\hat{\boldsymbol{W}}_{\text{out}}$，具体如下：

$$\hat{\boldsymbol{W}}_{\text{out}}=\boldsymbol{Y}\boldsymbol{S}^{\dagger}=\boldsymbol{Y}\boldsymbol{S}^{\text{T}}(\boldsymbol{S}\boldsymbol{S}^{\text{T}}+\lambda_{\text{R}}\boldsymbol{I})^{-1} \tag{5.100}$$

式中，$\boldsymbol{S}^{\dagger}$和$\boldsymbol{S}^{\text{T}}$分别是总的储备池收集矩阵$\boldsymbol{S}$的伪逆和转置；$\boldsymbol{I}$表示单位矩阵。将式（5.100）中岭回归方法计算得到的输出权值矩阵作为迭代求解的初始值，并利用 L-BFGS-B 算法[118] 根据式（5.87）～式（5.89）和式（5.91）所示的损失函数偏导数（梯度）进行迭代求解，最后输出满足物理约束条件的最优输出权值矩阵。

综上所述，Pi-HESN 模型的步骤如下。

步骤 1：初始化参数，设定 Pi-HESN 模型的网络层数m，设定每层 ESN 的储备池神经元数量N_{res}^i、输入权值矩阵$\boldsymbol{W}_{\text{in}}^i$和回声状态权值矩阵$\boldsymbol{W}_{\text{res}}^i$，设定正则化约束参数$\lambda_{\text{R}}$。

步骤 2：输入样本，加载$\{(\boldsymbol{x}(n), \boldsymbol{y}(n)), n=1, \cdots, N\}$，$N$为样本数。

步骤 3：根据每层的输入权值矩阵和回声状态权值矩阵，按式（5.92）～式（5.95）分别更新每层 ESN 的储备池状态和当前时刻的储备池状态收集矩阵。然后整合所有时刻的储备池状态收集矩阵，得到 HPESN 模型的储备池状态收集矩阵，如式（5.96）所示。

步骤 4：建立基于物理信息的损失函数，根据式（5.71）建立数据驱动损失项，根据式（5.77）建立物理驱动损失项，按照式（5.78）结合数据驱动和物理驱动损失项，建立基于物理信息的损失函数。

步骤 5：将式（5.100）中用岭回归方法计算得到的输出权值矩阵作为迭代求解的初始值，基于 L-BFGS-B 算法根据式（5.87）～式（5.89）迭代求解物理驱动损失项，根据式（5.91）迭代求解数据驱动损失项，最后输出满足物理约束条件的最优输出权值矩阵。

步骤 6：计算输出，通过式（5.97）计算得到 Pi-HESN 模型输出。

5.5.4 仿真实验[120]

为验证 Pi-HESN 模型的有效性，本节在 Lorenz、Rossler、Chua 和 Chen 这四个混沌时间序列上进行仿真实验。其中，Lorenz 系统方程和 Rossler 系统方程分别在第 2.2.4 节和第 5.3.4 节中已经给出详细介绍，此处不再赘述。下面具体介绍 Chua 系统方程和 Chen 系统方程。

① Chua 系统方程：1986 年，Chua 等人提出著名的 Chua 系统[118]，首次在混沌系统与非线性电路之间架起一座桥梁，成为研究混沌系统的一个范例。Chua 系统可以表示为：

$$\begin{cases}\dfrac{\mathrm{d}x}{\mathrm{d}t}=a(y-x-G(x))\\ \dfrac{\mathrm{d}y}{\mathrm{d}t}=x-y+z\\ \dfrac{\mathrm{d}z}{\mathrm{d}t}=-by\\ G(x)=cx+(d+c)(|x+1|-|x-1|)\end{cases}\tag{5.101}$$

② Chen 系统方程：1999 年，Chen 等人[119] 在研究混沌控制的过程中发现一个与 Lorenz 混沌系统类似但拓扑不等价的混沌吸引子，该系统的描述如下：

$$\begin{cases}\dfrac{\mathrm{d}x}{\mathrm{d}t}=a(y-x)\\ \dfrac{\mathrm{d}y}{\mathrm{d}t}=(c-a)x-xz+cy\\ \dfrac{\mathrm{d}z}{\mathrm{d}t}=xy-bz\end{cases}\tag{5.102}$$

通过 Lorenz、Rossler、Chua 和 Chen 系统方程生成混沌时间序列，具体仿真数据集参数设置如表 5.8 所示。

表 5.8　仿真数据集参数设置

系统方程参数					样本数	
数据集	a	b	c	d	训练集	测试集
Lorenz	10	28	8/3	—	1400	2500
Rossler	0.2	0.2	5.7	—	1400	2500
Chua	15.6	25.58	0	−1	1000	2000
Chen	35	3	28	—	1300	2000

为直观地展现四个数据集的混沌特性，对四个混沌系统对应的混沌吸引子（奇异吸引子）及观测得到的部分时间序列进行可视化，如图 5.14 所示。从图 5.14 中可看出，Chen 混沌系统的状态变化最为剧烈，而 Rossler 混沌系统的状态变化最为平缓。

此外，本节选用 ESN、物理信息回声状态网络（Physics-informed Echo State Network，PIESN）、深度回声状态网络（Deep Echo State Network，DeepESN）、异步深度储备池（Asynchronous Deep Reservoir Computing，ADRC）和深度投影编码回声状态网络（Deep Projection-encoding Echo State Network，DeePr-ESN）作为对比模型。选用均方根误差（Root Mean Square Error，RMSE）和对称平均绝对百分比误差（Symmetric Mean Absolute Percentage Error，SMAPE）作为预测精度的评价指标。

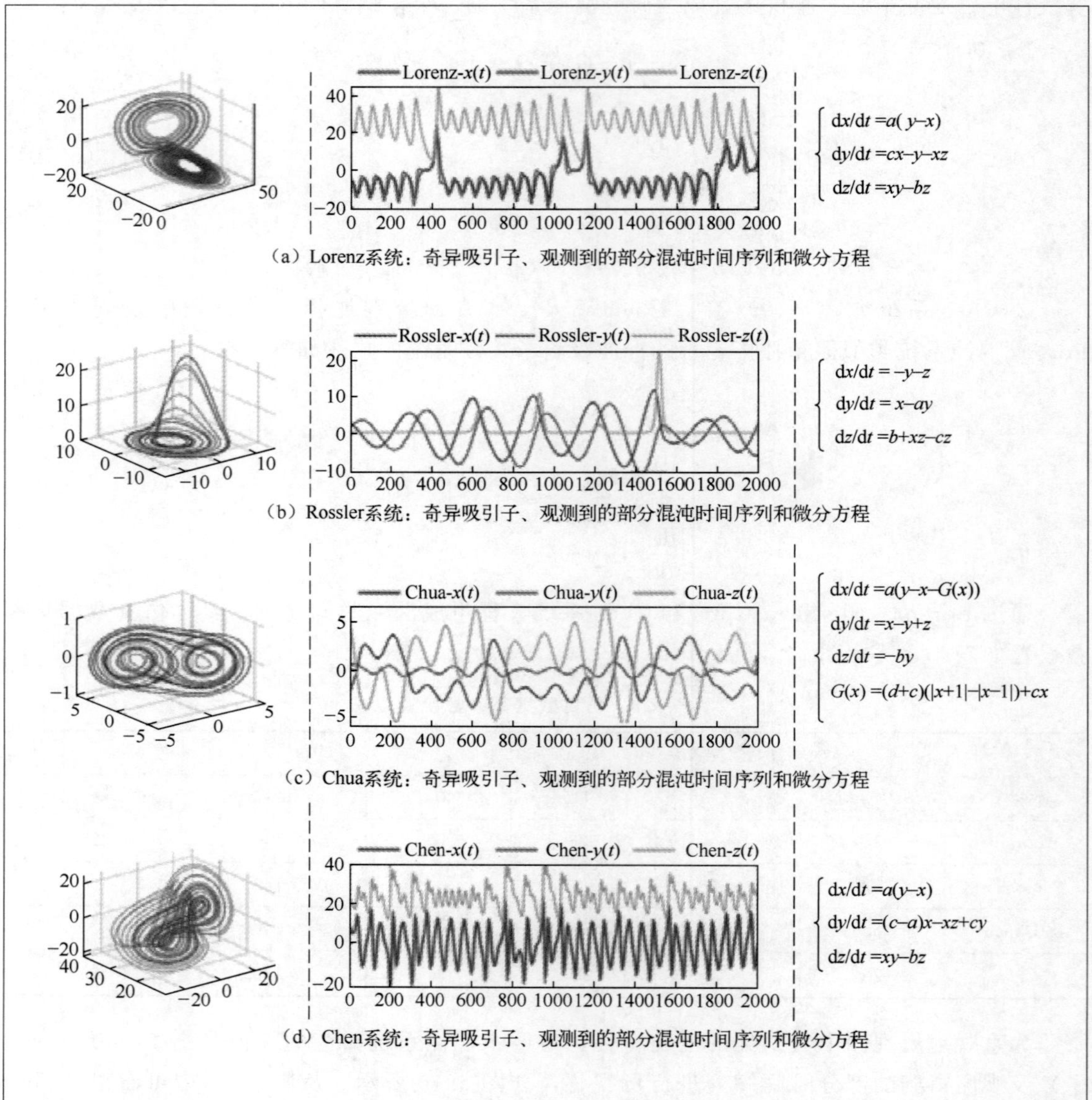

（a）Lorenz系统：奇异吸引子、观测到的部分混沌时间序列和微分方程

（b）Rossler系统：奇异吸引子、观测到的部分混沌时间序列和微分方程

（c）Chua系统：奇异吸引子、观测到的部分混沌时间序列和微分方程

（d）Chen系统：奇异吸引子、观测到的部分混沌时间序列和微分方程

图 5.14　四种系统的奇异吸引子和混沌时间序列

Pi-HESN 模型本质上是通过对一段有限历史数据的激励，学习有效信息并预测系统未来的演化模式。为检验 Pi-HESN 模型的有效性，分别从混沌时间序列和混沌吸引子两个角度整理该模型的预测结果，具体如图 5.15 和图 5.16。以图 5.15 中的 Lorenz 系统为例，随着预测步长的增加，对系统中三个分量的预测值在 2000 步左右开始和真实值出现明显的偏差。类似的现象同样也出现在 Rossler、Chua 和 Chen 系统上，这符合混沌系统无法进行长

期预测的特性。观察图 5.16 可看出，预测值仍旧在混沌吸引子的轨迹中，初步证明 Pi-HESN 具有学习混沌系统中动力学演化模式的能力。

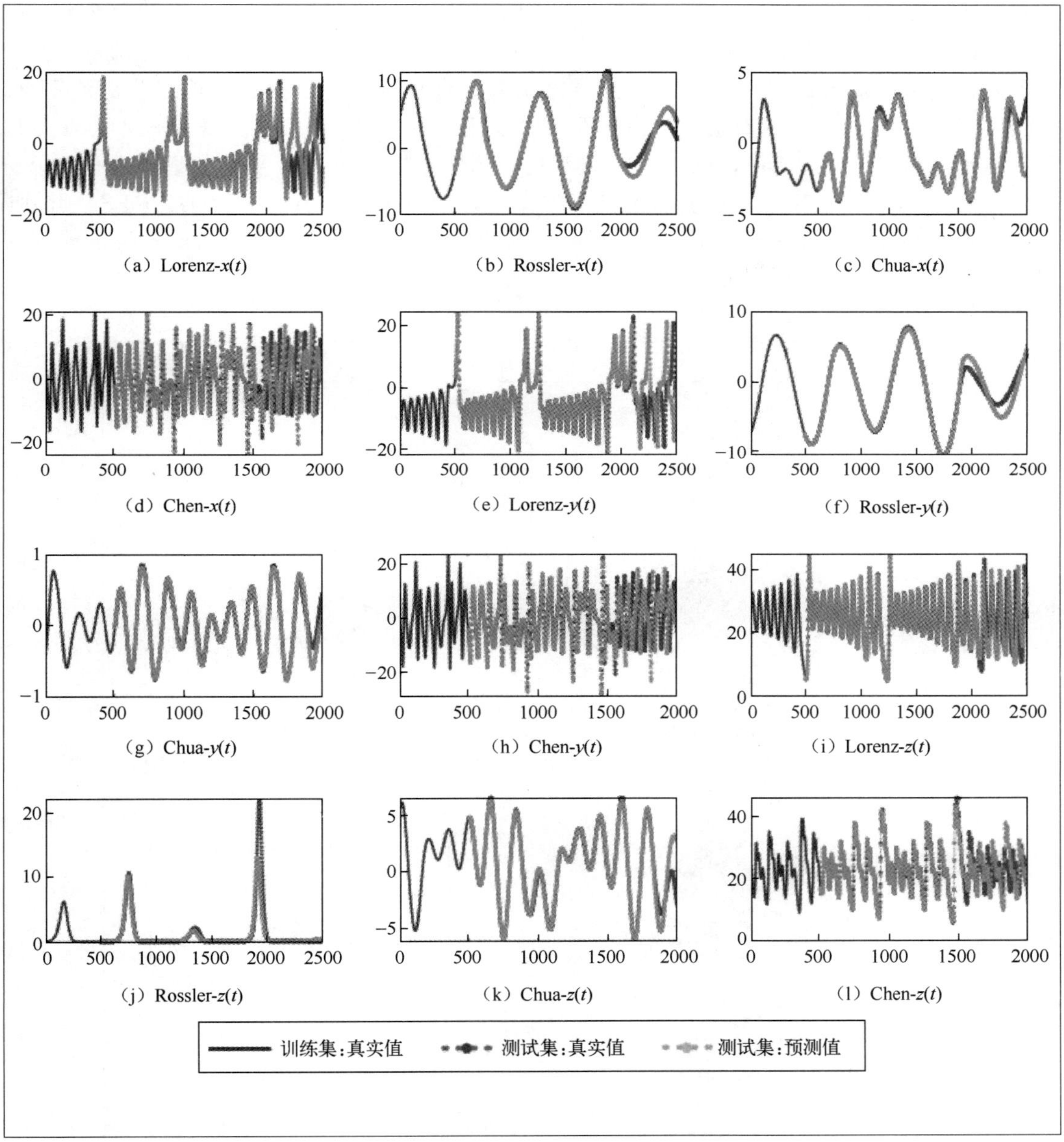

图 5.15　时间序列角度下四种系统的预测结果

为验证 Pi-HESN 模型的优越性，整理不同模型在四种混沌系统数据集上的单步预测

RMSE 和 SMAPE 结果，如表 5.9 和表 5.10 所示。从表 5.9 和表 5.10 中可看出，在较大预测范围的情况下，本节所介绍的 Pi-HESN 模型在绝大多数情况下都能得到最小的预测误差。然而，对于 Rossler 系统的多步预测，Pi-HESN 模型在 1400 步的 RMSE 值要差于 DeepESN 模型。分析后发现，Lorenz、Chua 和 Chen 三个混沌系统具有双旋涡吸引子且状态变化相对剧烈，随着预测范围的增加，预测的难度也不断提高。Pi-HESN 模型因为内部存在基于知识的约束项，所以能有效平衡数据信息和物理先验知识，在这三个混沌系统中生成尊重基本物理原理的预测结果，相对于其他五种对比模型具有显著优势。相比其他三个混沌系统，Rossler 混沌系统的变化相对缓慢，预测难度比较低，在此情况下基于数据驱动的方法足以很好地完成预测任务，因此，DeepESN 模型的预测性能与 Pi-HESN 模型相近。进一步分析表 5.9 和表 5.10 发现，具有层次化 ESN 结构的 DeepESN、ADRC、DeePr-ESN 和 Pi-HESN 在预测性能上优于单层 ESN 结构的 ESN 和 PIESN，表明层次化策略在混沌时间序列中具有有效性。

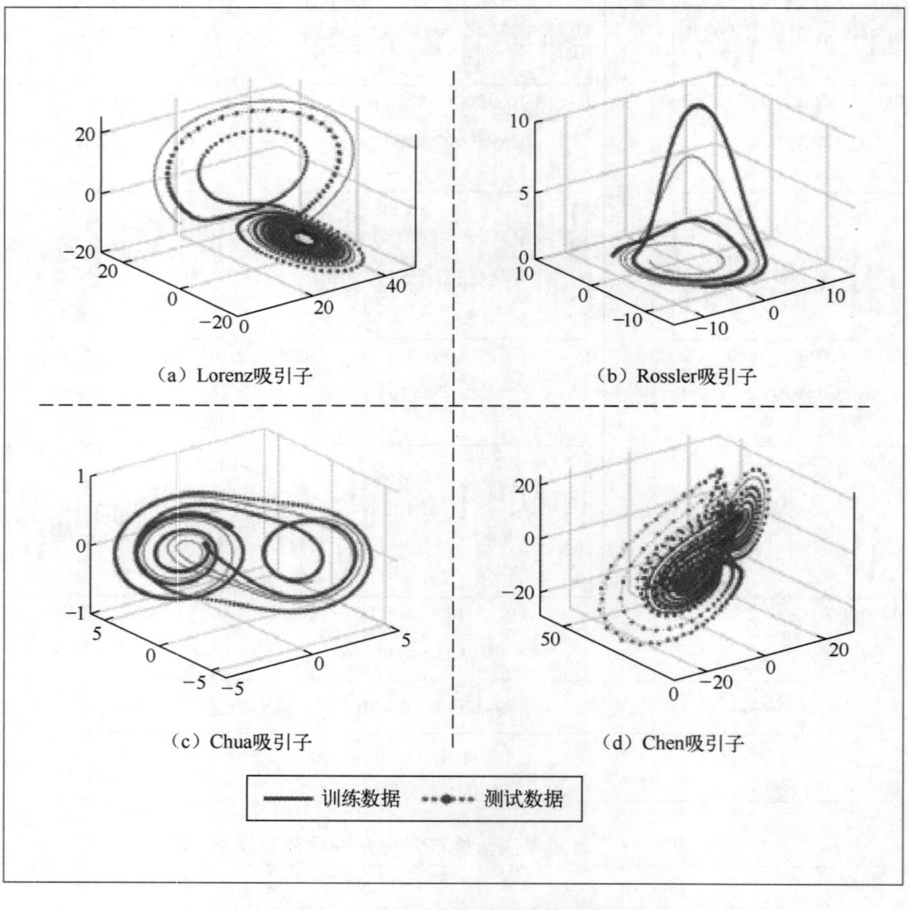

图 5.16　奇异吸引子角度下四种系统的预测结果

表 5.9 不同模型的多步预测 RMSE

数据集	测试步长	RMSE/10^{-1}					
		ESN	PIESN	DeepESN	ADRC	DeePr-ESN	Pi-HESN
Lorenz	200 步	6.226	5.859	0.874	13.306	6.110	0.871
	400 步	6.417	5.453	0.747	13.895	7.222	0.736
	600 步	24.188	6.316	0.829	15.476	8.413	0.913
	800 步	55.137	49.419	16.382	22.116	11.904	3.002
	1000 步	75.483	70.353	15.667	24.369	13.031	2.688
	1200 步	83.759	82.726	14.772	42.926	16.890	2.469
	1400 步	84.286	92.076	30.354	72.708	37.178	5.201
Rossler	200 步	0.911	1.002	0.660	2.679	2.719	0.505
	400 步	6.180	5.939	2.317	10.479	11.681	3.241
	600 步	7.333	7.233	2.752	11.702	12.155	2.761
	800 步	8.009	7.936	2.878	12.142	12.482	2.682
	1000 步	8.900	8.535	2.987	12.868	12.253	2.782
	1200 步	8.823	8.637	2.998	12.220	11.272	2.651
	1400 步	11.322	11.985	3.437	13.541	15.594	3.594
Chua	300 步	2.009	1.583	0.769	2.191	1.268	0.770
	600 步	16.323	15.944	1.516	2.196	2.159	1.508
	900 步	17.578	13.315	1.427	2.322	2.824	1.395
	1100 步	23.477	12.898	1.938	3.618	4.386	1.391
	1200 步	26.456	14.471	2.386	4.821	5.607	1.378
	1300 步	29.377	15.452	3.061	5.125	6.329	1.354
	1400 步	30.296	17.125	5.668	8.414	6.444	2.100
Chen	200 步	1.151	1.311	1.105	1.494	0.828	1.105
	400 步	4.826	4.510	3.532	3.994	4.024	3.527
	600 步	35.054	26.768	5.684	6.164	27.219	5.727
	800 步	51.893	43.529	11.374	15.313	24.258	5.784
	900 步	55.078	46.941	27.648	40.299	36.882	7.369
	1000 步	71.238	64.393	53.446	58.252	53.345	9.061
	1100 步	77.517	70.991	60.800	65.432	62.389	27.910

表 5.10 不同模型的多步预测 SMAPE

数据集	测试步长	SMAPE/10^{-2}					
		ESN	PIESN	DeepESN	ADRC	DeePr-ESN	Pi-HESN
Lorenz	200 步	4.930	4.572	0.578	12.361	4.613	0.575
	400 步	5.203	4.328	0.525	12.144	5.759	0.513

续表

数据集	测试步长	SMAPE/10^{-2}					
		ESN	PIESN	DeepESN	ADRC	DeePr-ESN	Pi-HESN
Lorenz	600 步	14.703	6.259	1.059	15.705	8.446	1.115
	800 步	34.439	25.957	7.834	23.623	10.966	2.868
	1000 步	51.599	48.311	8.229	24.285	11.455	2.333
	1200 步	60.704	60.087	8.365	32.807	13.701	2.041
	1400 步	62.855	68.246	15.988	48.584	23.477	3.474
Rossler	200 步	4.104	4.353	3.436	10.150	11.813	2.546
	400 步	15.295	12.710	7.992	24.419	35.116	8.313
	600 步	17.270	15.911	10.003	29.084	36.190	7.686
	800 步	19.147	18.459	11.769	32.128	38.619	8.889
	1000 步	21.290	23.642	12.061	34.733	44.300	10.734
	1200 步	21.135	23.691	12.076	31.349	39.981	10.210
	1400 步	23.705	27.866	12.313	31.365	42.868	10.709
Chua	300 步	15.449	15.953	4.869	16.726	9.285	4.825
	600 步	53.337	58.522	15.255	21.772	19.359	15.189
	900 步	75.055	58.722	17.232	27.297	29.377	16.384
	1100 步	92.637	62.812	19.287	32.700	35.984	16.278
	1200 步	100.240	68.429	21.427	36.090	39.614	15.906
	1300 步	107.759	71.835	24.092	37.967	42.718	15.227
	1400 步	114.106	77.584	30.638	44.501	44.692	17.289
Chen	200 步	2.556	2.896	2.553	3.626	2.111	2.553
	400 步	6.254	5.841	5.792	5.978	5.697	5.781
	600 步	24.233	18.496	9.228	7.488	17.778	9.333
	800 步	37.381	29.494	13.050	12.439	17.514	9.518
	900 步	41.811	33.167	18.116	23.207	22.915	10.337
	1000 步	50.112	41.868	29.925	32.132	32.683	11.685
	1100 步	55.180	47.367	37.288	38.842	40.119	17.703

综上所述，Pi-HESN 方法在四种混沌时间序列上可很好地完成离线预测任务，能够较好地挖掘混沌吸引子的演化模式，获得较高的预测精度。这说明 Pi-HESN 方法适用于混沌时间序列的离线预测任务。

5.6 小结

第 4 章从智能优化的角度介绍了改进型回声状态网络模型，虽然能够提高模型的泛化能力和预测精度及稳定性，但是捕获时间序列中复杂多尺度动态特性的能力较弱。本章从层次化拓展的角度出发，介绍四种改进的回声状态网络。稀疏学习层次化回声状态网络（HESN-SL）能够通过堆叠而成的回声状态网络逐层挖掘和捕获隐藏在动态系统中潜在演化模式，还可利用稀疏学习策略对输出层进行训练，剔除随机投影产生的冗余信息，降低状态变量间的近似共线性，提高模型的预测精度与稳定性；增强随机特征层次化回声状态网络（HESN-ARF）通过线性随机转换和非线性低秩核近似的方法构建增强随机空间，兼具记忆能力与非线性拟合能力的特点，进一步提高模型在多步预测中的精确性与稳定性；为最大化神经元之间的信息传递，层次化可塑性回声状态网络（HPESN）通过神经可塑性机制最大化储备池中神经元的信息传递，不仅增加模型的容量，降低随机投影所带来的不稳定性，同时也为理解储备池的表示、处理、记忆及储存操作提供新思路；物理信息层次化回声状态网络（Pi-HESN）在损失函数中引入必要的物理先验知识，并以统一的方式将数据驱动与物理驱动方法相结合，有效提高模型泛化能力并确保预测结果的物理一致性，对建模与预测起着积极的作用。这些回声状态网络的改进方法能有效提高模型的预测性能，提升模型在混沌时间序列中离线预测的精度、效率和稳定性。

参考文献

[1] 韩敏，任伟杰，李柏松，等．混沌时间序列分析与预测研究综述[J]．信息与控制，2020，49(1)：24-35.

[2] 吕金虎，陆君安，陈士华.混沌时间序列分析及应用[M].武汉：武汉大学出版社，2002.

[3] ZHOU L，PAN S，WANG J，et al.Machine learning on big data：opportunities and challenges[J].Neurocomputing，2017，237：350-361.

[4] HOI S C H，SAHOO D，LU J，et al.Online learning：a comprehensive survey[J].Neurocomputing，2021，459：249-289.

[5] DINIZ P S R.Adaptive filtering[M].Berlin，Germany：Springer，1997.

[6] RICHARD C，BERMUDEZ J C M，HONEINE P.Online prediction of time series data with kernels[J].IEEE Transactions on Signal Processing，2009，57(3)：1058-1067.

[7] PRÍNCIPE J C，LIU W，HAYKIN S.Kernel adaptive filtering：a comprehensive introduction[M].John Wiley & Sons，2011.

[8] ENGEL Y，MANNOR S，MEIR R.The kernel recursive least-squares algorithm[J].IEEE Transactions on Signal Processing，2004，52(8)：2275-2285.

[9] LIU W，POKHAREL P P，PRÍNCIPE J C.The kernel least-mean-square algorithm[J].IEEE Transactions on Signal Processing，2008，56(2)：543-554.

[10] LIU W，PRÍNCIPE J C.Kernel affine projection algorithms[J].EURASIP Journal on Advances in Signal Processing，2008，2008：1-12.

[11] HE R，ZHENG W S，HU B G.Maximum correntropy criterion for robust face recognition[J].IEEE Transactions on Pattern Analysis and Machine Intelligence，2011，33(8)：1561-1576.

[12] FAN J，HU T，WU Q，et al.Consistency analysis of an empirical minimum error entropy algorithm[J].Applied and Computational Harmonic Analysis，2016，41(1)：164-189.

[13] YANG J，CAO J，XUE A.Robust maximum mixture correntropy criterion-based semi-supervised ELM with variable center[J].IEEE Transactions on Circuits and Systems Ⅱ：Express Briefs，2020，67(12)：3572-3576.

[14] CHEN B，ZHAO S，ZHU P，et al.Quantized kernel least mean square algorithm[J].IEEE Transactions on Neural Networks and Learning Systems，2012，23(1)：22-32.

[15] CHEN B，ZHAO S，ZHU P，et al.Quantized kernel recursive least squares algorithm[J].IEEE Transactions on Neural Networks and Learning Systems，2013，24(9)：1484-1491.

[16] TOBAR F A，KUNG S Y，MANDIC D P.Multikernel least mean square algorithm[J].IEEE Transactions on Neural Networks and Learning Systems，2013，25(2)：265-277.

[17] MOHAMADIPANAH H，HEYDARI M，CHOWDHARY G.Deep kernel recursive least-squares algorithm[J].Nonlinear Dynamics，2021，104(3)：2515-2530.

[18] GAO W，CHEN J，RICHARD C，et al.Online dictionary learning for kernel LMS[J].IEEE Transactions on Signal Processing，2014，62(11)：2765-2777.

[19] BUENO A A，SILVA M T M.Gram-Schmidt-based sparsification for kernel dictionary[J].IEEE Signal Processing Letters，2020，27：1130-1134.

[20] FLORES A，DE LAMARE R C.Set-membership adaptive kernel NLMS algorithms：design and analysis[J].Signal Processing，2019，154：1-14.

[21] VAN VAERENBERGH S，LAZARO-GREDILLA M，SANTAMARIA I.Kernel recursive least-squares tracker for time-varying regression[J].IEEE Transactions on Neural Networks and Learning Systems，2012，23(8)：1313-1326.

[22] GUO J，CHEN H，CHEN S.Improved kernel recursive least squares algorithm based online prediction for nonstationary time series[J].IEEE Signal Processing Letters，2020，27：1365-1369.

[23] ZHAO J，LIAO X，WANG S，et al.Kernel least mean square with single feedback[J].IEEE Signal Processing Letters，2015，22(7)：953-957.

[24] LI K，PRÍNCIPE J C.Transfer learning in adaptive filters：The nearest instance centroid-estimation kernel least-mean-square algorithm[J].IEEE Transactions on Signal Processing，2017，65(24)：6520-6535.

[25] PRÍNCIPE J C，XU D，FISHER J，et al.Information theoretic learning[J].Unsupervised Adaptive Filtering，2000，1：265-319.

[26] ZHONG K，MA J，HAN M.Online prediction of noisy time series：Dynamic adaptive sparse kernel recursive least squares from sparse and adaptive tracking perspective[J].Engineering Applications of Artificial Intelligence，2020，91：103547.

[27] CHEN B，XING L，ZHAO H，et al.Generalized correntropy for robust adaptive filtering[J].IEEE Transactions on Signal Processing，2016，64(13)：3376-3387.

[28] ZHAO J，ZHANG H.Kernel recursive generalized maximum correntropy[J].IEEE Signal Processing Letters，2017，24(12)：1832-1836.

[29] SHEN T，REN W，HAN M.Quantized generalized maximum correntropy criterion based kernel recursive least squares for online time series prediction[J].Engineering Applications of Artificial Intelligence，2020，95：103797.

[30] XU X，REN W.Random Fourier feature kernel recursive maximum mixture correntropy algorithm for online time series prediction[J].ISA Transactions，2022，126：370-376.

[31] HAN M，ZHANG S，XU M，et al.Multivariate chaotic time series online prediction based on improved kernel recursive least squares algorithm[J].IEEE Transactions on Cybernetics，2019，49(4)：1160-1172.

[32] ZHANG M，WANG X，CHEN X，et al.The kernel conjugate

gradient algorithms[J].IEEE Transactions on Signal Processing,2018,66(16):4377-4387.

[33] WANG S,DANG L,QIAN G,et al.Kernel recursive maximum correntropy with Nyström approximation[J].Neurocomputing,2019,329:424-432.

[34] WANG S,DANG L,CHEN B,et al.Random Fourier filters under maximum correntropy criterion[J].IEEE Transactions on Circuits and Systems I:Regular Papers,2018,65(10):3390-3403.

[35] TAN F,GUAN X.Research progress on intelligent system's learning, optimization, and control——Part Ⅱ: online sparse kernel adaptive algorithm[J].IEEE Transactions on Systems,Man,and Cybernetics:Systems,2020,50(12):5369-5385.

[36] 韩敏,马俊珠,任伟杰,等.基于核自适应滤波器的时间序列在线预测研究综述[J].自动化学报,2021,47(4):730-746.

[37] BENGIO Y,SIMARD P,FRASCONI P.Learning long-term dependencies with gradient descent is difficult[J].IEEE Transactions on Neural Networks,1994,5(2):157-166.

[38] VERSTRAETEN D,SCHRAUWEN B,D'HAENE M,et al.An experimental unification of reservoir computing methods[J].Neural Networks,2007,20(3):391-403.

[39] SCHMIDT W F,KRAAIJVELD M A,DUIN R P W.Feedforward neural networks with random weights[C]//International Conference on Pattern Recognition.IEEE Computer Society Press,1992:1-4.

[40] PAO Y-H,TAKEFUJI Y.Functional-link net computing:theory,system architecture,and functionalities[J].Computer,1992,25(5):76-79.

[41] JAEGER H.The"echo state"approach to analysing and training recurrent neural networks-with an erratum note[J].Bonn,Germany:German National Research Center for Information Technology GMD Technical Report,2001,148(34):13.

[42] MAASS W,NATSCHLÄGER T,MARKRAM H.Real-time computing without stable states:a new framework for neural computation based on perturbations[J].Neural Computation,2002,14(11):2531-2560.

[43] STEIL J J.Backpropagation-decorrelation:online recurrent learning with O(N) complexity[C]//2004 IEEE International Joint Conference on Neural Networks(IEEE Cat. No. 04CH37541).IEEE,2004,2:843-848.

[44] JAEGER H,HAAS H.Harnessing nonlinearity:predicting chaotic systems and saving energy in wireless communication[J].Science,2004,304(5667):78-80.

[45] PATHAK J,LU Z,HUNT B R,et al.Using machine learning to replicate chaotic attractors and calculate Lyapunov exponents from data[J].Chaos:An Interdisciplinary Journal of Nonlinear Science,2017,27(12):121102.

[46] GRIGORYEVA L,ORTEGA J P.Echo state networks are universal[J].Neural Networks,2018,108:495-508.

[47] VERZELLI P,ALIPPI C,LIVI L.Learn to synchronize,synchronize to learn[J].Chaos:An Interdisciplinary Journal of Nonlinear Science,2021,31(8):083119.

[48] RODAN A,TINO P.Minimum complexity echo state network[J].IEEE Transactions on Neural Networks,2011,22(1):131-144.

[49] RODAN A,TIŇO P.Simple deterministically constructed cycle reservoirs with regular jumps[J].Neural Computation,2012,24(7):1822-1852.

[50] SUN X,CUI H,LIU R,et al.Modeling deterministic echo state network with loop reservoir[J].Journal of Zhejiang University Science C,2012,13(9):689-701.

[51] XUE Y,YANG L,HAYKIN S.Decoupled echo state networks with lateral inhibition[J].Neural Networks,2007,20(3):365-376.

[52] CUI H,FENG C,CHAI Y,et al.Effect of hybrid circle reservoir injected with wavelet-neurons on performance of echo state network[J].Neural Networks,2014,57:141-151.

[53] KAWAI Y,PARK J,ASADA M.A small-world topology enhances the echo state property and signal propagation in reservoir computing[J].Neural Networks,2019,112:15-23.

[54] LUKOŠEVIČIUS M,JAEGER H.Reservoir computing approaches to recurrent neural network training[J].Computer Science Review,2009,3(3):127-149.

[55] JIANG J,LAI Y C.Model-free prediction of spatiotemporal dynamical systems with recurrent neural networks:role of network spectral radius[J].Physical Review Research,2019,1(3):033056.

[56] THIEDE L A,PARLITZ U.Gradient based hyperparameter optimization in echo state networks[J].Neural Networks,2019,115:23-29.

[57] ÖZTÜRK M M,CANKAYA I A,IPEKCI D.Optimizing echo state network through a novel fisher maximization based stochastic gradient descent[J].Neurocomputing,2020,415:215-224.

[58] GRIFFITH A,POMERANCE A,GAUTHIER D J.Forecasting chaotic systems with very low connectivity reservoir computers[J].Chaos:An Interdisciplinary Journal of Nonlinear Science,2019,29(12):123108.

[59] ANTONIK P,MARSAL N,BRUNNER D,et al.Bayesian optimisation of large-scale photonic reservoir computers[J].Cognitive Computation,2021:1-9.

[60] QIAO J,LI F,HAN H,et al.Growing echo-state network with multiple subreservoirs[J].IEEE Transactions on Neural Networks and Learning Systems,2017,28(2):391-404.

[61] WANG H,NI C,YAN X.Optimizing the echo state network based on mutual information for modeling fed-batch bioprocesses[J].Neurocomputing,2017,225:111-118.

[62] FERREIRA A A,LUDERMIR T B,DE AQUINO R R B.An approach to reservoir computing design and training[J].Expert Systems with Applications,2013,40(10):4172-4182.

[63] ZHONG S, XIE X, LIN L, et al.Genetic algorithm optimized double-reservoir echo state network for multi-regime time series prediction[J].Neurocomputing, 2017, 238: 191-204.

[64] DEIHIMI A, SHOWKATI H.Application of echo state networks in short-term electric load forecasting[J]. Energy, 2012, 39(1): 327-340.

[65] BIANCHI F M, SCARDAPANE S, UNCINI A, et al.Prediction of telephone calls load using echo state network with exogenous variables[J].Neural Networks, 2015, 71: 204-213.

[66] WANG L, HU H, AI X Y, et al.Effective electricity energy consumption forecasting using echo state network improved by differential evolution algorithm[J]. Energy, 2018, 153: 801-815.

[67] YUENYONG S, NISHIHARA A.Evolutionary pre-training for CRJ-type reservoir of echo state networks[J].Neurocomputing, 2015, 149: 1324-1329.

[68] RIGAMONTI M, BARALDI P, ZIO E, et al.Ensemble of optimized echo state networks for remaining useful life prediction[J].Neurocomputing, 2018, 281: 121-138.

[69] LIU K, ZHANG J.Nonlinear process modelling using echo state networks optimised by covariance matrix adaption evolutionary strategy[J].Computers & Chemical Engineering, 2020, 135: 106730.

[70] DUAN H, WANG X.Echo state networks with orthogonal pigeon-inspired optimization for image restoration[J].IEEE Transactions on Neural Networks and Learning Systems, 2015, 27(11): 2413-2425.

[71] GALLICCHIO C, MICHELI A.Architectural and markovian factors of echo state networks[J].Neural Networks, 2011, 24(5): 440-456.

[72] BUTCHER J B, VERSTRAETEN D, SCHRAUWEN B, et al. Reservoir computing and extreme learning machines for non-linear time-series data analysis[J]. Neural Networks, 2013, 38: 76-89.

[73] SUN X, LI T, LI Q, et al.Deep belief echo-state network and its application to time series prediction[J].Knowledge-Based Systems, 2017, 130: 17-29.

[74] MALIK Z K, HUSSAIN A, WU Q J.Multilayered echo state machine: A novel architecture and algorithm[J].IEEE Transactions on Cybernetics, 2016, 47(4): 946-959.

[75] GALLICCHIO C, MICHELI A, PEDRELLI L.Design of deep echo state networks[J].Neural Networks, 2018, 108: 33-47.

[76] BO Y C, WANG P, ZHANG X.An asynchronously deep reservoir computing for predicting chaotic time series[J].Applied Soft Computing, 2020, 95: 106530.

[77] MA Q, SHEN L, COTTRELL G W.DeePr-ESN: A deep projection-encoding echo-state network [J]. Information Sciences, 2020, 511: 152-171.

[78] WANG Z, YAO X, HUANG Z, et al.Deep echo state network with multiple adaptive reservoirs for time series prediction[J]. IEEE Transactions on Cognitive and Developmental Systems, 2021, 13(3): 693-704.

[79] MANNESCHI L, ELLIS M O A, GIGANTE G, et al.Exploiting multiple timescales in hierarchical echo state networks [J].Frontiers in Applied Mathematics and Statistics, 2021, 6: 76.

[80] STEINER P, JALALVAND A, STONE S, et al.PyRCN: a toolbox for exploration and application of reservoir computing networks[J]. Engineering Applications of Artificial Intelligence, 2022, 113: 104964.

[81] GRAY R.Vector quantization[J].IEEE Assp Magazine, 1984, 1(2): 4-29.

[82] VAN VAERENBERGH S, VIA J, SANTAMARÍA I.A sliding-window kernel RLS algorithm and its application to nonlinear channel identification[C]//2006 IEEE International Conference on Acoustics Speech and Signal Processing Proceedings.IEEE, 2006, 5: 789-792.

[83] ZHANG S, HAN M, XU M.Chaotic time series online prediction based on improved kernel adaptive filter[C]//2018 International Joint Conference on Neural Networks (IJCNN).IEEE, 2018: 1-6.

[84] KOPPEL A, BEDI A S, RAJAWAT K, et al.Optimally compressed nonparametric online learning: tradeoffs between memory and consistency[J].IEEE Signal Processing Magazine, 2020, 37(3): 61-70.

[85] WANG Q, WAN J, NIE F, et al.Hierarchical feature selection for random projection[J].IEEE Transactions on Neural Networks and Learning Systems, 2018, 30(5): 1581-1586.

[86] MA J, HAN M, WANG J.Online time series prediction based modified kernel recursive least-squares from random projection and adaptive update [C]//2020 12th International Conference on Advanced Computational Intelligence (ICACI).IEEE, 2020: 432-438.

[87] ZHANG S, CAO H, YANG S, et al.Sequential outlier criterion for sparsification of online adaptive filtering[J]. IEEE Transactions on Neural Networks and Learning Systems, 2018, 29(11): 5277-5291.

[88] ZHAO C, REN W, HAN M.Adaptive sparse quantization kernel least mean square algorithm for online prediction of chaotic time series[J].Circuits, Systems, and Signal Processing, 2021, 40(9): 4346-4369.

[89] PARZEN E.On estimation of a probability density function and mode[J].The Annals of Mathematical Statistics, 1962, 33(3): 1065-1076.

[90] XIONG K, IU H H C, WANG S.Kernel correntropy conjugate gradient algorithms based on half-quadratic optimization[J].IEEE Transactions on Cybernetics, 2020, 51(11): 5497-5510.

[91] XIA H, REN W, HAN M.Kernel generalized half-quadratic correntropy conjugate gradient algorithm for online prediction of chaotic time series[J]. Circuits, Systems, and Signal Processing, 2022: 1-25.

[92] RAHIMI A, RECHT B.Random features for large-scale kernel machines[J]. Advances in Neural Information Processing

Systems，2007，20.

[93] KENNEDY J，EBERHART R.Particle swarm optimization[C]//Proceedings of International Conference on Neural Networks，IEEE，1995，4：1942-1948.

[94] 张铃，张钹.佳点集遗传算法[J].计算机学报，2001(9)：917-922.

[95] LI X，REN W，ZHAO J，et al.Particle Swarm optimization based neural network model for chaotic time series forecasting[C]//2020 12th International Conference on Advanced Computational Intelligence(ICACI).IEEE，2020：446-452.

[96] SIMON D.Biogeography-based optimization[J].IEEE Transactions on Evolutionary Computation，2008，12(6)：702-713.

[97] PEARL R，REED L J.On the rate of growth of the population of the United States since 1790 and its mathematical representation[J].Proceedings of the National Academy of Sciences，1920，6(6)：275-288.

[98] GONG W，CAI Z，LING C X，et al.A real-coded biogeography-based optimization with mutation[J].Applied Mathematics and Computation，2010，216(9)：2749-2758.

[99] LEE C Y，YAO X.Evolutionary programming using mutations based on the Lévy probability distribution[J].IEEE Transactions on Evolutionary Computation，2004，8(1)：1-13.

[100] SAKOE H，CHIBA S.Dynamic programming algorithm optimization for spoken word recognition[J].IEEE Transactions on Acoustics，Speech，and Signal Processing，1978，26(1)：43-49.

[101] VERGARA J R，ESTÉVEZ P A.A review of feature selection methods based on mutual information[J].Neural Computing and Applications，2014，24(1)：175-186.

[102] NA X，HAN M，REN W，et al.Modified BBO-based multivariate time-series prediction system with feature subset selection and model parameter optimization[J]. IEEE Transactions on Cybernetics，2022，52(4)，2163-2173.

[103] DAS S，SUGANTHAN P N.Differential evolution：a survey of the state-of-the-art[J].IEEE Transactions on Evolutionary Computation，2011，15(1)：4-31.

[104] LI B，LI J，TANG K，et al.Many-objective evolutionary algorithms：a survey[J].ACM Computing Surveys，2015，48(1)：1-35.

[105] LI Z，LIN K，NOUIOUA M，et al.DCDG-EA：dynamic convergence-diversity guided evolutionary algorithm for many-objective optimization[J].Expert Systems with Applications，2019，118：35-51.

[106] REN W，WANG Y，HAN M.Time series prediction based on echo state network tuned by divided adaptive multi-objective differential evolution algorithm[J].Soft Computing，2021，25(6)：4489-4502.

[107] LI H，LIN Z.Accelerated proximal gradient methods for nonconvex programming[C]//Advances in Neural Information Processing Systems，2015：379-387.

[108] GALLICCHIO C，MICHELI A.Echo state property of deep reservoir computing networks[J].Cognitive Computation，2017，9：337-350.

[109] NA X，REN W，LIU M，et al.Hierarchical echo state network with sparse learning：a method for multidimensional chaotic time series prediction[J].IEEE Transactions on Neural Networks and Learning Systems，2022.

[110] VLACHAS P R，BYEON W，WAN Z Y，et al.Data-driven forecasting of high-dimensional chaotic systems with long short-term memory networks[J].Proceedings of the Royal Society A：Mathematical，Physical and Engineering Sciences，2018，474(2213)：20170844.

[111] RAHIMI A，RECHT B.Random features for large-scale kernel machines[C]//Advances in Neural Information Processing Systems，2007：1177-1184.

[112] NA X，ZHANG M，REN W，et al.Multi-step-ahead chaotic time series prediction based on hierarchical echo state network with augmented random features[J].IEEE Transactions on Cognitive and Developmental Systems，2022.

[113] 那晓栋，王嘉宁，刘墨燃，等.基于层次化可塑性回声状态网络的混沌时间序列预测[J].控制与决策，2023，38(1)：133-142.

[114] RAISSI M，PERDIKARIS P，KARNIADAKIS G E.Physics-informed neural networks：a deep learning framework for solving forward and inverse problems involving nonlinear partial differential equations[J].Journal of Computational Physics，2019，378：686-707.

[115] KARNIADAKIS G E，KEVREKIDIS I G，LU L，et al.Physics-informed machine learning[J].Nature Reviews Physics，2021，3(6)：422-440.

[116] KARPATNE A，ATLURI G，FAGHMOUS J H，et al.Theory-guided data science：a new paradigm for scientific discovery from data[J].IEEE Transactions on Knowledge and Data Engineering，2017，29(10)：2318-2331.

[117] ZHU C，BYRD R H，LU P，et al.Algorithm 778：L-BFGS-B：Fortran subroutines for large-scale bound-constrained optimization[J].ACM Transactions on Mathematical Software，1997，23(4)：550-560.

[118] CHUA L，KOMURO M，MATSUMOTO T.The double scroll family[J].IEEE Transactions on Circuits and Systems，1986，33(11)：1072-1118.

[119] CHEN G，UETA T.Yet another chaotic attractor[J].International Journal of Bifurcation and Chaos，1999，9(07)：1465-1466.

[120] NA X，LI Y，REN W，et al.Physics-informed hierarchical echo state network for predicting the dynamics of chaotic systems[J].Expert Systems with Applications，2023，228：120155.

附　录

全书公式符号对照表

公式符号	含　义	公式符号	含　义
$J(\cdot)$	成本函数	$g_i(\cdot)$	不等式约束条件
$L(\cdot)$	损失函数	$h_j(\cdot)$	等式约束条件
$L_{\mathrm{p}}(\cdot)$	基于物理驱动的损失项	$d(\cdot,\cdot)$	欧氏距离
$L_{\mathrm{d}}(\cdot)$	基于数据驱动的损失项	ℓ_{GCL}	GCL 函数
f	连续非线性映射	$\mathrm{cov}(\cdot,\cdot)$	协方差函数
$f_{\mathrm{L}}(\cdot)$	Lévy 概率分布函数	$\cos(\cdot,\cdot)$	余弦函数
$f(\cdot)$	非线性激活函数	$\sigma(\cdot)$	标准差函数
$f_1(\cdot)$	可微的凸函数	$\sigma_{\mathrm{d}}(\cdot)$	样本间预期相邻距离的标准差函数
$f_2(\cdot)$	非凸不平滑的函数	$\sigma_{\mathrm{v}}(\cdot)$	样本间预期相邻方向向量的标准差函数
$\varphi(\cdot)$	核映射函数	$\kappa(\cdot,\cdot)$	核函数
$p(\cdot)$	概率密度函数	$\kappa_i(\cdot,\cdot)$	混合相关熵中第 i 个核函数
$f_{\mathrm{R}}(\cdot)$	随机傅里叶特征映射函数	$\Gamma[\cdot]$	伽玛函数
$f_{A,B}(\cdot,\cdot)$	联合概率密度函数	$Q[\cdot]$	矢量量化器
$F_{A,B}(\cdot,\cdot)$	联合分布函数	$E[\cdot]$	数学期望
$\kappa_{\alpha,\beta}(\cdot,\cdot)$	相关熵的核函数	$V(\cdot,\cdot)$	相关熵
$f_{\mathrm{out}}(\cdot)$	输出层计算函数	$\hat{V}(\cdot,\cdot)$	相关熵估计值
$F(\cdot)$	适应度评价的目标函数	$O(\cdot)$	时间复杂度
$J_i(\cdot)$	单目标函数	$U(\cdot,\cdot)$	均匀分布
$F_1(\cdot)$	最小化绝对误差的目标函数	$N(\cdot,\cdot)$	高斯分布
$F_2(\cdot)$	最小化误差方差的目标函数	$[\cdot;\cdot]$	矩阵的垂直连接
$\phi(\cdot)$	线性随机投影	$\mathrm{rand}(\cdot,\cdot)$	随机数
$\hat{\varphi}(\cdot)$	非线性随机变换	$\mathrm{subpop}\{\cdot\}$	子种群

续表

公式符号	含　义	公式符号	含　义
fitness(・)	粒子的适应度值	$\boldsymbol{x}(\cdot)$	样本输入向量
PF	优化目标的 Pareto 前沿面	$y(\cdot)$	样本输出值
size(・)	集合成员数	$\boldsymbol{y}(\cdot)$	样本输出向量
$\delta(\cdot)$	近似线性相关判据	$\hat{y}(\cdot)$	模型输出值
$\mu(\cdot)$	一致性准则判据	$\hat{\boldsymbol{y}}(\cdot)$	模型输出向量
$\tilde{\boldsymbol{x}}(\cdot)$	样本字典中样本成员	$e(\cdot)$	模型的训练误差
$D(\cdot)$	样本字典	$\boldsymbol{X}(\cdot)$	全样本输入矩阵
C	码书	$\boldsymbol{Y}(\cdot)$	全样本输出矩阵
$C(\cdot)$	码字	$\hat{\boldsymbol{Y}}(\cdot)$	模型输出矩阵
$D_j(\cdot)$	$D(\cdot)$中第 j 个样本成员	$\boldsymbol{A}(\cdot)$	协方差矩阵
$D(\cdot)_{2:\mathrm{end}}$	$D(\cdot)$剔除第 1 个样本成员	$\boldsymbol{P}(\cdot)$	正则化自相关逆矩阵
$P(\cdot)$	映射输出	$\boldsymbol{K}(\cdot)$	全样本的核矩阵
$\boldsymbol{d}(\cdot)$	码字中的样本成员	$\tilde{\boldsymbol{K}}(\cdot)$	样本字典的核矩阵
X	输入空间	$\hat{\boldsymbol{K}}(\cdot)$	$\boldsymbol{K}(\cdot)$剔除第 1 行第 1 列
F	特征空间	$\mathbf{V}$	中间变量
D_{KL}	KL 散度	$\boldsymbol{a}(\cdot)$	样本字典成员对应系数向量
$\circ$	Hadamard 积	$\tilde{\boldsymbol{\alpha}}(\cdot)$	样本字典中样本对应权值
$\lvert \mathrm{eig}(\cdot) \rvert$	矩阵特征值的模	$\boldsymbol{H}_{\mathrm{GCL}}(\cdot)$	GCL 函数的 Hessian 矩阵
prox(・)	迫近映射	$\boldsymbol{H}_{\mathrm{GHC}}(\cdot)$	GHC 函数的 Hessian 矩阵
u	原始输入空间数据	$\bar{\boldsymbol{g}}(\cdot)$	$\boldsymbol{g}(\cdot)$的共轭形式
$\boldsymbol{U}$	随机投影前的输入矩阵	$\boldsymbol{r}_{\mathrm{cg}}(\cdot)$	CG 方法的残差向量
$\boldsymbol{X}$	随机投影后的输入矩阵	$\boldsymbol{v}_{\mathrm{cg}}(\cdot)$	CG 方法的中间向量
$\boldsymbol{R}$	随机正交矩阵	$\boldsymbol{p}_{\mathrm{cg}}(\cdot)$	CG 方法的搜索方向向量
$\boldsymbol{I}$	单位矩阵	$\boldsymbol{s}_{\mathrm{cg}}(\cdot)$	CG 方法中正规方程的残差向量(负梯度向量)
$\mathbf{0}$	零向量		
$\boldsymbol{G}(\cdot)$	对角矩阵	$\alpha_{\mathrm{cg}}(\cdot)$	CG 方法的学习参数 1
$\boldsymbol{\Psi}(\cdot)$	转换矩阵	$\beta_{\mathrm{cg}}(\cdot)$	CG 方法的学习参数 2
$\mathbf{R}$	实数集	m	网络层数
$\langle \cdot , \cdot \rangle$	内积运算	D_x	输入变量维度
$\lVert \cdot \rVert$	取模运算	D_y	输出变量维度
$\lVert \cdot \rVert_0$	L_0 范数	D_{RH}	随机投影高维特征空间维度
$\lVert \cdot \rVert_1$	L_1 范数	D_{RL}	随机投影低维特征空间维度
$\lVert \cdot \rVert_2$	L_2 范数	D_{HN}	高维非线性空间维度
$\lVert \cdot \rVert_p$	向量的 p 范数	D_{HL}	高维线性空间维度
$\lVert \cdot \rVert_{\mathrm{F}}$	矩阵的 F 范数	D^*	混合评价标准选取特征子集维度

续表

公式符号	含　义
L	随机傅里叶特征处理后维度
$d_{\mathrm{DTW}}^{\mathrm{sort}}$	DTW 选取特征子集维度
$d_{\mathrm{MI}}^{\mathrm{sort}}$	MI 选取特征子集维度
$d_{\mathrm{PCC}}^{\mathrm{sort}}$	PCC 选取特征子集维度
$d_{\chi^2}^{\mathrm{sort}}$	χ^2-test 选取特征子集维度
Q_{p}	决策变量的维度/待优化问题的维数
$w(\cdot)$	惯性权值
$w_{\min}$	惯性权值最小值
$w_{\max}$	惯性权值最大值
$\boldsymbol{\omega}(\cdot)$	原始空间的权值向量
$\boldsymbol{\alpha}(\cdot)$	高维空间的权值向量
$\boldsymbol{W}_{\mathrm{ran}}$	随机生成的稠密矩阵
$\boldsymbol{W}_{\mathrm{ran}}^{i}$	第 i 层 ESN 的稠密矩阵
$\boldsymbol{W}_{\mathrm{in}}$	输入权值矩阵
$\boldsymbol{W}_{\mathrm{in}}^{i}$	第 i 层 ESN 的输入权值矩阵
$\boldsymbol{W}_{\mathrm{res}}$	回声状态权值矩阵
$\boldsymbol{W}_{\mathrm{res}}^{i}$	第 i 层 ESN 的回声状态权值矩阵
$\boldsymbol{W}_{\mathrm{out}}$	输出权值矩阵
$\hat{\boldsymbol{W}}_{\mathrm{out}}$	最优输出权值矩阵
$\boldsymbol{s}_{\mathrm{in}}^{i}(\cdot)$	第 i 层 ESN 的储备池输入
$\boldsymbol{s}_{\mathrm{res}}^{i}(\cdot)$	第 i 层 ESN 的储备池状态
$\boldsymbol{s}(\cdot)$	储备池状态
$\boldsymbol{S}(\cdot)$	某时刻储备池状态收集矩阵
$\boldsymbol{S}$	总的储备池状态收集矩阵
$\boldsymbol{S}^{\dagger}$	$\boldsymbol{S}$ 的伪逆
$\boldsymbol{S}^{\mathrm{T}}$	$\boldsymbol{S}$ 的转置
$\boldsymbol{p}_{i}(\cdot)$	第 i 个粒子的位置向量
$\boldsymbol{p}'_{i}(\cdot)$	第 i 个粒子变异后的位置向量
$\boldsymbol{v}_{i}(\cdot)$	第 i 个粒子的速度向量
$\boldsymbol{p}_{\mathrm{pbest}(\cdot)}(\cdot)$	粒子的局部最优位置
$\boldsymbol{p}_{\mathrm{gbest}}(\cdot)$	粒子的全局最优位置
UB_{i}	粒子位置上界
LB_{i}	粒子位置下界
$\boldsymbol{v}_{\max}$	粒子速度最大值

公式符号	含　义
$\boldsymbol{v}_{\min}$	粒子速度最小值
$\sigma_{\max}$	标准差最大值
$\sigma_{\min}$	标准差最小值
H_{n}	第 n 个栖息地的 HSI 值
$\boldsymbol{X}_{\mathrm{H}}$	总的栖息地
$\boldsymbol{X}_{\mathrm{H}}^{n,k}$	第 k 次迭代时第 n 个栖息地
$x_{\mathrm{H}}^{n,k}(\cdot)$	第 k 次迭代时第 n 个栖息地中 SIV 的值
$\bar{x}_{\mathrm{H}}^{k}(\cdot)$	第 k 次迭代时所有栖息地中 SIV 的平均值
$\mathrm{eig}(\boldsymbol{X}_{\mathrm{H}}^{n,k})$	旋转后的栖息地
$\boldsymbol{Q}_{\boldsymbol{X}}$	总栖息地的特征矩阵
$\boldsymbol{\Lambda}_{\boldsymbol{X}}$	总栖息地的对角矩阵
$\boldsymbol{X}_{\mathrm{P}}^{k}$	第 k 次迭代时的种群个体
$\boldsymbol{X}_{\mathrm{P}}^{n,k}$	第 k 次迭代时种群中第 n 个个体
$\boldsymbol{X}_{\mathrm{P}}^{\max}$	种群个体范围的上限
$\boldsymbol{X}_{\mathrm{P}}^{\min}$	种群个体范围的下限
F_{n}	第 n 个个体的变异缩放因子
CR_{n}	第 n 个个体的交叉概率因子
$\boldsymbol{V}_{\mathrm{P}}^{n,k}$	第 k 次迭代时第 n 个变异个体
$\boldsymbol{X}_{\mathrm{P}}^{\mathrm{best},k}$	第 k 次迭代时种群中适应度最好的个体
$\boldsymbol{V}_{\mathrm{P}}^{k}$	第 k 次迭代时的变异种群个体
$\boldsymbol{U}_{\mathrm{P}}^{n,k}$	第 k 次迭代时种群中第 n 个试验个体
$u_{\mathrm{P}}^{n,k}(\cdot)$	第 k 次迭代时种群中第 n 个试验个体的元素
L_{R}	参考向量
P_{con}	子种群划分子集 1
P_{div}	子种群划分子集 2
$d_{1}(\cdot)$	种群个体在参考向量上的投影距离
$d_{2}(\cdot)$	种群个体在参考向量上的垂直距离
$\alpha_{n}^{\min}$	第 n 个个体对应的最小夹角
F_{b}	变异缩放因子的基准值
CR_{b}	交叉概率因子的基准值

续表

公式符号	含　义	公式符号	含　义
F_b^{max}	F_b 的最大调整值	λ_d	用户定义的参数 1
CR_b^{max}	CR_b 的最大调整值	λ_v	用户定义的参数 2
d_1^{min}	种群个体投影距离最小值	v	近似线性相关阈值
d_1^{max}	种群个体投影距离最大值	σ	核矩阵的核带宽
d_2^{min}	种群个体垂直距离最小值	σ'	相关熵的核带宽
d_2^{max}	种群个体垂直距离最大值	η	学习率
K	迭代次数	ε	矢量量化阈值
N	样本数	μ_0	一致性准则阈值
N_1	训练样本数	ς	调节参数
N_2	测试样本数	W	滑动窗口宽度
N_C	码书中码字数量	μ_r	随机投影误差容忍度
N_V	矢量量化后的样本数	τ	矢量投影阈值
N_S	粒子群规模	α	核函数的形状参数
N_H	栖息地数量	β	核函数的带宽参数
N_I	栖息地 SIV 数量	λ_R	正则化的约束参数
N_F	单目标函数的数量	λ_F	遗忘因子
N_{res}	储备池神经元数量/储备池规模	$\gamma_{\alpha,\beta}$	归一化常数
N_{res}^i	第 i 层 ESN 的储备池神经元数量	ρ	调节因子
N_R	参考向量的数量	η_M	混合相关熵的混合比例
N_P	种群中个体数量	σ_i	混合相关熵中第 i 个核函数的核带宽
S_n	第 n 个栖息地的生物种群数量	r	储备池中回声状态权值矩阵的谱半径
S_{max}	栖息地容纳最大个体数量	η_s	储备池中神经元的稀疏度
P	不等式约束条件的数量	τ_f	适应度阈值
Q	等式约束条件的数量	α_L	Lévy 分布的位置参数
$B(\cdot)$	样本字典中的样本数	β_L	Lévy 分布的尺度参数
A	相关熵准则中随机变量 1	C_1	自我认知因子
B	相关熵准则中随机变量 2	C_2	社会认知因子
$\mathrm{ND}(\cdot)$	样本间的真实相邻距离	C_{11}	自我认知因子的最小值
$\mathrm{ND_e}(\cdot)$	样本间的预期相邻距离	C_{12}	自我认知因子的最大值
$\mathrm{B\_D_{upper}}(\cdot)$	样本间预期相邻距离的上边界	C_{21}	社会认知因子的最小值
$\mathrm{B\_D_{lower}}(\cdot)$	样本间预期相邻距离的下边界	C_{22}	社会认知因子的最大值
$\mathrm{B\_V_{upper}}(\cdot)$	样本间预期相邻方向的上边界	α_W	Weibull 分布的形状参数
$\mathrm{B\_V_{lower}}(\cdot)$	样本间预期相邻方向的下边界	β_W	Weibull 分布的尺度参数
$\mathrm{NV_e}(\cdot)$	样本间的预期相邻方向向量	λ_I	输入变换因子
$\mathrm{NV}(\cdot)$	样本间的真实相邻方向向量	r_1	随机数 1

续表

公式符号	含　义	公式符号	含　义
r_2	随机数 2	$w_{\mathrm{H}}^{n,d}$	第 n 个栖息地第 d 个 SIV 的权值
λ_{S}	种群数量的迁入率	$r_{\mathrm{H}}^{n,d}$	第 n 个栖息地第 d 个 SIV 的适应度值
μ_{S}	种群数量的迁出率	$x_{\mathrm{H}}^{n,d}$	第 n 个栖息地第 d 个 SIV 的值
I	最大迁入率	u_d	第 d 个 SIV 的上限值
E	最大迁出率	l_d	第 d 个 SIV 的下限值
λ_n	第 n 个栖息地的迁入率	λ_{C}	约束参数
μ_n	第 n 个栖息地的迁出率	x_a^*	可行解 1
P_n	第 n 个栖息地的种群概率	x_b^*	可行解 2
m_n	第 n 个栖息地的变异率	x^*	Pareto 最优解/非支配解
$m_{\max}$	栖息地最大变异率	x_{d^*}	特征
$P_{\max}$	所有种群概率最大值	w_{d^*}	特征权值
λ_0	初始生物种群数量的迁入率	$\boldsymbol{\theta}$	解空间向量
μ_0	初始生物种群数量的迁出率	$\bar{\sigma}(\cdot)$	矩阵的最大奇异值
r_λ	迁入率变化率	$r(\cdot)$	矩阵的谱半径
r_μ	迁出率变化率	$\boldsymbol{W}_\phi$	随机矩阵
$F_{w_{d^*}}$	特征选中频次	ρ_i	第 i 层 ESN 的调节因子
$F_{\max}$	特征选中最大频次	λ_1	L_2 正则化的约束参数
K_i	解空间储备池规模	θ_{P}	惩罚项
$K_{\max}$	搜索空间储备池规模最大值		